新塑性加工技術シリーズ　10

粉 末 成 形

—— 粉末加工による機能と形状のつくり込み ——

日本塑性加工学会 編

コロナ社

■ 新塑性加工技術シリーズ出版部会

部 会 長	浅 川 基 男	（早稲田大学名誉教授）
副部会長	石 川 孝 司	（名古屋大学名誉教授，中部大学）
副部会長	小 川 茂	（新日鉄住金エンジニアリング株式会社顧問）
幹 事	瀧 澤 英 男	（日本工業大学）
幹 事	鳥 塚 史 郎	（兵庫県立大学）
顧 問	真 鍋 健 一	（首都大学東京）
委 員	宇都宮 裕	（大阪大学）
委 員	高 橋 進	（日本大学）
委 員	中 哲 夫	（徳島工業短期大学）
委 員	村 田 良 美	（明治大学）

（所属は 2016 年 5 月現在）

刊行のことば

　ものづくりの重要な基盤である塑性加工技術は，わが国ではいまや成熟し，新たな展開への時代を迎えている．

　当学会編の「塑性加工技術シリーズ」全19巻は1990年に刊行され，わが国で初めて塑性加工の全分野を網羅し体系立てられたシリーズの専門書として，好評を博してきた．しかし，塑性加工の基礎は変わらないまでも，この四半世紀の間，周辺技術の発展に伴い塑性加工技術も進歩を遂げ，内容の見直しが必要となってきた．そこで，当学会では2014年より新塑性加工技術シリーズ出版部会を立ち上げ，本学会の会員を中心とした各分野の専門家からなる専門出版部会で本シリーズの改編に取り組むことになった．改編にあたって，各巻とも基本的には旧シリーズの特長を引き継ぎ，その後の発展と最新データを盛り込む方針としている．

　新シリーズが，塑性加工とその関連分野に携わる技術者・研究者に，旧シリーズにも増して有益な技術書として活用されることを念じている．

2016年4月

日本塑性加工学会　第51期会長　真　鍋　健　一

（首都大学東京教授　工博）

■「粉末成形」専門部会

部会長　磯　西　和　夫（滋賀大学）

■ 執筆者

磯　西　和　夫（滋賀大学）　1章，2.3.1，2.3.2，3.2.2項

上　野　友　之（住友電気工業株式会社）　2.1.1 ～ 2.1.3，3.5.2項

谷　口　幸　典（奈良工業高等専門学校）　2.1.4，2.1.5項

三　浦　大　基（神鋼テクノ株式会社）　2.2節

鴇　田　正　雄（株式会社エヌジェーエス）　2.3.3，3.5.6項

南　野　友　哉（株式会社神戸製鋼所）　2.4節

近　藤　勝　義（大阪大学）　2.5節，2.8.2項

三　浦　秀　士（九州大学）　2.6節

清　水　　透（東京電機大学）　2.7節

橋　井　光　弥（豊臣熱処理工業株式会社）

　　　　　　　2.8.1，2.8.3，3.2.3，3.5.3項

沖　本　邦　郎（元 摂南大学）　2.8.4，2.8.5項

武　田　義　信（ヘガネスジャパン株式会社）

　　　　　　　3.1.1，3.1.3，3.1.4，3.2.1，3.2.4項

長　瀬　石　根（大同特殊鋼株式会社）　3.1.2項

鈴　木　裕　之（広島大学）　3.3節

高　橋　俊　行（株式会社タンガロイ）　3.4節

吉　年　規　治（東北大学金属材料研究所）　3.5.1項

川　崎　　亮（東北大学）　3.5.1項

川　畑　美　絵（立命館大学）　3.5.4項

飴　山　　惠（立命館大学）　3.5.4項

金　武　直　幸（名古屋大学名誉教授）　3.5.5項

松下 富春（中部大学）　3.5.7 項
津守 不二夫（九州大学）　4 章

（2018 年 10 月現在，執筆順）

浅 沼　　博	鈴 木 直 弘		
飴 山　　惠	滝 川　　博		
粟 井　　清	武 田 義 信		
沖 本 邦 郎	多 田 吉 宏		
海江田 義 也	田 端　　強		
加 藤　　豊	西 尾 浩 明		
木 内　　学	西 口　　勝		
木 村　　尚	松 岡 信 一		
木 村 敏 郎	松 下 富 春		
寒 川 喜 光	三 輪 真 一		
島　　進	山 口 克 彦		
白 樫 高 洋	（五十音順）		

ま え が き

日本塑性加工学会編の塑性加工技術シリーズ第 18 巻として『粉末の成形と加工』が出版されたのは 1994 年のことであった．「粉末冶金」全般に関する書籍とは一線を画し，粉末の成形に関連する事項に焦点を絞り，実際の技術から成形理論までを詳しく解説した．それから約 25 年が経過し，粉末を原料とする素材や機械部品・製品の製造プロセスは大きく変化しつつある．そこで本書では『粉末の成形と加工』出版後の粉末成形技術の進歩を反映させるために，『粉末の成形と加工』の編集方針を踏まえつつ内容を再検討し，新たな解説を書き加え，また，従来の内容を最近の内容に置き換えて改編した．あわせて，書名をより簡潔な『粉末成形』に変更した．

　粉末を原料とする製造プロセスは，原料粉の作製から粉末の混合，成形，焼結，後処理から成り立つ．この製品の完成までの製造プロセスを「粉末冶金法」という．『粉末の成形と加工』の「まえがき」に述べられているように，粉末の製造方法を選択することから始まる製造プロセスを制御することによって，溶製材では実現することができない多様な特性を有する材料が得られ，さまざまな分野で用いられている．

　例えば，組織制御が容易であることに基づく特徴ある優れた材料特性，難加工材の成形，自由度の高い三次元複雑形状の付与，ニアネットシェイプあるいはネットシェイプ製品，材料特性と生産性向上がもたらす製造コスト的優位性等があげられる．

　最近の動向として，粉末を原料とする製造プロセスは省エネ化や製造の高効率化，次世代を担う新しい素材の創成への寄与が期待されている．特に粉末積

層造形やポーラス金属のように，三次元複雑形状や構造を有する材料の製造プロセスとして注目されている．これらの実現のためにはシミュレーション技術の発展も欠かすことができない．

そこで本書は，粉末の成形に焦点を絞る『粉末の成形と加工』の方針を受け継ぎ，つぎのような構成とした．1章では，粉末を用いた素材作製の歴史と粉末成形プロセスから焼結工程までを概説した．2章では，各種粉末成形法の原理と方法，実際の成形挙動から成形の特徴について解説し，新しいホットプレスおよび粉末積層造形について新たな節を加えた．3章では，種々な粉末の成形について，内容を改めて解説した．セラミックス粉末，硬質材料の成形と作製，さらに近年注目を浴びている機能性材料を解説する節を新たに書き下ろした．4章は，個別要素法についての節を加えつつ，本書の特徴である粉末成形の力学を詳細に解説した．

本書は，『粉末の成形と加工』の執筆に携わった方々のご苦労の上に成り立っていることを最初に申し上げなければならない．その上で，『粉末成形』の専門部会を，一般社団法人日本塑性加工学会の「粉体加工成形分科会」の運営委員会が務めた．粉末成形は幅広い分野から成り立っている．執筆に際しては，それぞれの分野に携われている多数の専門家の方々に快くご協力いただいた．厚くお礼申し上げる．

最後に，一般社団法人日本塑性加工学会，新塑性加工技術シリーズ出版部会，および本書の発刊にご尽力いただいた株式会社コロナ社に，出版までにさまざまな助言をいただいたことに深く感謝申し上げる．

2018 年 10 月

「粉末成形」専門部会長　　磯西　和夫

目　　　　次

1.　粉末成形プロセスの概説

1.1　粉末成形の歴史 …………………………………………………………… 1
1.2　粉末成形の工程 …………………………………………………………… 3
　　1.2.1　概　　　　要 ……………………………………………………… 3
　　1.2.2　粉　　　　末 ……………………………………………………… 3
　　1.2.3　混　　　　合 ……………………………………………………… 5
　　1.2.4　成　　　　形 ……………………………………………………… 6
　　1.2.5　焼　　　　結 ……………………………………………………… 6
　　1.2.6　後　処　　理 ……………………………………………………… 9
　　引用・参考文献 …………………………………………………………… 10

2.　各 種 成 形 法

2.1　金 型 成 形 ……………………………………………………………… 11
　　2.1.1　金型の基本構成と代表的成形法 ………………………………… 11
　　2.1.2　粉末成形プレスとその成形法 …………………………………… 14
　　2.1.3　金型の構成と作動 ………………………………………………… 18
　　2.1.4　工具と粉末との摩擦 ……………………………………………… 21
　　2.1.5　成形中のせん断挙動 ……………………………………………… 25
2.2　冷間等方圧成形（CIP）………………………………………………… 27

目 次 vii

2.2.1 CIP 成形法の種類 ………………………………………… 27

2.2.2 CIP 法 の 特 徴 ………………………………………… 31

2.2.3 CIP の 用 途 ………………………………………… 31

2.3 ホットプレス ………………………………………………… 32

2.3.1 ホットプレス法 ………………………………………… 33

2.3.2 圧力下における焼結のち密化とその特徴 …………… 34

2.3.3 新しいホットプレス ……………………………………… 39

2.4 熱間等方圧成形（HIP） ………………………………… 43

2.4.1 HIP の 概 略 ………………………………………… 43

2.4.2 HIP 装置の構成 ………………………………………… 43

2.4.3 HIP 装置の発展 ………………………………………… 45

2.4.4 HIP の 用 途 ………………………………………… 49

2.4.5 今 後 の 展 望 ………………………………………… 52

2.5 粉 末 押 出 し ………………………………………………… 52

2.5.1 粉末押出し加工 ………………………………………… 52

2.5.2 コ ン フ ォ ー ム ………………………………………… 58

2.5.3 押 出 し 装 置 ………………………………………… 60

2.5.4 成 形 工 程 ………………………………………… 62

2.5.5 適 用 分 野 ………………………………………… 63

2.5.6 今 後 の 展 望 ………………………………………… 65

2.6 金属粉末射出成形（MIM） ……………………………… 66

2.6.1 MIM の原理，工程 ……………………………………… 66

2.6.2 MIM の 特 徴 ………………………………………… 76

2.7 粉 末 積 層 造 形 ………………………………………………… 79

2.7.1 三次元積層造形技術の歴史 …………………………… 79

2.7.2 金属の三次元積層造形 ………………………………… 81

2.7.3 金属積層造形法の適用分野 …………………………… 87

2.8 その他の成形法 ………………………………………………… 89

2.8.1 粉 末 鍛 造 ………………………………………… 89

2.8.2 粉 末 圧 延 ………………………………………… 94

2.8.3 溶 射 成 形 ………………………………………… 99

2.8.4 溶 浸 ………………………………………… 100

2.8.5 接　　　　合 ……………………………………………… 102

引用・参考文献 ………………………………………………… 109

3.　各種粉末の成形特性

3.1　鉄系粉末の成形特性 ……………………………………… 115

　　3.1.1　鉄　系　粉　末 ……………………………………… 115

　　3.1.2　ステンレス鋼粉末 …………………………………… 123

　　3.1.3　高 速 度 鋼 粉 末 ……………………………………… 128

　　3.1.4　造　粒　　　粉 ……………………………………… 128

3.2　非鉄系金属粉末の成形特性 ……………………………… 130

　　3.2.1　アルミニウム粉末 …………………………………… 130

　　3.2.2　超 合 金 粉 末 ……………………………………… 130

　　3.2.3　チタンおよびチタン合金粉末 ……………………… 138

　　3.2.4　銅 合 金 粉 末 ……………………………………… 144

3.3　セラミックス粉末の成形特性 …………………………… 145

　　3.3.1　セラミックスの粉末成形法の分類 ………………… 145

　　3.3.2　セラミックス粉末の成形前処理 …………………… 145

　　3.3.3　乾 式 成 形 法 ……………………………………… 147

　　3.3.4　湿 式 成 形 法 ……………………………………… 149

　　3.3.5　樹脂コンパウンド成形法 …………………………… 153

3.4　工具材料としての超硬合金, サーメットの成形特性 …… 154

　　3.4.1　切　削　工　具 ……………………………………… 154

　　3.4.2　超硬合金の強度 ……………………………………… 155

　　3.4.3　超硬合金工具の製造工程 …………………………… 157

3.5　機能性材料粉末の成形特性 ……………………………… 161

　　3.5.1　金 属 ガ ラ ス ……………………………………… 161

　　3.5.2　磁 性 材 料 ……………………………………… 165

　　3.5.3　熱 電 変 換 材 料 ……………………………………… 170

　　3.5.4　M M　粉　末 ……………………………………… 175

　　3.5.5　ポ ー ラ ス 材 料 ……………………………………… 180

3.5.6	傾斜機能材料	185
3.5.7	生 体 材 料	193

引用・参考文献 …………………………………………………… 198

4. 粉体成形の力学

4.1 粉体成形の力学的取扱い ……………………………… 205
 4.1.1 基 礎 ……………………………………… 205
 4.1.2 粉体の弾性変形 …………………………………… 211
 4.1.3 異方性の発達を考慮した構成式 …………………… 212
 4.1.4 力学的な解析 ……………………………………… 214
4.2 多孔質体の塑性変形の力学 …………………………… 223
 4.2.1 塑性変形について ………………………………… 223
 4.2.2 基礎となる構成式 ………………………………… 223
 4.2.3 構成式の応用 ……………………………………… 236
4.3 個別要素法の適用 ……………………………………… 254
 4.3.1 個別要素法について ……………………………… 254
 4.3.2 個別要素法における粒子の取扱い方 ……………… 256
 4.3.3 DEM の問題点とその対処 ……………………… 257
 4.3.4 DEM と連成解析 ………………………………… 259

引用・参考文献 …………………………………………………… 260

索 引 ……………………………………………………… 263

1 粉末成形プロセスの概説

1.1 粉末成形の歴史 [1][†]

　粉末成形は石器時代に人類が発明した最古の成形技術といえる．粘土を水で練り容器の形に成形して，天日で乾燥することによって食器，貯蔵容器や祭器が作られた．さらに火で焼き固めることによって強さを増すことができた．しかしもろくて壊れやすく，水が漏るという欠点があった．この欠点は長年の改良の結果，釉薬（うわぐすり）による表面のち密化によって解決された．広い意味でのセラミックスの製造ではそれ以来，現在まで基本的にはそのままの手法が用いられており，高温が得られるに従って品質は向上し，成形方法も多様化して，陶磁器等のオールドセラミックスから精製した高純度の原料を用いるファインセラミックスまで，多様なセラミックスが製造されている．

　石と土の次に人類が手にしたのは金属である．金属を溶解するのに十分な温度が得られない時代は，金属粉を成形し固相反応だけで固化する方法が，エジプトで行われた．金，銀，銅についても同様である．しかし，しだいに金属を溶融できるような高温を得る技術の進歩によって，溶解法が一般的になり粉末成形は省みられなくなった．

　その後19世紀になって，当時の技術で溶解できない白金の製造技術として，金属の粉末成形と焼結が再登場した．さらに20世紀に入り，1910年アメリカのGEでCoolidgeが粉末成形を利用して，常温でじん性のある電球用タング

---

†　肩付き数字は，章末の引用・参考文献番号を表す．

ステンフィラメントの製造方法が発明された．タングステン粉を金型に入れて圧縮成形した成形体を，通電によって固化成形した後，熱間スエージング加工でち密化したものを線引きしてフィラメントが作られた．これをもって近代金属粉末成形技術の幕開けとされている．

1925年タングステンフィラメントの線引きダイス用に，ダイヤモンドに代わるWC-Co複合合金がドイツで開発された．現在超硬合金と呼ばれるセラミックス-金属系の複合材料で，溶解法では製造できない材料である．同じ発想に基づいて，W-Cu，W-Ag合金のように融点と比重に著しく差がある金属どうしの組合せの複合材料が作られた．溶解法で作ることのできない粉末成形独特のもう一つのものとして，Cu-Sn系多孔質合金が開発された．表面や内部にある空隙が毛細管のようにつながった焼結合金に油を浸み込ませて，自己潤滑性をもつ含油軸受の開発に成功した．また1930年代には新しい磁性材として，酸化鉄粉を原料とするフェライトが日本で生まれた．

1939年に始まった第二次世界大戦において，ドイツは含油軸受に用いられる大量生産技術に注目して，銃弾に指向性を与えるための弾帯の製造に適用した．ドイツは銅資源に乏しいので，多孔質の焼結鉄にパラフィンを含浸させたもので銅弾帯に置き換えることに成功した．鉄粉の製造，成形プレス，焼結炉など，大量生産が可能な技術が開発された．

1950年代に期待されたのは，原子力材料と航空機用ガスタービンエンジン材料である．原子炉用燃料は現在も酸化ウランなどのセラミックスの粉末成形体が用いられている．ガスタービン用耐熱材料として，セラミックスと金属の複合合金であるサーメットが登場した．残念ながら長時間使用の信頼性の点で，溶製材のNi基超合金に軍配が上げられた結果，耐熱性の優れた切削工具として使われている．

同じ金属とセラミックスの組合せであるが，セラミックスの添加量が少なく，微細なセラミックス粉を金属に分散させた分散粒子強化合金も開発された．高温強度が金属の融点近くまで維持できるが，あまり使用は伸びなかった．ところが1970年代にメカニカルアロイング法の登場によって，超合金

に酸化物微粉を分散させた高性能耐熱合金として脚光を浴びている．現在，メカニカルアロイング法は微細組織制御が可能な素材製造法として用いられている．

1970年代に研究開発が進んだ粉末鍛造技術（粉末成形プリフォームを熱間鍛造でち密化する方法）が，1980年代にようやく実用期に入った．一方，急冷凝固粉の真密度合金が，溶製材をしのぐ特性をもつ先端材料として関心を集め，超合金，高速度鋼，アルミニウム合金などの高性能材料，部品を作る技術として開発が進められた．

1980年代は旧来のセラミックスの常識を破るファインセラミックスが実用化の域に達し，爆発的ブームとなった．また金属粉やセラミックス粉にバインダー（熱可塑性樹脂とワックス）を混ぜて，プラスチック同様に射出成形後，バインダーを除去して焼結する粉末射出成形法が，小型複雑形状部品の成形技術として注目されている．

1.2 粉末成形の工程 [2]～[6]

1.2.1 概　　　要
粉末成形の製造工程は，原則として原料粉→混合→成形→焼結→後処理からなっている．粉末を原料として混合調整した後，粉末の流動性を利用することによって完成品に近い形状に成形し，溶解することなく固相反応を利用して固化成形する．必要に応じて後処理を加える場合がある．

1.2.2 粉　　　末
〔1〕 粉末の製造方法
粉末成形の原材料である粉末の特性（純度，形状，粒度分布など）は，粉末の製造方法によって大きく異なる．したがって，粉末の製造方法は，成形，焼結工程に大きく影響する．

金属粉末の製造方法は多岐にわたり，機械的方法，アトマイズ法，化学的方

法に大別され，製造工程，焼結体の特性，用途によって，最も適した製造方法の粉末が選択されている．機械的方法の代表例である粉砕法は，もろい材料の粉末化に適している．また，近年では延性材料の切りくずなどのスクラップを粉砕した粉末も利用されている．複数の粉末に機械的エネルギーを与えて合金粉末を製造するメカニカルアロイング法（MA法）や，粉末に大きな加工を加えるメカニカルミリング法（MM法）もこの一種である．

　噴霧法（アトマイズ法）は，タンディッシュ底部のノズルから流出させた溶湯流を高圧の噴霧媒体あるいは高速回転する円盤によって飛散，凝固させる粉末製造方法であり，噴霧媒体により水アトマイズ法およびガスアトマイズ法，また遠心アトマイズ法に大別される．回転電極法もこの一種である．特に水およびガスアトマイズ法は大量生産が可能であり，広範囲の金属や合金粉の製造法として産業用に多く用いられている．

　化学的方法には，還元法，電解法，湿式冶金法，カルボニル反応法がある．酸化物から出発する還元法も一般的な金属粉製造法である．鉄粉の場合，ミルスケールあるいは鉄鉱石を炭素（コークス）で粗還元した後に，さらに水素で仕上げ還元した還元鉄粉が広く用いられている．電解法は金属塩の水溶液を電気分解することにより高純度な粉末の製造が可能であり，銅粉末の製造に広く用いられている．湿式冶金法は，金属塩溶液から還元剤を用いて抽出する方法で，銀，ニッケル，銅などの粉末の製造に適用されている．カルボニル法は一酸化炭素と金属を反応させた金属カルボニルを熱分解し，高純度の微粉末が製造できる方法である．鉄およびニッケル粉末の生産方法として用いられている．

　セラミックスは，陶磁器，耐火物，セメント，ガラスなどのオールドセラミックスとファインセラミックスに分類される．オールドセラミックスは，天然に産出する原料をそのまま，あるいは粉砕した粉末を用いて製造されている．工業的に有用なファインセラミックスの原料粉末は天然に産しないので，気相，液相および固相下における化学的方法で合成されている．

〔2〕 粉末の特性

粉末成形において重要な粉末の特性として，粒子径と粒子径分布，粉末形状，比表面積，粒子の集合体としての特性（安息角，流動度，見掛密度，タップ密度，圧縮性）がある．

粒子径と粒度分布の測定には JIS 標準ふるいを用いるふるい分け法，各種沈降法，顕微鏡を用いる方法やレーザ回折法などがあり，粉末特性によって使い分けられている．

粒子径と粉末の成形性の関係に注目すると，粒子径の減少とともに見掛密度が低下し，合わせて流動度や圧縮性も低下するが，成形体の強度は増す傾向にある．粉末形状が不規則であるほど，低い流動性や見掛密度を示すが，成形体の強度は増加し，焼結性も優れている．これに対して，球状粉は高い見掛密度を示すが，粉末どうしの絡み合いが悪いので成形体が欠けやすく，成形性が劣るのが欠点である．超硬合金粉やセラミックス粉は一般に微粉であり流動性が悪く，ホッパーから流下しないので，造粒し粗粉にして流動性を改善して圧粉用金型に充てんしやすくしている．

1.2.3 混　　　合

粉末成形の前処理として，金属粉の場合は原料粉の粒度調整，他の粉末の添加，さらに潤滑剤などの補助剤添加が行われ，混合機を用いて均一になるように混合が行われる．金属粉ではダブルコーン形，Ｖ形混合機が一般に使用される．

セラミックス粉の場合は，水のような液体を加えてスラリーとして湿式で混合する．槽の中で粘性の低い液体と粉末を分散させて，羽根やプロペラで混合する．水分が少なく非常に粘性が高い場合には混練と呼ばれており，混練機を用いてせん断，圧延，折りたたみ，圧縮などの作用によって混ぜ合わせる．混練中に入る気泡を取り除いて水分を均一に分散させるように，真空中で混練する方法も用いられている．

1.2.4 成　　　　　形

　原料粉を最終製品形状に近い形状に成形するには，各種の方法がとられている．粘土のように成形性の良いものを手で成形することから始まったセラミックス粉の成形は，長い歴史とともに製品を大量生産する成形技術が進歩した．特に粘土の特性を巧みに利用した無加圧の鋳込み成形や塑性成形（押出し成形，射出成形）が普及し，さらに高い圧力を用いて成形する金型成形，冷間等方圧成形へと発展した．金属粉ではまず金型に粉末を充てんして，単軸圧縮で成形する金型成形が主力である．

　連続的に粉末を成形して板状の製品をつくる場合は，無加圧，加圧いずれの方法でも可能である．爆発などのエネルギーを利用して，短時間で成形固化する方法として高エネルギー速度成形も開発された．

　射出成形は，金属粉やセラミックス粉とバインダーとしてのプラスチックやパラフィンを混練してペレットをつくり，バインダーを溶融して射出成形した後，脱脂工程を経て焼結する．金属の場合は溶湯を噴霧溶射してそのままコレクタ上に堆積固化する方法として溶射成形がある．また近年，粉末積層造形が注目をあびている．各成形技術の詳細については2章以降で詳述されるので，本章では概略について解説する．

1.2.5 焼　　　　　結

　焼結とは，粉末集合体，例えば金型成形した成形体を融点未満の高温に加熱することによって，原子の拡散による物質移動で粉末が接合・一体化し，しだいにち密化する現象である．粉末粒子が接合した部分に形成されるネックの直径が増大しつつ，気孔の体積が減少し，成形体は収縮する．この固相焼結に対して，焼結過程で液相が生成されち密化を促進させる方法を液相焼結という．

　焼結すると，密度の増加に伴って気孔の形状や大きさの分布，結晶粒径等の組織が連続的に変化する．この組織変化，特に気孔の形状に注目して，**図1.1**[7]に示すように焼結は3段階に区別される．第1段階は粒子と粒子が接触した点において表面拡散によってネックが形成され急激にその直径が増加し，粉末中

1.2 粉末成形の工程

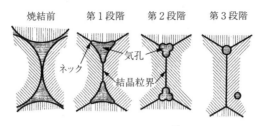

図1.1 焼結段階[7]

心間距離がわずかに減少する．第2段階は，粒子の接合面積が増大することから，体積拡散によってネック部分への原子の移動が活発となり，ネックが成長し曲率半径も増大する．気孔は三次元的に連続した筒状となり，その内面は平滑となる．第3段階は，孤立した球状の気孔からなり，約92％の相対密度以降に相当する．

金属粉の場合は金型による加圧成形の際に粉末が変形して空隙が小さくなるので，焼結時の収縮は数％以下であるが，セラミックス粉では変形しないので20％近く収縮が起こる．

型に充てんした金属粉を加熱するとともに加圧することにより，一工程で成形と焼結を行うホットプレスは，金属，セラミックス，さらにプラスチック等の粉末の固化成形に用いられている．ホットプレスが1軸加圧であるのに対して，熱間等方圧成形法（HIP）は，おもに金属製の缶に真空封入した粉末を高温下で等方的な圧力を加えることによって固化成形する．缶の形状を適切なものとすることによって，ニアネットシェイプ成形が可能となる．より簡便な単軸成形プレスで，圧力媒体を通して成形体に等方圧に近い圧力を負荷して高温下でち密化する方法を擬HIPという．一方，HIPのように真空封入した粉末を，熱間で押出して棒や管を成形する方法に熱間押出しがある．また，粉末鍛造は，金属粉末の無加圧焼結体を熱間鍛造によって気孔をつぶして溶製材並みの材料特性にすることが可能である．

焼結を促進させるために若干の液相を生じさせる液相焼結も行われている．金属ではFe-Cu系，Cu-Sn系，WC-Co系，W-Ni系，高速度鋼などがこの例

であり，セラミックスでもガラス相を利用した液相焼結が一般的に用いられている．銅量の少ない Fe-Cu 系の液相焼結では，加熱により溶融した銅が鉄中に拡散しながら空隙を残して焼結を完了するので，焼結体に空隙分の膨張が生ずる．この現象は焼結時の寸法変化を小さくするので，実際の生産では寸法精度の向上に役立っている．

　焼結を工業的に行うためには連続焼結炉が用いられる．金属の場合には，圧粉体に含まれた潤滑剤を除去する「予熱脱ろう部」，本焼結する「加熱部」，「冷却部」からなっている．1150 ℃以下の焼結用に最も一般的に用いられているのがメッシュベルト炉で，エンドレスの金属製メッシュベルトの上に圧粉体を載せて搬送する．より高温の焼結が必要な場合には，圧粉体を黒鉛ボートやセラミックスのボートに載せて，プッシャー機構によって断続的に送り込むプッシャー炉が用いられる．このほか炉床にあるビームがボートを持ち上げてから前方に送り，ビームが下降して戻るようにしてボートを搬送するウォーキングビーム炉もある．焼結雰囲気は，酸化しないように保護雰囲気を用いなくてはならない．真空，アルゴンガス，窒素ガス，水素ガス，アンモニア分解ガスあるいは炭化水素系ガスの変成ガスが用いられている．ステンレス鋼の焼結では変成ガスと反応し窒化物や炭化物を生成しやすいこと，超硬合金では炭化物の炭素の制御が厳しいので，真空焼結炉が使用されている．半連続的に「脱ろう─加熱─冷却」が真空中で行われる．

　セラミックスの焼結には LPG や重油等を利用する燃焼式と，電気式の焼結炉が用いられている．前者は酸化，還元，中性等雰囲気を選択することが可能であるが，ファインセラミックスには焼結条件の制御が重要であるため，電気炉が多く用いられている．大量生産には「予熱─焼成─冷却」ができる連続焼成炉が用いられる．製品を台車の上に積み重ねて，炉の一端から断続的にレールの上を押し込むトンネル炉が一般的である．またボートを回転するローラーの上に載せて，連続的に搬送するローラーハース炉も使用されている．非酸化物系のファインセラミックスでは，焼結雰囲気に窒素や真空も用いられている．

1.2.6 後 処 理

金属焼結部品では焼結のままで製品とするものもあるが，十分な寸法精度が得られない場合には，焼結部品に空隙が残っていることを利用して，再び金型に入れ成形プレスで再圧縮が行われる．再圧縮は所定の寸法を得るためのサイジングと所定の表面形状を得るためのコイニングとに区別されている．セラミックスは塑性変形しないのでこの方法は採用できない．高密度の焼結部品をつくる場合には，合金化が進まない温度で焼結した後，再圧縮後焼結温度で再焼結する2回圧縮2回焼結法が用いられる．このほか焼結部品の空隙をつぶして機械的性質を改善する方法として，焼結体の金属よりも融点の低い金属を，焼結と同時あるいは焼結後に溶融して空隙に浸透させる溶浸法と呼ばれる方法がある．

焼結部品は機械加工しないでそのまま使用できるという特徴があるが，実際には厳しい寸法精度や仕上げ面粗さを要求される場合や，単軸の圧縮成形の限界を補うために，切削加工，研削加工，ドリル加工，タップ加工，リーマー加工などの機械加工が行われる．これによって薄肉複雑形状部品への適用が拡大された．多孔質の部品では，目つぶれを起こさないように加工することに注意が必要である．セラミックスは特殊なものを除いては，切削加工は容易でないので研削加工が主である．焼結前の乾燥成形体を切削加工してから焼結する方法もとられている．

鉄系焼結部品では，機械的性質を改善するために鋳鍛造品と同様の熱処理が行われる．低密度の焼結部品は多孔質であるため，浸炭，浸窒処理を行う場合に内部まで処理されるという問題がある．肌焼き効果をもたせるためには，$7.0\,\mathrm{g/cm^3}$（約88％）以上の密度にしなければならない．めっき処理のような表面処理をする場合にも，めっき液が空隙に入らないように樹脂含浸による封孔処理が必要である．耐食，耐摩耗性を向上させるために，450℃以上の水蒸気で部品の表面に四酸化鉄をつくる水蒸気処理という方法がとられており，封孔処理としても効果がある．焼結含油軸受のように潤滑性を必要とする場合や，焼結機械部品を防錆する目的で，真空や加熱による空隙への油の含浸が行

われている.

複数の焼結部品, あるいは鋳鍛造部品と焼結部品を組み合わせるために各種接合法が開発されてきた. なかでも, セラミックス部品と金属部品の接合は耐熱部品の開発に重要であり, 機械的接合法である鋳ぐるみや焼き・冷やしばめのほかに, 溶融接合や固相接合法が用いられている. これら異種材料の接合には, 熱膨張率の違いや界面反応相の生成などの問題点が存在する.

超硬合金切削工具では, 工具寿命延長と切削性能向上のため, 炭化物, 窒化物など硬質セラミックスの PVD, CVD による蒸着が一般的になっている.

引用・参考文献

1) 木村尚：粉末冶金—その歴史と発展, (1999), アグネ技術センター.
2) 廣瀬德豊：塑性と加工, **56**-651 (2015), 285-289.
3) German, R.M.：Powder Metallurgy Science, second edition, (1994), Metal Powder Federation.
4) 日本塑性加工学会編：塑性加工便覧, (2006), 858-907, コロナ社.
5) 日本金属学会編：金属便覧 改訂6版, (2000), 881-930, 丸善.
6) 日本塑性加工学会編：最新塑性加工要覧 第2版, (2000), 363-385, 日本塑性加工学会.
7) German, R. M.：Powder Metallurgy Science, second edition, (1994), 261, Metal Powder Federation.

2 各種成形法

2.1 金型成形[1]

2.1.1 金型の基本構成と代表的成形法

〔1〕 金型の基本構成

金型の基本構成は,成形すべき成形体の形状によって決まる.多くの場合,ダイ(外型),上パンチ,下パンチとコアロッド(内型)から構成されている.ダイあるいはコアロッドを基準として,上下方向一軸に沿い相対的に作動し,上下パンチ間で粉末が圧縮成形された後,下パンチで上方へ成形体は押し出される.

図2.1に金型の基本構成の一例を示す.この成形工程で金型に対し考慮されるべきことは,まず金属粉が金型に凝着しないように潤滑をすること,圧縮成形時に200〜700 MPaの高圧で破損,摩耗しないよう高剛性,高強度,高硬度のものにすることである.また金型の表面仕上げ程度は金型の寿命,あるいは成形体の表面粗さに影響し,R_{max}で0.5 μm以下の面粗さ,また場合によっては鏡面仕上げにすることが安定した成形を可能にする.

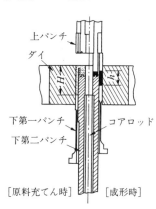

図2.1 金型組立図[1]

金型形状もダイ,コアロッドの間にある粉末を上下パンチで高さ比約1/2

に圧縮する関係から，上下パンチとダイ，コアロッドの間から粉末が漏れない
ように，これらのはめあい部にはテーパーがあってはならない．一方，成形体
の上下端部に凹凸のある成形体が引き抜かれる際に，凹凸部の壁の摩擦抵抗で
成形体が破損し，金型の凹凸部に付着してしまう．このようなところには抜き
勾配を 15 ～ 20°つける．潤滑には通常 0.5～1.0 mass％のステアリン酸亜鉛等
の潤滑剤を原料粉末に配合しておく．これにより摩擦係数が 0.1 程度になり焼
付きが防止できるが，高密度品，あるいは室温が高いときには，この潤滑剤は
摩擦熱で溶融してしまい潤滑効果は低減する．この防止のために金型を冷却す
る場合がある．金型壁に直接潤滑剤を塗布することも効果がある．摩擦低減に
は有効な方法であるが，自動化が容易ではないので一部にしか活用されていな
い．

〔2〕 代表的成形法

　粉末を金型に充てんしたときの高さの約半分にまで圧縮すると，金型・粉末
の摩擦抵抗で，パンチで加えられた圧力はそのまま伝わらず，密度は均一にな
らない．均一に近づけるための代表的な成形法を**図 2.2** に示す．

　（**a**） **片押し法**　　加圧中はダイと下パンチまたは上パンチを固定し，
それぞれ上パンチまたは下パンチで加圧する．成形体の押出しは下パンチの上
昇で行う．この成形法では，加圧パンチ側の密度が固定パンチ側の密度より高
くなり，上下で密度差ができやすいので，圧縮方向高さの低い板状のものの成
形に使われる．

　（**b**） **両押し法**　　加圧中にダイを固定し，上下パンチ両方から加圧す
る方法である．ただし，必ずしも両方から同時に作動しなくてもよい．この方
法では上下の密度差，ニュートラルゾーン（密度のいちばん低い所）の位置を
調整することができる．押出しは図（b）のように下パンチの上昇により行
うことが多い．

　（**c**） **フローティングダイ法**　　ダイをばね，空圧または油圧で支え，下パ
ンチを加圧時に固定する．上パンチで加圧しはじめるとダイ壁と粉末の間の摩
擦力がしだいに増大し，ダイを支えている力より大きくなるとダイは下降す

2.1 金型成形

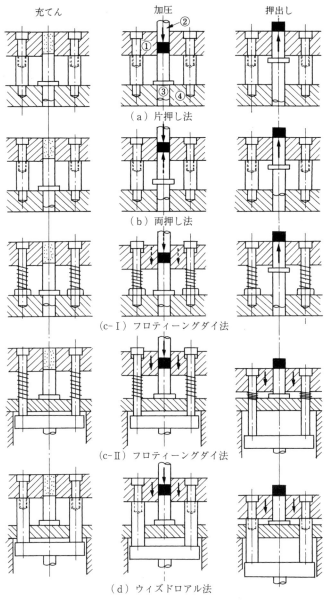

図 2.2 成形方法の説明図（代表例）[2]

注 ①ダイおよびプレート ③下パンチ
　　②上パンチ ④ベースプレート

る．その結果，相対的に下パンチがダイに対して上昇したことになり，両押し法と同様に上下の密度差が調整可能になる．押出しは図2.2(c-Ⅰ)，(c-Ⅱ)に示すように，上パンチの上昇（Ⅰ）またはダイの下降（Ⅱ）により行われる．

（**d**） **ウィズドロアル法**　　上パンチが所定の距離だけ移動し加圧すると，ダイが強制的に引き下げられ，これにより加圧時に固定されている下パンチがダイに対し相対的に上昇し，両押し成形が行える．なお，加圧工程で上パンチとダイの下降速度が同じ場合には上下非同時加圧となり，ダイの下降速度を半分にすると上下同時加圧となる．

2.1.2　粉末成形プレスとその成形法

　粉末成形プレスは大きく分けて機械プレスと液圧（油圧）プレスがある．各プレスは，上ラムの駆動法，フレーム形式，成形方法を考慮し設計されている．加圧能力としては，5 kN～20 MN のプレスが製作されている．

〔**1**〕　**油 圧 プ レ ス**

　上下のラムを油圧シリンダで作動させて加圧成形を行う．油圧プレスでは，ツールセットを組み立てて成形する方式が一般的で複雑な多段成形に適している．油圧制御も最近では位置センサを組み込んでエレクトロニクス化され，コンピュータによって動きの制御がより高精度になり，品質の高いものを成形できる油圧サーボを用いたコンピュータ数値制御式（Computerized Numerical Control Sysytem，CNC）油圧プレス等が利用されている．大型の部品成形用としては油圧プレスが主力になっている．加圧能力は 400 kN ～ 20 MN で成形速度は5 ～ 20 個/分である．

〔**2**〕　**CNC 式粉末成形プレス**

　CNC 式粉末成形プレスは，基本的にはサーボモーター制御式，油圧サーボ制御式の2種がある．いずれも，プレス本体の三つの動き（上部ラム，下部ラム，フィーダー）とツールホルダー内の動作する各パンチの動きがすべてクローズドループで制御されていて，かつ，成形終了時の保持力が適宜に大きく，各粉末成形工程（充てん，粉末移動（トランスファ），加圧，圧抜き，抜

出し）を指令信号に対し忠実，正確に動作する．したがって，加圧時の機械的
なストッパーは不要である．動きに自由（自在）性があり，つまり粉末成形動
作として最良と思われる動きを創生することが可能である．CNC式粉末成形
プレスの特徴を**表2.1**に示す．

表2.1 CNC式粉末成形プレスの特徴 [3]

	成形に求められる事項	成形品に反映される特徴，その他
1	多段成形品	上3〜4段，下5段
2	動きの自在性	（1）粉末移動（トランスファ）時と加圧時の作動が，上下パンチ・ダイス・コアすべて上から下，下から上へと自由自在に動くため，単なる段数の比較以上に複雑な成形品が成形可能 （2）縦2層成形も可能 （3）アンダーカット品も可能
3	動きの正確性	各パンチ・ダイス・コアが，理想通りの動きをするため，均一密度に成形される．しかも，安定継続作動のため成形品重量のばらつきが少ない
4	加圧位置停止精度	サーボの停止精度（3〜5μm）
5	加圧終了位置の調整	CNC（加圧終了位置に限らずすべて数値入力による）で簡単調整
6	クラック防止対策	比例成形作動（比例加圧，比例圧抜き等）によるクラックレス
7	良品を得るまでの時間	比例成形作動により，短時間で良品が得られる．しかもむだ打ち（成形）が少なくてすむ

〔3〕 カ ム プ レ ス

カムプレスは，回転するカムに押し付けられたローラーの動きを，アームを
使っててこ式に上または下のラムに伝える．ダイは通常固定されている．加圧
能力は5〜400 kN，成形速度は一般的に10〜25個/分である．上ラムの加圧運
動はカム形状を選択することにより変化させることができる．しかし粉末移動
成形（図2.12参照）等金型に複雑な動きをさせる成形には適していない．

〔4〕 ツールセット式機械プレス

この形式のプレスでは，主軸の回転をラムに伝える方式によって二つに分類
される．一つはクランクプレスで**図2.3**にラムの動きと作動線図を示す．こ
の動きでは粉末の充てん時間は十分とれるが加圧時間は短い．最近はこの機構
も改善されて加圧時間も十分とれるようになってきている．加圧能力は
100 kN〜7.5 MN，成形速度は一般的に5〜30個/分であるが，小型のものは一

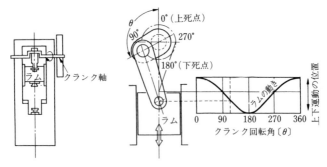

図 2.3 クランクプレスの動きと作動線図[1]

般的に 60 個/分で成形できるものもある．

もう一つは**図 2.4**のナックルプレスで，プレスの動きと作動線図を示す．高速運転すると，粉末の充てん時間が十分にとれなくなる．加圧能力は 100 kN～5 MN，成形速度は一般的に 5～30 個/分である．これら二つの形式ともに，ツールセットに空圧，油圧のシリンダを組み込み，プレスの動きと連動させ多段の複雑な形状部品の成形が可能である．

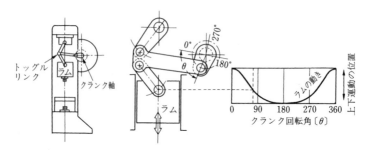

図 2.4 ナックルプレスの動きと作動線図[1]

〔5〕 **ハイブリッド式粉末成形プレス**

ハイブリッド式プレス（Hybrid Type Press）は，機械式，油圧式，CNC 式プレスの特徴を組み合わせた中間的なプレスであり，プレス本体は CNC プレス，ツールホルダーが機械式＋油圧サーボ駆動式，フィーダー（油圧サーボ駆動）等，現在種々の組合せのものが使用されている．**表 2.2**に特徴を示す．

表 2.2　ハイブリッド式粉末成形プレスの特徴[3]

	成形に求められる事項	ハイブリッドプレスの機能, その他
1	多段成形品	上4段, 下4～5段
2	動きの自在性	機械式と同様で, 粉末移動 (トランスファ) から加圧の作動は上から下への動きのみ. より複雑な成形品の成形は無理
3	動きの正確性	CNC式とは同等ではない. 制御できるのは加圧の途中までで, 後は加圧力に支配される (すべりクラックの心配あり)
4	加圧位置停止精度	機械式ストッパによる. 機械式プレスと同じ
5	加圧終了位置の調整	機械式ストッパの高さ調整
6	クラック防止対策	圧抜き時 (たわみ補正) の防止対策はあるが, 調整に時間を要する加圧時のすべりクラックが発生する可能性あり
7	良品を得るまでの時間	はじめての成形品の成形には時間を要する. 次回からは比較的容易である

〔6〕 **ロータリープレス**

数組から十組以上のダイと上下パンチを円盤上に配し, この円盤を回転させ, 円盤上下にある円周状のカムにより上下パンチを作動させて成形するロータリープレスは, 通常薬品成形用として使用されているが, 粉末冶金用としても実用化されている. 加圧能力は50～600 kNで成形速度は一般的に30～100個/分が可能である. 本プレスでは図2.5のように2箇所に粉末充てん場所を設け, 上下方向に2種類の材料を同時に成形することができる.

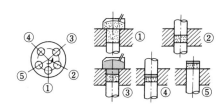

図2.5　ロータリープレスによる二層成形説明図[1]

〔7〕 **スプリットダイ式プレス**

粉末成形では通常ダイ上方へ成形体を取り出すので, 上下断面形状に食い違いがあり従来法では取り出せないような形状の場合には, 成形は不可能となる. しかし, このような場合でも図2.6に示すオリベッティ方式により上下にダイを分割すれば成形が可能となる. カムプレス方式のものとツールセット方式のプレスがあり, 加圧能力は1.2 MN程度まで, 成形速度は一般的に20

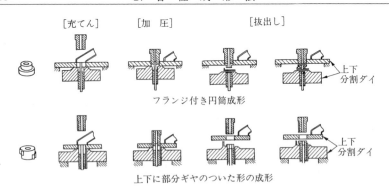

図2.6 オリベッティ方式説明図[1]

個/分までである.

〔8〕 アンビル型プレス

そのほか小型・薄物の成形に適したアンビル型プレスがある.

2.1.3 金型の構成と作動

図2.7(a)〜(e)に各種の成形例における金型構成とその動きを示す.図(a),(b)には標準ツールセット,および標準ツールセットを使ったフランジ付きの成形を示す.また図(c)には内凹形状品の成形例,図(d),(e)には上下各2本ずつのパンチを使った中フランジの成形例を示す.中フランジ成形の特徴は,粉末の移動を圧縮開始の前に行うため,上下パンチの同期移動を圧縮前に行わなければならない.

図2.8に,ウィズドロアル型の下3段成形用ツールセットの構造を示す.

図(a)は下第一,下第二パンチプレートがベースプレートの上にあり,図(b)は下第一,下第二パンチを調整する装置がベースプレートの下にある.図(a)のほうが図(b)に対して第三パンチが長くなる.押出し方式には**図2.9**のようなウェッジブロックを使ったものと,第三パンチを空圧(油圧)で押し上げる**図2.10**の機構のものがある.上パンチ2段,下パンチ3段さらに最近ではこれらがさらに拡張され上3段,下4段の金型による成形も行われている.成形終了後,成形体を押し出す際,クラックが発生する場合がある.

2.1 金型成形

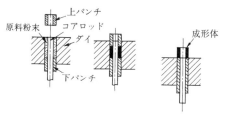

（a）最も単純な成形

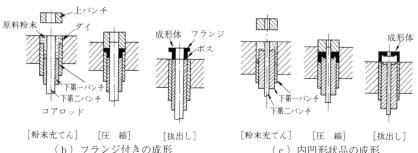

（b）フランジ付きの成形　　　　　（c）内凹形状品の成形

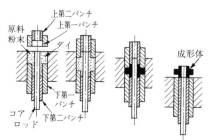

（d）中フランジの成形

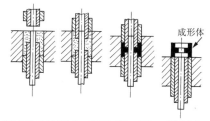

（e）中フランジの成形(H形状品の成形)

図 2.7　金型構成とその動き[1]

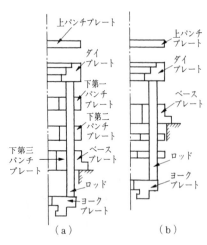

図 2.8 下3段成形用ツールセット

図 2.11 は圧縮成形後上ラムの圧抜きが行われた後にさらに空圧等で成形体に上パンチで圧力をかけながらダイを下降させ抜き出す工程である。これはホールドダウンと呼ばれており，成形体へのクラック発生を防ぐ方法の一つである。

図 2.12 は粉末移動成形を行う代表例で，図 (a) の場合には，上下パンチで均一粉末を圧縮できるように上下第一パンチが，圧縮前に同期して粉末移動（パンチコントロール）を行う。図 (b) に示す左図の粉末充てん状態から右図の圧縮状態に移行する際，上下第一パンチの間で圧縮される部分，通称フランジ部分を上下から均一に圧縮するためには下パンチが降下する速度よりも速くダイを降下させなければならない。この動きをさせることをダイコントロールという。粉末をダイに充てんする方法も種々開発されている。薄肉形状の場合や充てん深さの大きい場合には吸込み充てんが有効な方法である。

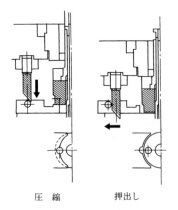

図 2.9 ウェッジブロック式押出し機構

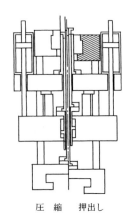

図 2.10 空（油）圧式押出し機構

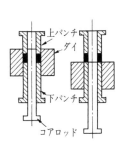
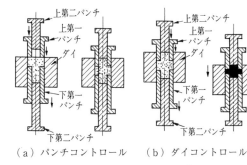

図2.11 ホールドダウン[1]　　　図2.12 粉末移動成形[1]
　　　　　　　　　　　　　　（a）パンチコントロール　（b）ダイコントロール

　充てんが困難な場合の方法としては，ダイを引下げるかコアロッドを押上げる方法によりあらかじめ余分に入れた粉末を押出すオーバーフィル，あるいは逆に，所定の充てんを行った後，ダイを押上げダイ上面より粉末の上面を下げるアンダーフィルがある．アンダーフィルでは上パンチに凸部分がある場合に，上パンチがダイに入る際に粉末がダイより逃げてしまうことを防止する効果がある．

2.1.4　工具と粉末との摩擦

　成形工程においては，圧粉用工具の壁面と粉末間に摩擦抵抗が生じることが避けられない．潤滑が十分でない場合に生じる問題を以下に列挙する．

　1）**密度の不均一**　　例えば中空円筒形状の圧粉成形では工具壁面と粉末間の摩擦抵抗が大きいために，顕著な密度分布の不均一が発生してしまう．この密度の不均一は焼結後の製品の寸法および機械的強度の不均一を招く．

　2）**抜き荷重の増大**　　潤滑が十分でない場合は当然ながら抜き荷重も大きくなる．成形工程で金型壁に凝着が生じた場合は抜き工程で荷重が増大し，成形体の表面性状の悪化，焼付きの発生および成形体の割れを招く．

　3）**工具摩耗の増大**　　凝着や焼付きの発生によって工具面に傷が生じて工具寿命が短くなる．

　2.1.1項に述べたように，潤滑には，原料粉末にステアリン酸亜鉛等の粉末状の固体潤滑剤を配合しておく方法，ならびに金型壁に直接潤滑剤を塗布する

方法がある.前者を混合潤滑,後者を型潤滑と呼ぶ.一般には成形工程の能率の観点から混合潤滑が用いられている.潤滑状態の評価で最も簡便なのは成形体を型から抜き出す際の抜き荷重を計測すること[4]であるが,それは成形荷重よりもはるかに低い.したがって成形工程における金型壁の摩擦係数を求めることが重要となる.成形中の摩擦係数を推定する方法として**図 2.13**のような方法[5]がある.

このようなリング形状の密閉型を用いて成形圧力 p_1 で片押し法によって成形することで,下パンチに伝達する圧力 p_2 は単純な円柱形状の成形を行う場合よりも低下するために,摩擦力を大きく感知できる.成形中の摩擦係数 μ は一定であると仮定して,成形圧力と半径方向応力の関係が既知であれば,p_2 の大きさは摩擦係数 μ と成形体長さ L によって決まる.したがって,種々の μ に対するパンチ圧力比 p_2/p_1 と成形体長さ L の関係を計算してその線図を作成しておき,成形圧力 p_1 で成形する際の p_2 を種々の粉末の充てん量に対して計測してプロットすれば,成形圧力に対応する摩擦係数が推定できる.

図 2.14は,還元鉄粉について計算された p_2/p_1 と L の線図に対して種々の潤滑剤で型潤滑を行った結果をプロットし,摩擦係数を推定した結果である[6].

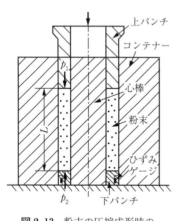

図 2.13 粉末の圧縮成形時の摩擦係数測定法[5]

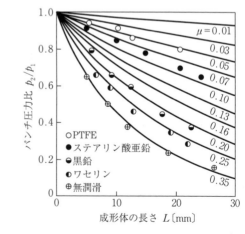

図 2.14 摩擦係数の測定($p_1 = 300$ MPa)[5]

ポリテトラフルオロエチレン（PTFE）とステアリン酸亜鉛の潤滑性能が高いことがわかる．

　成形圧力を変えて実験すれば，**図2.15**に示すように成形圧力による摩擦係数の変化を知ることもできる．摩擦係数は無潤滑の場合約0.35で一定であるが，潤滑剤を用いた場合は成形圧力の増加に伴い減少する．以上の方法は潤滑剤の性能を摩擦係数として評価できる反面，対象とする粉末に関する成形圧力と半径方向圧力の関係を既知とするための実験を別途行う必要がある．

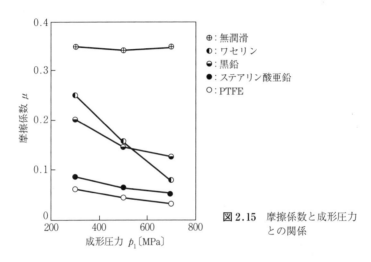

図2.15　摩擦係数と成形圧力との関係

　一方で，混合潤滑における最適な潤滑剤添加量を見積もる場合は，上下パンチの圧力比の計測のみでもおおよその指針が得られる．圧力比が成形中一定であると仮定し，それを圧力伝達率λとして，アトマイズ鉄粉をステアリン酸亜鉛による混合潤滑によって密度比（粉末の真密度に対する成形体密度）が0.85となるまで成形する際の，λとステアリン酸亜鉛添加量の関係を**図2.16**に示す[6]．型潤滑を行わない場合，少なくとも0.5 mass％以上の添加量が必要であるが，型潤滑を行う場合は添加量を0.2 mass％程度まで減らすことが可能である[7]．特にパラフィンワックスによる型潤滑で潤滑状態が改善できている．潤滑剤添加量が多い場合は理論到達密度が低くなり，焼結時に焼結体表面の肌荒れが生ずる場合があるため，添加量を少なくしつつ良好な潤滑状態を得るこ

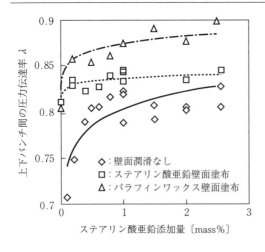

図2.16 鉄粉末の円柱状成形体成形における圧力伝達率とステアリン酸亜鉛添加量の関係[6]

とが重要である．

成形体を加圧方向に分割して個々の密度を計測すれば，上パンチ面からの距離に対する密度低下を勾配として表すことができ，潤滑状態を評価できる．種々の潤滑剤に対して，その添加量を7.0 vol％と一定として，直径10 mm，高さ15 mm，密度比0.85となるようにアトマイズ鉄粉を成形したときの密度勾配 α を図2.17に示す[8]．ここでは型潤滑を行う代りに，金型内面に優れた

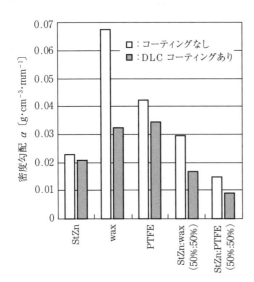

図2.17 鉄粉末の円柱状成形体成形における密度勾配[8]

低摩擦特性を有する Diamond Like Carbon（DLC）コーティングしたものを用いて潤滑状態を比較調査している．

図2.16の傾向とは異なり，パラフィンワックス（Wax）において高い密度勾配となっていることから，添加された内部潤滑剤は成形中に壁面に供給されるとは限らないことが示唆される．ステアリン酸亜鉛（StZn）に対して Wax あるいはポリテトラフルオロエチレン（PTFE）を混合した場合（StZn：Wax，StZn：PTFE）に，密度勾配が減少している．このとき，StZn の粒子径がサブミクロン以下のオーダーであるのに対して，Wax および PTFE の粒子径はおよそ4 μm である．すなわち，空隙を満たす異種の粉末潤滑剤においてその粒子径に差を与えておくこと，およびその配合比を最適化することで，成形中の壁面への潤滑剤の流出が促進され，潤滑状態を改善できることが示唆される．

2.1.5 成形中のせん断挙動

成形工程において，粉末粒子は流動しながらその配位数を高めていくが，その際に粒子間の摩擦がどのような影響を及ぼすのかはあまり知られていない．一方で，土や砂，岩石などの粒状材料においては，古くから式（2.1）に示すモール・クーロンの破壊基準が斜面の安定設計などに適用されている．

$$\tau = \sigma \tan \phi + c \qquad (2.1)$$

ここで，τ：せん断応力，σ：垂直（圧縮）応力，ϕ：内部摩擦角，c：粘着力である．

土質工学の分野では，この関係を直接計測する方法として一面せん断試験法が用いられる．**図2.18** に一面せん断試験法の原理図を示す．固定された上箱および可動する下箱のキャビティ内に粉体試料を詰め，所定の垂直力を負荷しながら下箱を平行に移動したときの変位および荷重関係を計測する仕組みとなっている．これを鉄粉末成形体に適用した例を**図2.19**に示す[9]．垂直応力の増加に伴いせん断強度は増加して，その傾向は密度比（0.70，0.85，0.90）によって異なる曲線群として表されることがわかる．

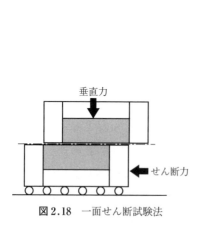

図2.18 一面せん断試験法

図2.19 鉄粉末成形体の一面せん断試験によるせん断強度[9]

　ところで，せん断の途中で成形体はその密度を増減することになる．垂直応力が小さい場合はせん断に伴って密度が減少，すなわちせん断割れを生じ，垂直応力が大きい場合は圧密の応力状態を保つために粒子が隙間を埋めるように流動して密度が増加する．したがって，密度の増減が生じないような垂直応力の下でせん断を行う場合において，成形体がその密度においてせん断流動する限界の応力状態が得られることになる．図2.20は，各密度比における限界の

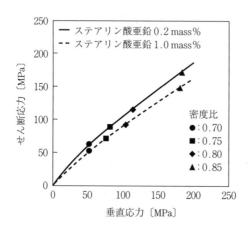

図2.20 鉄粉末成形体の限界状態線[9]

応力状態をプロットしたものであり，限界状態線と呼ぶ[9]．これを，原点を通る直線とみなせば，その傾きは成形工程における粒子間摩擦を意味することになる．

2.2 冷間等方圧成形（CIP）

2.2.1 CIP 成形法の種類

CIP（Cold Isostatic Pressing）成形法は大別して湿式法（Wet Bag Type）と乾式法（Dry Bag Type）の2種類がある．湿式法の CIP は，図2.21に示すようにゴム型の中に粉末を入れたものを，圧力容器の圧媒（水，油など）に入れ，圧力をかけるとパスカルの原理によりゴム型が等方に圧縮成形されることで均質に粉末を固める方法である．セラミックス・超硬合金などで昔から用いられてきたが，最近ではカーボンなどにも使用されている．また，ゴム型を使用しない用途（電子部品の圧着や食品・医療関係）でも応用範囲が拡大している．

一方，乾式法は，図2.22に示すように圧力容器内にセットされたゴム型に粉末を入れ，ゴム型の上下をパンチで押さえる方法である．圧力媒体は湿式と

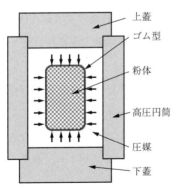

図2.21　湿式 CIP 法概略図

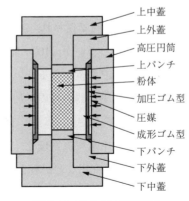

図2.22　乾式 CIP 法概略図

違って，下中蓋開放，処理品の出し入れを行っても圧媒を外部環境にさらさず隔離することができる．また乾式法では高圧容器のシール部分（加圧ゴム型）と粉体を成形する部分（成形ゴム型）が分離され，型交換は成形ゴム型のみ行う方法がとられる．粉末充てんと加圧成形体の取り出しの自動化ができるので，大量生産に適している．

セラミックスでは，点火プラグ用ガラスの成形に用いられてきた．成形体を仮焼きしてから切削加工で寸法精度を上げ，釉薬を塗布した後焼成される．また，多数個取りをして生産性を向上させている．

〔1〕 湿式 CIP 装置

湿式 CIP 装置は研究用から生産用まであらゆる分野で使用されているが，ここでは大型 CIP 装置，および温間等方加圧装置（WIP 装置）について述べる．

1980 年初期，製鋼設備として連続鋳造設備が急速に発展拡大し，かつ大型化したために連続鋳造用浸漬ノズルの高品質化と，量産体制が要求されるようになり，大型の CIP 装置が開発され普及してきた．また超硬合金製圧延ロールなどの大型部品の成形，半導体・液晶製造関連の大型炭素製品の成形に CIP 成形が必須となり，これらの分野で大型 CIP 装置はなくてはならない設備として広まった．**図 2.23** は 200 MPa×φ 2 000 mm CIP 装置の本体外観である．

CIP 装置は通常冷間で使われ，2.4 節で述べる HIP 装置のように 1 000 ℃以上の高温は必要としないが，100～300 ℃程度の温間領域で超高圧状態が得られる装置として WIP 装置がある．

WIP 装置には高圧容器の外周を加熱，または加熱した圧媒を高圧容器内へ循環させる方法が採用されている．**図 2.24** に一例を示す．用途として，電子部品，電池部品の圧着や高密度化，温間超高圧状態での物性や化学合成の研究，バイオ関連の研究用などがある．また食品分野にも活用され，無菌パック米飯や加圧玄米，加圧ハムといった高機能食品が販売されている．

近年，製品の高精能化のため，より高圧での WIP 処理による高密度化が必要とされている傾向がある．

2.2 冷間等方圧成形（CIP）

図 2.23 大型 CIP 装置（200 MPa×φ2 000 mm）

図 2.24 WIP 装置

〔2〕 乾式 CIP 装置

乾式 CIP 装置はおもに小型品の量産機として用いられ，点火プラグ用ガラス，粉砕用アルミナボールの成形機に古くから使われている．最近ではセラミックスの棒やパイプ，超硬合金の棒状体の成形機として用いられ，給粉，取り出しも自動で行う全自動機が普及してきている．また，長尺棒状体の成形が容易なこと，圧媒がゴム隔壁で成形体から分離されており成形体の取り扱いで油が付着することもなく，清潔であることからよく採用されている．乾式 CIP 装置の形式としては，高圧容器部ですべての作業（粉末充てん，成形，および成形体取出し）を行うインライン方式と，充てんと取出しを高圧容器部とは別のステーションで行うオフライン方式がある．

インライン方式 CIP 装置では，**図 2.25**[10]に示すように成形体のみが下中蓋とともに高圧容器の下方に取り出される．粉体の供給は，高圧容器上方から行い，加圧成形を行った後，成形体を高圧容器下方へ取り出すものである．この方式は，装置が単純でコンパクトなうえ，付帯設備として給粉装置，成形体取出しロボットを設けた完全自動乾式 CIP 装置もある[10]．

オフライン方式 CIP 装置は，**図 2.26**[10]に示すように成形体は成形ゴム型とともに高圧容器下方向に取り出され，別の位置でゴム型・成形体の取出し，給粉を行うものである．この方式では，高圧容器上蓋を開放する必要がないので周方向に加えて軸方向にも加圧できるうえ，流動性の悪い粉末でも使用でき

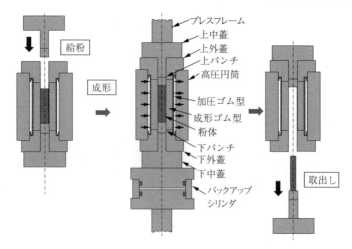

図 2.25 インライン方式 CIP 装置[10]

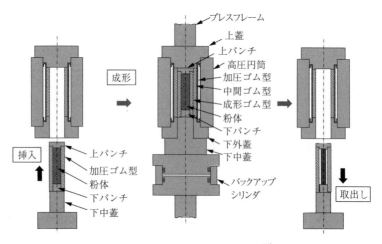

図 2.26 オフライン方式 CIP 装置[10]

る[10].

　近年，CIP 装置本体，給粉・充てん装置，成形ゴム型と成形体ハンドリング装置，成形ゴム型移送のための回転インデックステーブル，および成形体の搬送装置などにより構成される完全自動乾式 CIP 装置も使われている．

2.2.2 CIP法の特徴[11]

CIP法の特徴を以下にまとめる.

1）高い成形体密度が得られる　同一の成形圧力では金型成形，射出成形など，ほかの成形法に比べて高い密度の成形体が得られ，未焼結体のハンドリングが容易で，焼結前加工が可能である.

2）均質な成形体が得られる　等方加圧されるので，型との摩擦がなく，残留応力の少ない，均一な密度の成形体が得られ，後工程の焼成時の反りや変形が少ない.

3）成形助剤が少なくてよい　粉体の流動性あるいは充てんの均一性のため数％の成形助剤を添加する程度であり，焼成前の脱ワックス工程が省略できるか，短時間ですむ.

4）成形体の大きさ，寸法比に制約がない　高圧容器に収容できるものであれば，大きなもの，長いもの，異形のものでも，ゴム型設計ができる範囲においてすべて成形が可能で，均質なものが得られる.

5）型費用が安価である　成形ゴム型は母型があれば安価に製作でき，ほかの成形法に比べ型費用は非常に低廉ですむ.

6）複雑形状のものも成形できる　粉体の収縮を利用するか，組合せゴム型あるいは使い捨てゴム型を用い，金型成形ではできない複雑な凹凸形状のものも成形することができる.

7）複合製品の成形が可能　異種材料を層状あるいは分割充てんし，CIP成形することにより複合製品の成形ができる.

2.2.3 CIP の 用 途

CIP装置を用いて成形される成形体の用途について代表的な例を紹介する.

セラミックスでは電子部品，電池材料，半導体，液晶関連装置部品，人工骨，歯科材料，軸受が，CIP装置を用いて製作されている．電子部品としては，おもに積層コンデンサ，積層インダクタ，スパッタリングターゲット材であり，電池材料として全固体電池，NAS電池が製作されている．**図2.27**はセラ

図2.27 セラミックボール

図2.28 人工骨

ミックボール，図2.28は人工骨である．

超硬などの混合粉末は切削工具や金型の成形に使用される．図2.29は金属粉末の成形品である．

図2.29 金属粉末の成形品

カーボンは電池用の負極材や半導体，太陽電池製造装置部品に使用される．ほかには耐火物，モリブデン・タングステン素材などの金属類や，テフロン大物部品，ポリイミド部品などの樹脂素材にも使用される．

2.3 ホットプレス

焼結は，1.2.5項に述べたように，成形体を高温に加熱し，物質移動（拡散や粘性流動など）により粉末を接合・一体化するが，素材の理論密度に近いち密な焼結体を得ることは困難である．構造用材料として利用可能な焼結体を得るためには，焼結体に存在する気孔をつぶして高密度化する必要がある．そのためには，粉末粒子の変形を促進することが有効である．

2.3.1 ホットプレス法

ホットプレス法は,粉末の成形と焼結を同時に行い,無加圧焼結では消滅させることの困難な気孔を圧壊し高密度の焼結体をつくる加圧焼結法(PS)の一つである.金型に粉末を充てんし,高温で加圧することにより固化成形する.したがって,円柱形のように単純形状の焼結体の作製のみが可能となる.ホットプレス法は,金属,セラミックス,プラスチックスなどに利用でき,最近では木質材料などへの適用も試みられ,多様な粉末の高密度化に用いられている.

ホットプレス装置の概略を図2.30に示す.焼結雰囲気を保つためのチャンバ(真空容器),加圧のためのロッド,ヒーターからなり,チャンバ外部に温度調整器と加圧装置,および必要な場合には真空排気装置が接続されている.

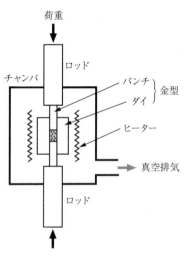

図2.30 ホットプレス装置の概略図

金型の材質は,加熱方法,ホットプレス温度,粉末の材質,加圧力により選択され,グラファイト,セラミックス,金属などが用いられる.金型素材の選定には,耐熱性と強度のほかに,金型からの焼結体の抜出しのために,粉末と金型素材の熱膨張係数の違いについても注意が必要である.ホットプレスの場合も,金型成形と同様に多様な様式の金型(図2.2参照)が用いられるが,焼結体の密度分布が上下対称(中央部が最も低密度)となるフローティングダイ法が選択される場合が多い.

粉末特性を除くホットプレス条件(加圧焼結条件)は,温度,圧力,時間である.真密度に近い高密度焼結体の作製には,密度上昇によって閉じた閉気孔をさらに圧壊するために,真空雰囲気とする必要がある.

ホットプレス法ではチャンバ内にヒーターを設置する場合が多く,抵抗線加

熱方式や高周波誘導加熱方式が用いられている．抵抗線加熱方式の発熱体として金属，セラミックスおよびグラファイトが，加熱温度や加熱速度，雰囲気によって選択されている．また，1 400 K 程度までであれば石英ガラス管などの真空容器の外部から赤外線ランプを用いた加熱も可能である．また近年，金型内の粉末試料に直接通電する加熱方法が注目され各方面で利用されている．このホットプレス法については 2.3.3 項の新しいホットプレスで詳しく述べる．

2.3.2　圧力下における焼結のち密化とその特徴

粉末に圧力を加えながら焼結する方法として，本節で紹介しているホットプレス，熱間静水圧成形法（HIP）や擬 HIP 法を代表例とする加圧焼結法のほか，短時間に粉末に大きな加工を与える熱間押出しがある．ここでは，真空雰囲気中の HIP 法を例として，ち密化挙動について述べる．

粉末の集合体に圧力を負荷すると粉末が変形し，密度が向上する．すなわち，加圧焼結でのち密化は，高温下での拡散に加えて，材料の変形メカニズムを用いて表現することができ，塑性変形，クリープ変形，拡散の 3 種がおもなち密化メカニズムとなる．加圧焼結条件（温度，圧力，時間）および粉末の材質と材料特性を用いて，焼結体の特定の相対密度のもとでの支配的なメカニズムが決定される[12]．固化成形中の焼結体の相対密度（D，ここでは割合で表す）と気孔の形状から，開放気孔（開気孔）からなる前期段階（$D<0.9$）と閉鎖気孔からなる後期段階（$0.9<D<1.0$）に分けてち密化挙動が考えられている[12)~17]．

図 2.31[18] に加圧焼結の 3 種のち密化メカニズムの概略を示す．前期段階は粉末粒子の接触面積の増加，後期段階は孤立した気孔の収縮と消失として考える．圧力下での焼結であるので，粉末の変形に作用する応力を見積もる必要がある．前期段階では，粉末の接触部に作用する応力として有効応力 P_{eff} を考える．P_{eff} は，固化成形に用いた圧力 P，焼結体の相対密度 D と加圧焼結前の初期相対密度 D_0 を用いて式（2.2）で表される．

2.3 ホットプレス

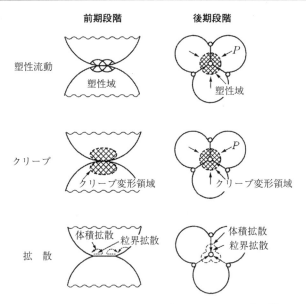

図 2.31 加圧焼結段階の 3 種のち密化メカニズム [18]

$$P_{eff} = \frac{P(1-D_0)}{D^2(D-D_0)} \tag{2.2}$$

後期段階では、閉鎖気孔内が真空であると仮定していることから、上記有効応力は圧力 P に等しいと考える.

塑性変形以外のち密化メカニズムでは、時間の経過とともに焼結体密度が増加する. その際のち密化速度は、焼結温度 T, 圧力 P, 粉末半径 R, 平均結晶粒径 $\overline{G}$ などの関数 K_D, 焼結体の相対密度 D の関数 $f(D)$ を用いて式 (2.3) で表せる.

$$\frac{dD}{dt} = K_D f(D) \tag{2.3}$$

それぞれのち密化メカニズムにおける K_D と $f(D)$ を**表 2.3**にまとめて示す.

加圧焼結条件（圧力，温度）と粉末の材料特性によって，特定の相対密度におけるち密化速度が計算される. 融点 T_m で規格化した温度，あるいは圧力と降伏応力 σ_y との比の対数と焼結体の相対密度の二次元平面上で，支配的とな

表 2.3 $dD/dt = K_D f(D)$ として表したち密化速度式

ち密化メカニズム	初期段階 ($D<0.9$) K_D	初期段階 ($D<0.9$) $f(D)$	後期段階 ($0.9<D<1.0$) K_D	後期段階 ($0.9<D<1.0$) $f(D)$
粒界拡散	$\dfrac{43(1-D_0)^2 \delta D_b \Omega P}{kTR^3}$	$\dfrac{1}{(D-D_0)^2}$	$\dfrac{270 \delta D_b \Omega P}{kTR^3}$	$(1-D)^{1/2}$
体積拡散	$\dfrac{43(1-D_0)^2 D_v \Omega P}{kTR^2}$	$\dfrac{1}{D-D_0}$	$\dfrac{270 D_v \Omega P}{kTR^2}$	$\left(\dfrac{1-D}{6}\right)^{1/3}(1-D)^{1/2}$
定常クリープ	$\dfrac{5.3A(1-D_0)^n P^n}{\sqrt{3}(1-D_0)^{1/2}}$	$\dfrac{(D^2 D_0)^{1/3}(D-D_0)^{1/2}}{\{3D^2(D-D_0)\}^n}$	$\dfrac{3}{2}A\left(\dfrac{3}{2n}P\right)^n$	$\dfrac{D(1-D)}{\{1-(1-D)^{1/n}\}^n}$
Nabarro-Herring クリープ	$\dfrac{24.9 D_v \Omega P}{\sqrt{3}kT\bar{G}^2}$	$\dfrac{(D^2 D_0)^{1/3}}{D^2}\left(\dfrac{1-D_0}{D-D_0}\right)^{1/2}$	$31.5\dfrac{D_v \Omega P}{kT\bar{G}^2}$	$1-D$
Coble クリープ	$\dfrac{24.9\pi \delta D_b \Omega P}{\sqrt{3}kT\bar{G}^3}$	$\dfrac{(D^2 D_0)^{1/3}}{D^2}\left(\dfrac{1-D_0}{D-D_0}\right)^{1/2}$	$31.5\dfrac{\pi \delta D_b \Omega P}{kT\bar{G}^3}$	$1-D$

A, n：定常クリープの材料定数，D：焼結体の相対密度，D_0：加圧焼結前の相対密度，D_v：体積拡散係数，D_b：粒界拡散係数，$\bar{G}$：結晶粒径，k：ボルツマン定数，P：負荷圧力，R：粉末粒子半径，T：焼結温度，δ：結晶粒界の幅，Ω：原子体積

るち密化メカニズムの範囲を示し，これを HIP マップという．粒径 50 μm の工具鋼粉末の HIP マップを図 2.32 [18)] に示す．焼結時間 t〔h〕の経過による焼結体の密度変化も合せて示す．

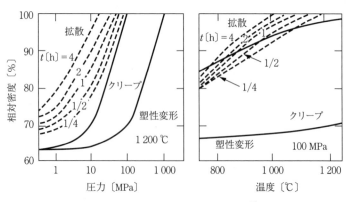

図 2.32 工具鋼粉末の HIP マップ [18)]

現実には複数のち密化メカニズムが同時に働き，焼結体のち密化速度は各メカニズムのち密化速度の和となる．以下，ち密化メカニズムの特徴について述べる．

〔1〕 塑 性 変 形

金型内の粉末に荷重が負荷されたとき，粉末の接触点の応力はきわめて大きく，粉末は即座に塑性変形し，接触部の面積の増加によって接触部の応力が粉末の降伏応力に減少するまで塑性変形することになる．粉末の降伏応力が σ_y の場合，塑性変形で到達できる最大密度 D_{yield} は

$$D_{yield} = \left\{ \frac{(1-D_0)P}{1.3\,\sigma_y} + D_0^{\,3} \right\}^{\frac{1}{3}} \tag{2.4}$$

となる．後期段階においては図 2.31 に示したように，孤立した気孔を覆う球殻状の部分に作用する圧力が

$$P_{lim} = \frac{2\,\sigma_y}{3} \ln\left(\frac{1}{1-D} \right) \tag{2.5}$$

よりも高い場合にち密化が進行し，到達できる相対密度は式 (2.6) で表される．

$$D_{yield} = 1 - \exp\left(-\frac{3\,P}{2\,\sigma_y} \right) \tag{2.6}$$

塑性変形によるち密化が停止した後，加圧焼結条件によって異なるが，クリープあるいは拡散によって時間経過とともに焼結体の密度が増加する．

〔2〕 ク リ ー プ

粉末のクリープ変形がち密化のメカニズムである場合，ち密化速度の付加された応力（圧力 P）と結晶粒径（$\overline{G}$）に対する依存性，および拡散係数によって，定常クリープ（σ^n に比例），Nabbaro-Herring クリープ（P，$\overline{G}^2$，体積拡散係数 D_v に比例）および Coble クリープ（P，$\overline{G}^3$，粒界拡散係数 D_b に比例）に分類できる．

定常クリープが支配的である場合，粉末粒子に大きな変形が認められることから，焼結体断面観察において気孔は球状ではなく，粉末接触部が鋭い三角形状を示す．このち密化メカニズムにおいて，粉末粒子が

$$\frac{d\varepsilon}{dt} = A\sigma^n \tag{2.7}$$

に従って変形するとしてち密化速度式を記述する. 式 (2.7) において, A, n は定常クリープ変形における材料定数である. ち密化速度式を有効応力 P_{eff}, 形成されるネック半径 x と粉末粒子半径 R の比 $\dfrac{x}{R} = \dfrac{1}{\sqrt{3}} \left(\dfrac{D - D_0}{1 - D_0} \right)^{\frac{1}{2}}$ を用いて表す. 前期段階において

$$\frac{dD}{dt} = 5.3\, A\, (D^2 D_0)^{\frac{1}{3}} \frac{x}{R} \left(\frac{P_{eff}}{3} \right)^n \tag{2.8}$$

後期段階は

$$\frac{dD}{dt} = \frac{3}{2} A \frac{D(1-D)}{\left\{ 1 - (1-D)^{\frac{1}{n}} \right\}^n} \left(\frac{3}{2n} P \right)^n \tag{2.9}$$

となる.

定常クリープでち密化した後のより高密度域で支配的となるメカニズムとして, 物質移動が体積拡散で生ずる Nabbaro-Herring クリープ, 粒界拡散による Coble クリープがある. それぞれのち密化速度は表 2.3 に示したとおりである. 実際の HIP では両メカニズムによってち密化は進行し, ち密化速度もそれぞれの和となる. 定常クリープの場合と同様に, 前期段階と後期段階のち密化速度はそれぞれ式 (2.10), (2.11) のように表される.

$$\frac{dD}{dt} = 24.9 \frac{\Omega}{kT\overline{G}^2} (D^2 D_0)^{\frac{1}{3}} \frac{x}{R} \left(D_v + \frac{\pi \delta D_b}{\overline{G}} \right) P_{eff} \tag{2.10}$$

$$\frac{dD}{dt} = 31.5 \frac{\Omega}{kT\overline{G}^2} (1 - D) \left(D_v + \frac{\pi \delta D_b}{\overline{G}} \right) P \tag{2.11}$$

〔3〕 拡　　　散

体積拡散と粒界拡散による物質移動であり, 前期段階ではネック直径の増加, 後期段階では気孔の径の減少がもたらされる. しかし, 特に金属粉末の加圧焼結の初期段階では, 前述の粉末のクリープ変形が顕著であり, 拡散のち密化への寄与はきわめて小さい. したがって, 粉末の変形がほとんど生じなくなる高密度域で支配的となる. これに対してセラミックス粉末では, 拡散がち密化の支配的メカニズムとなる. 拡散によるち密化速度は, 前期段階および後期段階において以下のように表される.

$$\frac{dD}{dt} = 43 \frac{D^2(1-D_0)}{D-D_0} \frac{(\delta D_b + \rho D_v)}{kTR^3} \Omega P_{eff} \tag{2.12}$$

$$\frac{dD}{dt} = 270 \frac{\Omega(\delta D_b + rD_v)}{kTR^3} \sqrt{1-D}\, P \tag{2.13}$$

ここで ρ はネック半径, r は気孔半径であり, それぞれ $\rho = R(D-D_0)$, $r = R\left(\frac{1-D}{6}\right)^{\frac{1}{3}}$ で表される.

2.3.3 新しいホットプレス

本書では放電プラズマ焼結法 (Spark Plasma Sintering, SPS 法) をホットプレス法 (HP) の範ちゅうに含めた. 他方, 粉体粉末冶金分野における近年の状況から, 図 2.33 に示す焼結法分類のように独立した新技術として, あるいは HP と異なる焼結分野「電磁エネルギー支援焼結法」として, マイクロ波・ミリ波焼結法 (MWS) と併せて分類する場合もある.

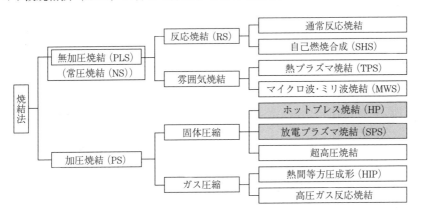

図 2.33 代表的な各種焼結法の分類

また, 反応焼結法 (Reaction Sintering, RS) は助剤を含む 2 種類以上の原料粉末で焼結行程中に反応させ, 目的組成のち密な焼結体を得る方法である. 熱プラズマ焼結法 (Thermal Plasma Sintering, TPS) は試料全体を外部より加熱し, 発生させたプラズマ火炎の連続・定常的な超高温プラズマ熱を利用して, 短時間でち密な無加圧焼結を行う方法である.

〔1〕 放電プラズマ焼結法

SPS法は，パルス状のON-OFF直流大電流を粉体に直接印加する固体圧縮焼結法で，急速加熱が可能であり，低温短時間・微細組織構造制御焼結などを特徴としている．パルス通電加圧焼結法（ECAS，PECSあるいはPCS），プラズマ活性化焼結法（PAS）ともいうが，SPS法が国内外で最も多用されている呼称である．

その原型は1960年代初頭，日本の井上により発明された純国産技術[19]で，その後1989年に進化形の第三世代方式"SPS法"が日本国内メーカーから発表され，全世界へ広まった[20]．従来焼結法と比べ電力消費量は約1/3～1/5という省エネ・環境低負荷型材料プロセスである．

現在SPS法は，ハード・ソフト技術の進歩により大型形状・複雑形状への適応化と，機能性・再現性・生産性の向上が図られ，実用生産技術として第五世代に入っている．

図2.34にSPS技術の発展経緯および技術背景概念を示す．また，SPS法は「焼結」「接合」「表面改質」「合成」の4プロセス分野に利用されている．ナノ

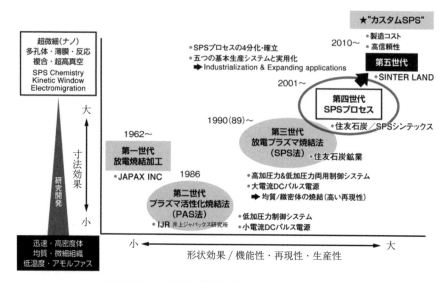

図2.34 SPS技術の発展経緯および技術背景概念図

材料,傾斜機能材料,ファインセラミックス材料,金属間化合物,電子材料,硬質材料,バイオ材料等,各種先進新材料合成で革新的研究開発成果をあげ実用化事例も増えつつある[21)~26)].

SPS 焼結では被加工粉末原料を,通常円筒状グラファイト(黒鉛)製焼結型に充てんし,およそ 20~100 MPa 程度の一軸加圧下で焼結加工を行う.自己発熱方式「型焼結技術」を基本としている.図 2.35 は SPS プロセスの基本構成図(左)と,最新のワンボックス・AC サーボモーター駆動式中型 SPS 焼結装置の外観写真(右)である.

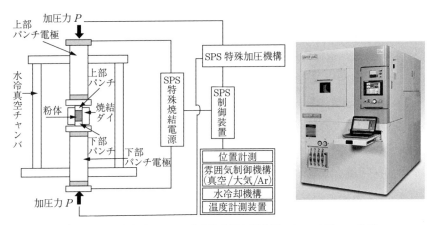

図 2.35　SPS 焼結プロセスの基本構成図と研究用 150 kN 中型 SPS 装置

世界最大推力 6 MN(約 600 tonf)の大型装置も開発されている.特殊仕様の装置では,上下・左右多軸通電加圧型やグローブボックス付きナノ精密焼結装置型,トンネル型(連続炉)全自動生産システム型などがある.加工目的により,焼結型材種としてダイス鋼型,WC/Co 超硬型,セラミックス型を使う場合もある.

また,加圧力は無加圧あるいは 100 MPa 以上~1 GPa 程度まで高圧力を負荷する場合もある.SPS 法は,直接その成形体粒子間隙に 4~20 V 程度の低電圧で,平均出力電流 500~40 000 A のパルス状 ON-OFF 直流大電流を連続的に印加し,焼結駆動力として熱的,機械的,電磁的エネルギーを利用している点

に大きな特徴がある.

一般的には 20～100 ℃/分程度の昇温速度で利用されているが, 500～1 000 ℃/分の超急速昇温が可能であることも特徴の一つである. この急速昇温により新材料開発（φ 20 mm 以下の小試料）では数分～20 分程度の昇温・保持時間で材料合成と焼結が行える. 直径 100 mm を超える大型試料でも 1～2 時間以内程度の短いサイクルで高品位な焼結体が得られる.

SPS 法はパルス通電効果による粉末粒子間の表面拡散現象が支配的なプロセスであり, この反応性急速昇温焼結効果や電界拡散効果（electro-migration）によりち密化速度が促進され, 粒成長を抑制しながらナノ結晶粒を有する粉末をナノサイズのままバルク化できる卓越した利点がある. 最近の研究では非平衡材料の合成, 電磁的作用により結晶配向性が変る効果[27], また単結晶合成[28]～[30]も可能であることなどが報告されている.

SPS 法は, 金属, セラミックス, ポリマー, コンポジット系材料と多様な材料に適用可能であり, 各種新素材の合成法として優れ, 工業用途はきわめて幅広い. 家電・自動車・電子・金型・切削工具・バイオ・エネルギー・航空宇宙産業などへの応用展開が進められている.

〔2〕 フラッシュシンタリング

SPS 法から派生して最近フラッシュシンタリング（Flash Sintering, FS）の研究が注目されている[31]～[33]. 基本的にはコンデンサ電源を利用し単発大電流を印加する旧来の FS 方式, SPS フラッシュ（FSPS）方式, および FS 予熱電源＋繰返しパルス印加方式の 3 方式があり, 後者 2 方式が特に興味深い. いずれも数秒～数十秒で焼結が完了する. 被成形体に臨界値以上の高電圧, 例えば 500～1 000 V/cm を直接印加し, ある臨界温度以上になると急激に電流が流れ始める現象により超短時間でち密化が促進される. ZrO_2(3Y-PSZ), Al_2O_3, CeO_2 などの酸化物系, SiC, B_4C, ZrB_2 系セラミックスなどで成果をあげている. このメカニズムはまだ不明な点が多く, 現象解明にはさらなる研究が必要である.

2.4 熱間等方圧成形 (HIP)

2.4.1 HIP の概略

　CIP成形法の圧力媒体は液体であり，型はゴムやプラスチックであるので高温では使えない．そこで図2.36に示すように粉末をカプセルに脱気充てん・封入し（処理品），圧力容器の中でArやN₂ガスを圧力媒体として，高温高圧で成形と焼結を同時に行い真密度に固化するHIP（Hot Isostatic Pressing）成形法が開発された[34]．HIPはアメリカで開発され，当初は鋳造材の欠陥除去や拡散接合に効果をあげた．その後，焼結体の欠陥除去へも適用が広がり，信頼性を要求されるものには欠くべからざる成形法である．加熱用ヒーターには温度と圧力媒体に応じてモリブデン，グラファイト，Fe-Cr-Al系，白金などが用いられる．
　1970年代より粉末ハイスや超硬合金ロール，磁気ヘッド用のソフトフェライトなどに適用が開始され，これらの製品の信頼性向上に大きく

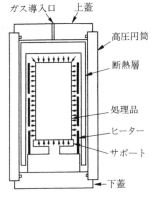

図2.36　HIP装置の概念図

寄与した．セラミックスの分野ではベアリングのボールや切削工具，人工関節などに広く適用されている[34]．
　また適用用途の研究だけでなく，サイクルタイムを短縮し，生産性を向上するための取組みも進められてきた．予熱炉を2基設置して交互にHIPすることにより，圧力容器外で加熱冷却できるモジュラー方式，そしてHIP処理後の冷却時間を大幅に短縮した急速冷却機能付きHIP装置（2.4.3参照）などが開発された．

2.4.2 HIP装置の構成

　現在HIP装置として各種のものが製作されているが，おもな仕様の範囲は

およそつぎのとおりである．

　　処理室直径：50〜2 000 mm
　　処理室高さ：50〜4 000 mm
　　最高温度：2 200 ℃（特殊な例として 3 000 ℃）
　　最高圧力：通常 200 MPa（特殊な例として 1 000 MPa）
　　圧力媒体ガス：通常 Ar または N_2 ガス（特殊な例として $Ar+O_2$ など）

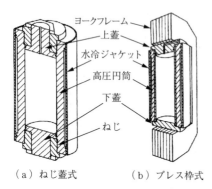

図 2.37　圧力容器の構造[35]

　主要構成機器の第一は圧力容器であり，一般に縦形の高圧円筒と両端を塞ぐ上下の蓋とからなる．蓋に作用する軸力の支持方式として，ねじ蓋式とプレス枠式の 2 通りがある．図 2.37 に圧力容器の構造を示す[35]．ねじ蓋式は高圧円筒に直接蓋をねじ込むことにより軸力を支持し，プレス枠式はヨークフレームと呼ばれる高圧円筒とは別個の枠で軸力を支持する．プレス枠式にはねじ部の応力集中の問題がないため，安全性に優れ，蓋の開閉が容易などの利点がある[35]．また内蔵された炉構造からの熱により圧力容器が過熱されるのを防止するために，通常，圧力容器に水冷ジャケットが設けられている．

　圧力容器の内部には，図 2.36 に示すように HIP 装置の心臓部である炉構造が収納されている．炉構造は，高温を発生するためのヒーター，処理室を高温に保ち，また内部の高温から圧力容器を保護するための断熱層，および測温装置から構成されている．一般にヒーターとして抵抗加熱方式が用いられ，使用温度・用途に応じてグラファイト，モリブデンなど各種の材料が選択される．高圧高温ガスは大気圧下の高温ガスと比べて密度および粘度係数が非常に大きく，対流による熱伝達量が非常に大きくなる．そのため一般的な焼結炉とは異なり，対流熱伝達を考慮して断熱層を設計する必要がある．測温装置として，通常は熱電対が用いられる．

2.4.3 HIP 装置の発展

過去約 30 年間に HIP 装置は大きな発展をとげてきた．その操作性・信頼性は格段に向上し，新しい機能が取り入れられてきた．ここでは，特に HIP 装置の高能率化，高温化，特殊機能化の各点について紹介する．

〔1〕 **高能率 HIP 装置**

（a） **モジュラー方式**[34]　図 2.38 にモジュラー方式の概念図を示す．気密性を有し，内部に加熱装置を配置した断熱層を下蓋に接続することによって，被処理体を内部に保持したまま不活性状態で搬送が行えるようになっている．したがって，耐酸化性をもたないモリブデン系，あるいは炭素系の材料をヒータとして使用することが可能である．そのため，1 400～1 500 ℃ 級の HIP，あるいは後述の 2 000 ℃ 級の HIP についても HIP 処理前の予熱方式の適用が可能で，被処理体を加熱装置と断熱層とともにユニットごと高温搬送する．予熱段階で被処理体の予備焼結を行い，その後 HIP を行うという，いわゆる焼結 /HIP 方式にも適用が可能である．

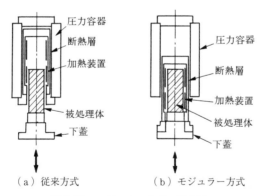

図 2.38　モジュラー方式の概念図

モジュラー方式は，装置の温度仕様に制限されることなく昇温過程の短縮化ができ，フェライトや工具鋼などの生産設備に利用可能である．

（b） **急速冷却機能付き HIP 装置**　HIP 装置の処理室は 1 000 ℃ 以上の高温ガスから圧力容器を保護するための厚い断熱層に囲われていることもあ

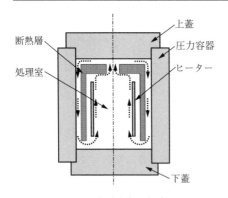

図 2.39 急速冷却の概念図

り，処理室内ガスの冷却に非常に長い時間を要する．そこで高温ガスを圧力容器と熱交換することにより，効率よく冷却する急速冷却機能付き HIP 装置が開発された．図 2.39 に急速冷却の概念図を示す．

処理室内ガスは断熱層外部へ流れ，圧力容器によって冷却される．そして冷却されたガスは断熱層内部へと戻り，処理室内を冷却する．この循環を繰り返すことにより，通常の HIP 装置よりも短時間で処理室内ガスを冷却することが可能である．この急速冷却機能は大型の生産装置に採用される場合が多い．

〔2〕 高温 HIP 装置[34]

高温 HIP 装置は，当初，比較的高圧で使用するように開発が進められ低圧下では使用できなかったが，ニーズの拡大とともに低圧域でも使用できるよう機能の拡張が行われ，現在では表 2.4 のような仕様が一般的である．

従来，高温 HIP 処理を実施する

表 2.4 高温 HIP 装置の仕様例

使用ガス	Ar, N$_2$
ガス圧力（最高）	100〜200 MPa
炉室温度（最高）	2 000〜2 200 ℃
昇温可能範囲	真　空：1 400〜1 700 ℃ 1 MPa：1 800〜2 000 ℃ 10 MPa：1 800〜2 100 ℃

うえで，測温装置である熱電対の寿命が大きな問題となっていた．しかしこの点についても開発が進み，2 000 ℃ の条件下ではせいぜい数サイクルの寿命であったものが，現在では少なくとも二桁以上の寿命をもち，安定して操業することが可能となった．そのほか，光学的測温技術などの適用により，熱電対では不可能な超高温域での温度測定も可能である[34]．

〔3〕 特殊 HIP 装置

（a）含浸用 HIP 装置　　従来では，多孔質な焼結体や鋳造品，あるいはセラミックスファイバ成形体に，金属やガラス，ピッチおよびタールの溶湯を

2.4 熱間等方圧成形 (HIP)

含浸した複合材料の製作方法として，真空含浸法や加圧鋳造法，およびCVD法などが用いられてきた．

これらの手法に対し高圧工程を加えることにより，含浸効果を高めることをねらって，含浸用HIP装置が開発された．具体的には，HIP装置に処理品の引上げ機構を付加したものである．含浸HIPの概念図を**図2.40**に，処理プロセスを**図2.41**に示す．各工程はつぎのようにして行われる．

① 圧力容器内を真空とし加熱する．
② 多孔質体を含浸材に浸漬させる．
③ ガス加圧を行う．
④ 多孔質体を引き上げる．
⑤ ガス回収後処理材を取り出す．

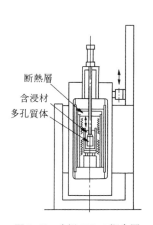
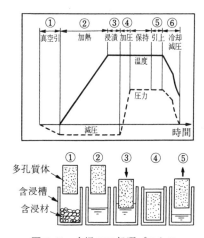

図2.40 含浸HIPの概念図　　図2.41 含浸HIP処理プロセス

真空加熱は，多孔質体と含浸材の脱ガスを目的としたもので，浸漬終了後の引上げは取出し後の処理を容易にするためのものである．装置の仕様圧力は通常のHIP装置より低く，10～15 MPaのものが多い．また処理温度は含浸材により異なるが，900～1 600℃程度である．

（b） 雰囲気制御HIP装置　　H_2やC_mH_nなどのような可燃性ガスを用いる場合や炉内汚染の可能性がある処理の場合，および加熱装置からの汚染を嫌

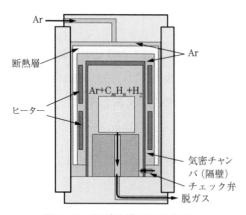

図2.42 雰囲気制御HIP概念図

う超高純度のHIP処理では，図2.42に示すように，処理体を加熱装置から隔離するための隔壁を設置することが必要となる．

この構造の場合，隔壁内外の圧力を均一にしないと隔壁が差圧により破損してしまう．このため圧力バランスをとる必要があり，下記の方法が用途により選択される．

1) 隔壁をカプセルとし，カプセル内の発生ガスを外部の真空ポンプなどで脱ガスしながらHIP処理をする．この場合カプセルはHIP処理により外部より加圧され，内部の処理体は脱気されながらカプセルにより圧縮される．

2) 高圧容器内からチェック弁などを通じて隔壁内にガスを導入し，処理体より発生するガスとともに高圧容器外に排出する．

3) 2) の逆で，高圧容器外から隔壁内に直接特定成分に調整されたガスもしくは高純度ガスを導入し，隔壁内から高圧容器内へ一方向に流れをつくる．

4) 隔壁内と外で，それぞれ別個の圧力コントロール機構をもち内外の圧力バランスを得る．この場合には，隔壁の内外に別の種類のガスを使用することができる．

上記の方法を用いることにより，常圧の雰囲気炉などと同様にHIP処理でも圧力，温度以外に雰囲気成分というパラメータを利用することができる．

雰囲気制御HIPは，C/Cコンポジット含浸処理のほかに，鉱石からの希土類化合物の抽出を行う水熱処理や，高蒸気圧成分の蒸気圧の制御が必要な化合物半導体単結晶製造装置に応用されている[36]．

2.4.4 HIP の用途

HIP の利用技術の詳細は文献[37~40]にゆずるとして，本項ではそのうちの主要技術について概説する．

[1] 粉末の高密度焼結

金属粉末を金属カプセルに充てん後，加熱脱気により粉末表面の吸着ガスを除去し HIP 処理する方法が，粉末ハイスインゴットの製造に広く用いられている．HIP によるハイス焼結体は機械的性質のばらつきや異方性がなく，溶製材に比べて優れている．

HIP 法を用いた NNS（ニアネットシェイプ）に関する研究については，米国において軍用ジェットエンジンのタービンディスクを対象に研究が始まった．その後ロシアでは NNS についてさらに改良が進められ，2000 年代前半に SNS（Selective Net Shape）という技術が提唱された．この技術は，形状が複雑でかつ精度が要求される部位については，炭素鋼製の中子を用いることにより精度を確保し，それ以外の部分については通常の HIP 成形と同レベルとするものである．ロケットエンジンの液体窒素や酸素のターボポンプ，原油移送用ポンプのインペラなどの製作に適用されるようになった[41]．図 2.43 に例を示す．

また近年の原油価格高騰により深海油田掘削の需要が高まった際には，疲労強度の向上，溶接レス化による信頼性の向上を狙い，掘削システム用のバルブボデーや継手など

図 2.43　SNS 技術による IN 625 製シュラウド付きインペラの例（Kittyhawk 社，Synertech PM 社）

NNS 成形品の製作に HIP 処理が適用されるようになった[42]．

ほかには航空機エンジンのケーシングを NNS 成形＋HIP 処理により製作し，耐熱温度を 650 ℃ から 750 ℃ まで向上させた事例もある[43]．

複雑形状のセラミック成形体の高密度化としては，ガラスパウダーカプセル

法が知られている．この方法は，成形体の表面にガラス粉を塗布，乾燥後，HIP 装置中で加熱してガラス粉を軟化させカプセルとしてから HIP 処理される[44]．ガラスはサンドブラストで除去できる．図 2.44 に窒化ケイ素のガスタービンローターの例を示すが，きわめて複雑な形状の焼結体を得ることができる．

（a）成形体（射出成形）　　　　　（b）HIP 後

図 2.44　ガラスパウダーカプセル法によるタービンローター

〔2〕 **焼結体の高密度化**

通常，焼結体には気孔が残留している．このため，焼結体の機械的特性は不十分でばらつきが大きい．相対密度が 95％以上に達していれば気孔は閉気孔化しているので，焼結体をそのまま HIP 処理でき，密度を向上させることができる．焼結体の HIP 処理は超硬合金，フェライトに広く適用されている．HIP 装置内で連続して焼結と HIP 処理を行い，途中の冷却過程を経ることなく 1 サイクルで効率良く高密度化する方法は Sinter/HIP と呼ばれ，超硬合金分野で採用されている．図 2.45 に窒化ケイ素を処理する際の工程の例を示す[45]．この例では，真空加熱による脱気と加圧焼結と HIP 処理の 3 工程が 1 サイクルになっている．

〔3〕 **鋳造品の内部欠陥除去**

通常，鋳造品は内部にひけ巣，ガス状欠陥を含んでおり，延性に欠けることが多い．この気孔を HIP 処理によりつぶし，機械的特性を改善することができる．米国において軍用ジェットエンジン用の Ni 基超合金鋳造品に適用が開始され，90 年代以降はモータースポーツ用車両や高級車に搭載されるアルミ製エンジンブロックや，自動車用ターボチャージャーの Al 合金製インペラに

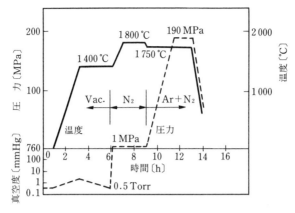

図 2.45　窒化ケイ素を処理する際の Sinter / HIP 工程例

適用されるようになった[41]．

〔4〕 **疲労部品の再生**

ジェットエンジンの Ni 基超合金製タービンブレードの再生処理，特に火力発電所で使用されるタービンブレードの再生に適用されている[41]．

〔5〕 **拡 散 接 合**

拡散接合は融点（絶対温度）の 1/2 〜 2/3 の温度で行われる．溶融溶接法では接合困難な材料の組合せも可能になる．金属カプセルに材料を封入後 HIP 処理して接合するが，等方圧が全体にかかるので，広範囲，多方向の接合面の接合が可能となる．HIP 処理による拡散接合は強力な複合化手段であり，複合シリンダ（**図 2.46**[46]）に製造工程を示す），複合ワークロール[47]）の製造などへ

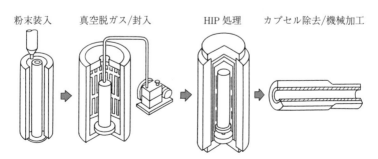

図 2.46　複合シリンダの製造工程

の適用例が報告されている．また近年では新たな用途として，核融合炉の内壁部品製作への適用についても研究が進められている[41]．

2.4.5 今 後 の 展 望

HIP が発明されてから半世紀以上が経過してさまざまな製品に適用が広がり，また生産性向上のための努力も活発に進められてきた．近年では，高温高圧の雰囲気ガスを 1 000 ℃ /min 以上というような冷却速度で高速冷却することにより熱処理として効果を得ることや[48]，Additive Manufacturing 技術により加工された部品（AM 部品）の疲労強度改善などを目的としたポスト処理としての適用が期待され，研究が進められている．

2.5 粉 末 押 出 し

粉末押出しには，カプセルに粉末を入れてそのままあるいはカプセル中で圧粉成形したものをカプセル付きで押出しする方法[49]や，圧粉焼結体・ホットプレス成形体・HIP 成形体等から高密度粉末ビレットをつくり通常の押出しをする方法，さらにはコンテナー内に直接粉末を投入し押出しする方法等がある．ここでは，比較的一般的で生産性が高くかつコスト的に有利なカプセル押出し法を中心に述べる．

2.5.1 粉末押出し加工

〔1〕 粉末押出し加工の特徴

粉末押出し加工の特徴は，金属の急冷凝固粉末を用いることで，過飽和固溶状態から固相域での加工によって有害な粗大金属間化合物の生成・偏析を抑制した材料製造が可能なことである．また，比重が大きく異なり，溶解法では浮遊分離する材料どうしの組合せであっても粉末混合過程で比較的容易に均一分散が可能であり，この複合粉末を用いた押出し加工を用いることで，まったく新しい複合材料の作製も可能になる．さらに，最密六方格子を有する Mg のよ

2.5 粉末押出し

うに，溶製材の押出し加工で強い結晶配向をもつ材料であっても，粉末押出し加工では粉体が非連続体である特徴から配向性が緩和され，強い力学異方性が抑制される[50]．

しかしながら，これらの材料特性を十分に引き出すためには旧粉末粒界での結合が重要になる．粉末表面に存在する酸化膜および有機被膜などは材料成形時に延性の低下を招く．これらを改善する方策として，粉末押出し加工法が新素材開発の中で多く適用されている．例えば，Ni合金[51]，Mg合金[52]，Ti合金[53]，高強度Al合金[54]，高強度Cu合金[55]などである．

粉末押出し加工に用いるビレットは，焼結体や圧粉体，連続供給粉末などを利用するが，コンテナー内に充てんされたときには，粉末結合が不十分である場合が多い．粉末ビレットをコンテナー内に投入し，短時間に高温かつ高圧力を付加すると同時に，ダイス出口付近で大きなせん断変形を伴って成形される．粉末間は新生面どうしの結合が促進され，信頼性の高い長尺素形材を効率良く製造することができる．これにより，新素材，例えば酸化物分散強化（ODS）フェライト合金[56]，ナノロッド炭化物分散純Al基複合材料[57]，カーボンナノチューブ（CNT）や炭化物による分散強化Ti基複合材料[58],[59]等の開発にも活用される．

さらに，粉末押出し法の展開として，図2.47[49]，図2.48[51]に示すような薄

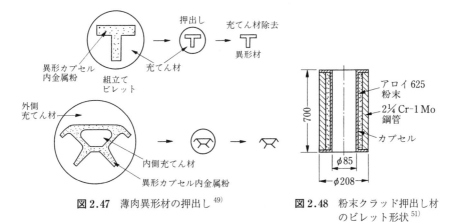

図2.47 薄肉異形材の押出し[49]

図2.48 粉末クラッド押出し材のビレット形状[51]

肉異形材の加工や，高合金クラッド加工が可能である．クラッド加工においては図2.49に示すようにコンテナー内でのアップセット時に変形抵抗の高い高合金クラッド層粉末が，変形抵抗の低い母材界面に食い込む現象がある．これにより押出し時のクラッド界面に働くせん断応力は上昇し，母材の軸方向流動は抑制される．結果として粉末押出し法では，高合金クラッド層に働く引張応力は軽減し，クラッド材の限界押出し比は向上する（図2.50[61])．

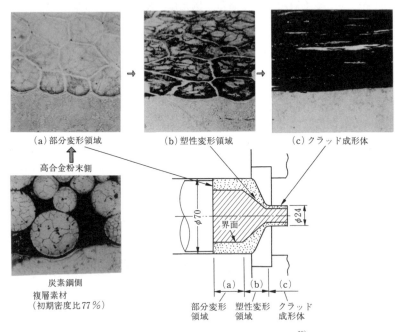

図2.49 押出し成形過程での界面変形挙動[60]

〔2〕 **粉末押出しプロセス**

図2.51に一般的な粉末 CIP-押出し製造プロセスを示す．粉末押出しに用いられる粉末は，カプセル内での充てん性を上げるために球状粉末が多い．充てん用カプセル形状は，例えば管用では図2.52[62]に示すとおりであるが，一体管製造では歩留りを向上させるために端面形状に工夫がなされる．CIP 工程はビレットが長尺の場合の押出しコンテナー内でのカプセル座屈を防ぐ目的と加

2.5 粉末押出し

熱による焼結促進および単位体積当たりの重量アップの観点から，量産プロセスで多く採用される．

カプセル押出し法の特徴として図2.53[63]に示す押出し力低減効果があげられる．これは高合金押出しにおいてカプセルに軟鋼を用いた場合，ダイス内面側と接する材料が軟鋼となるため，その表層で発生する摩擦せん断応

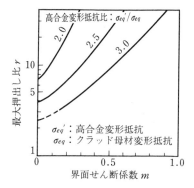

図2.50 成形可能な最大押出しに対する界面せん断係数，変形抵抗比の影響[61]

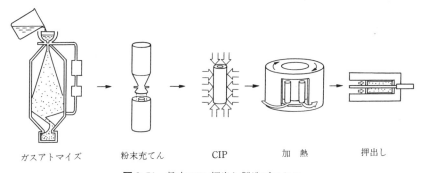

図2.51 粉末CIP-押出し製造プロセス

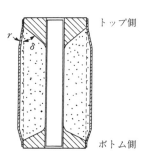

図2.52 一体管のCIP前粉末ビレット[62]

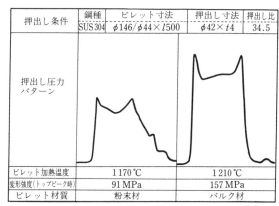

図2.53 粉末ビレットとバルクビレットの押出し力パターン比較[63]

力は軟鋼材の変形抵抗に依存する．したがって，高合金粉末を押出し加工する際に軟鋼製カプセルを用いることで押出し力を低減することができ，高合金の変形強度が大きいほどその低減効果は大きくなる（図 2.54[64]）．その他粉末押出し法では，粗大な金属間化合物析出や偏析等の抑制により熱間変形能が改善され，図 2.55 に示すように溶製材よりも高温での押出しが可能であり，限界押出し比が向上する．

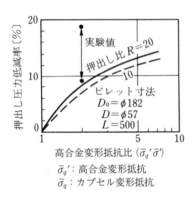

図 2.54 軟鋼カプセル使用による押出し圧力低減効果[64]

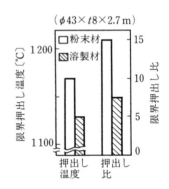

図 2.55 アロイ 625 高合金の粉末製管特性

〔3〕押 出 し 比

一般に，粉末表面はごく薄い酸化被膜で覆われており，脱ガス処理により水分や水酸化物は離脱するが，酸化物等の被膜は熱間加工を加えなければ破れない（図 2.56[54]）．適正な加工度（押出し比）は，粉末の材質や履歴によって酸化被膜の特性が異なるので，一概に言えないが，図 2.57[60]に示すように押出し比 4 までは酸化被膜の分断効率は高く，材質の特性改善が期待される．図 2.58[60]（b）の押出し比 4 では，旧粉末粒界を越えて粒成長が認められ，粉末間の十分な接合状態が得られている．図 2.59[60]および図 2.60[54]は，アロイ 825 Ni 基高合金，7091 Al 合金の機械的特性に及ぼす押出し比の影響を示すが，それぞれ押出し比 3，12 以上で十分な特性が得られる．

ところで，粉末押出し時，粉末はコンテナー内で十分にち密化され，ほぼ真密度になってからダイス内加工を受けるが，ビレット先端部においては押出し

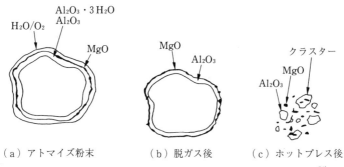

図2.56 固化成形工程における7091合金粉末の表面酸化物の変化[54]

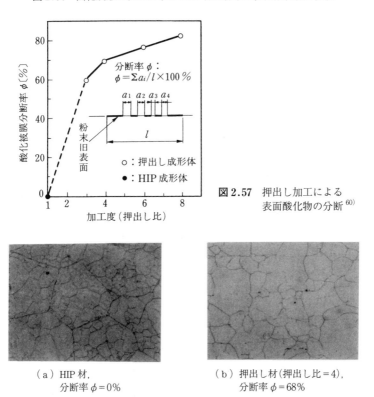

図2.57 押出し加工による表面酸化物の分断[60]

図2.58 粉末押出し材料のミクロ組織に及ぼす押出し比の影響[60]

比により十分ち密化されないまま押し出される非定常域が存在する.図2.61[65]はその一例を示すものであるが,押出し比が8以上では押出し材非定常部長さ

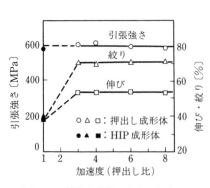

図 2.59　機械的特性に与える押出し比の影響[60]（アロイ 825）

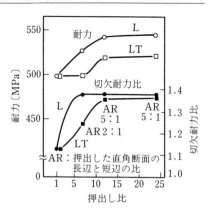

図 2.60　7091-T7E69 の押出し比と引張性質の関係[54]（押出し比 1 とは，ホットプレスのままを指す．シンボルは図 2.59 と同様．L：押出し方向，LT：押出し方向と垂直方向）

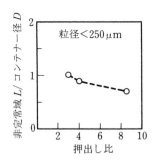

図 2.61　押出し比と非定常域の関係[65]

はコンテナー径の約 70% 程度である．

2.5.2　コンフォーム

コンフォーム（Continuous Extrusion Forming）法は，1972 年当時の英国原子力公社（UKAEA）D. Green が発明した連続押出し法[66]で，1970 年代後半より 1980 年代にかけて，線材，中空材および異形断面形材の連続押出し機として積極的な設備導入が行われ，1990 年現在，世界で約 90 数台のコンフォームが設置されている．

従来の押出し法では，コンテナー内に挿入された押出し素材（ビレット）の

後端をピストンで加圧することによって，押出し素材が前進する機構となっているため，押出しはビレット1本ごとのバッチ作業となる．

これに対しコンフォーム法[67]では，従来のコンテナーに相当する空間は，図2.62に示す通り円筒（ホイール）の外周側面上に彫った溝（グルーブ）の三面の壁と一面の壁（セグメント）で形成されており，この空間に押出し素材（フィードストック）を導入し，前述のホイールを回転（セグメント等は固定）することによって，フィードストックに前進力を与える機構となっている．すなわちフィードストックは，グルーブの二面（一面は，セグメントから受ける

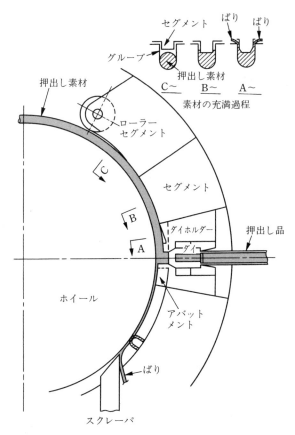

図2.62 コンフォーム法の原理

摩擦力によって相殺）から受ける摩擦力によってその駆動力を得ているため，フィードストックを連続的に供給すれば，押出しを連続作業として行うことが可能となる．

通常のコンフォーム法は，フィードストックを加熱しないいわゆる冷間押出しで行われるが，摩擦および塑性変形に伴う発熱によって押出し素材温度は成形条件にもよるが，ダイ部分では，300〜500℃に達すると考えられている．

以上述べてきたことは，フィードストックとしてコイル材に限定されることなく，コンフォーム法は粉体の連続押出し成形も可能である．

次項では，粉体のコンフォーム法に関して，技術の現状ならびに今後の方向について述べる．

2.5.3 押出し装置

押出し機本体設備および押出し後の後面処理設備は，フィードストックとしてコイル材を用いた場合と基本的には同様の設備であるが，粉体の場合には粉体を供給する装置が必要となる．

押出し機本体は，ホイール回転軸が地面に対して垂直の縦型と平行の横型とがあり，粉体では横型が用いられる．ホイールの回転駆動方法には，直流，交流および油圧方式が，駆動出力は，75〜550 kW のものが現在まで開発されているが，直流 150 kW が生産機として標準のものとなっている．

粉体の供給装置を押出し機本体に接続したコンフォーム法による成形装置例を**図 2.63**[68)]に示す．同図は粉体の供給量を精密に，しかも酸化を防止することを目的としており，ツインスクリューおよび Ar ガスを用いた装置を示している．粉体を供給する手段としては，ベルトコンベアによって一定量を切り出す方法もあるが，供給量を精密にまた雰囲気をコントロールするには前述のツインスクリュー方式が優れている．

押出し工具部分，特にグルーブに供給された材料をダイに導く方式には，**図 2.64** に示す方式がある．押出し品の形状寸法によって使い分けがなされており，図（a）は小型の中実材，図（b）は大型の中実材，中空材および複合線

2.5 粉末押出し

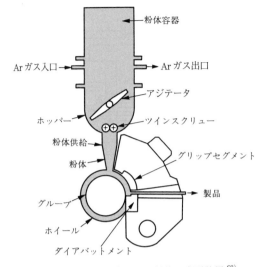

図2.63 コンフォーム法による粉体の成形装置[68]

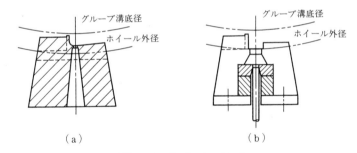

図2.64 ダイの方式

材の押出しに用いられる．また押出し時の工具（ホイール，アバットメントおよびダイ）の異常な温度上昇は，押出し品品質ばかりでなく，工具寿命にも重要な影響を及ぼすので，工具の冷却ならびに温度計測は重要な技術である．

コンフォーム法では，通常の押出し作業のように工具を押出し前に取り外した状態で予加熱することは困難であるので，ウォームアップ用のフィードストックを押し出すことでダイの予熱を行う．さらにその時間を短縮する方法として，図2.65に示すように直接通電加熱によって工具の予加熱が行われる[69]．

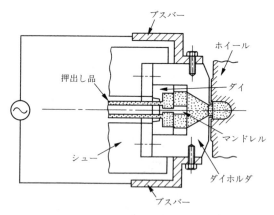

図 2.65 ダイの直接通電加熱方式[69]

2.5.4 成形工程

粉体から押出し製品を得る従来の成形工程は，いくつかの方法が採られているが，アルミニウム合金粉で用いられている最も一般的な工程を図 2.66（a）に示す．一方，コンフォーム法による粉体の成形工程は図（b）に示すとおりであり，従来工程を大幅に省略できることが大きな特徴といえる．

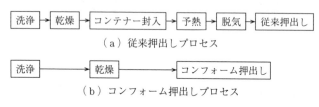

図 2.66 粉体から押出し製品を得る成形工程

粉体を予備圧粉および焼結することなく，コンフォーム工程のみで最終押出し製品が得られるのは，前述のように加工に伴う圧力上昇と押出し素材の温度上昇，さらに粉体粒子どうしのせん断力によって粒子の表皮が破砕され，冶金的な結合が可能になるためであるとされている[70]．コンフォーム法の押出し圧力算定については，通常押出し加工の場合と同様に式（2.14）で近似的に求めることができる．

$$P = \frac{2}{3} K\alpha \left(1 + \frac{2}{15}\alpha^2\right) + \bar{Y}\ln\frac{4}{\pi} + \bar{Y}\ln\frac{D_0^2}{A_1} + 2K \tag{2.14}$$

ここに，α：ダイ半角，D_0：素材径，A_1：製品断面積，$\bar{Y}$：素材の平均変形抵抗，K：素材のせん断降伏応力．

Etherlington は，コンフォーム法において，溝に対して押出し素材が完全に充満していない領域（プライマリーグリップゾーン）と完全に充満している領域（エクスルージョングリップゾーン）とに区分し，それぞれの領域の長さ l_p，l_e を式 (2.15)，(2.16) で求めた[71]．

$$l_p = \frac{2W}{\mu} \tag{2.15}$$

$$l_e = \frac{P \cdot W}{Y} \tag{2.16}$$

ここで，W：溝幅，μ：押出し素材と溝との摩擦係数，Y：素材の圧縮降伏応力．

押出し素材の降伏応力および変形抵抗は温度によって変化するため，実際の押出し圧力の算定に当たっては，工具の配置，形状，冷却等の工具条件とホイール周速等の押出し操作条件を考慮することが必要である．ホイール周速の増加に伴って押出し温度は上昇し，押出し圧力は低下する．このような押出し比と押出し圧力との関係は，通常押出しと同様に式 (2.17) によって整理できると報告されている[72]．

$$P = a\ln R + b \tag{2.17}$$

ここに，R：押出し比，a，b：定数．

粉体に関しては，押出し素材の断面積を溝の断面積として考えれば，上式で整理できるとの報告がある[73]．

2.5.5 適 用 分 野

コンフォーム法における押出し素材の最高到達温度は，前述のようにたかだか 500 ℃ 程度と推定されており，Al，Cu，Ag，Zn およびこれらの合金が成形

対象として考えられている.

Slaterは,AlおよびAl合金に関して,急冷凝固粉を用いコンフォーム成形後の機械的性質を求めている[74].特にAl合金6061の急冷凝固粉では,**図2.67**に示すとおり,常温から200℃の温度領域において従来の溶製材に比較して引張強さが約20%高い値が得られている.さらにAlに炭化ボロン(B_4C)を添加することによって,引張強さの向上が図られ,メカニカルアロイ法を用いてより均一に分散すればさらに強度向上が可能との結果を得ている[74].鈴木らは,Al-Cu-Mg合金の急冷凝固粉にFeおよびNiを多量に添加することによって,**図2.68**に示すとおり,ヤング率,比剛性の向上が可能となり,自動車部品等の構造部材への適用も可能であるとしている[75].

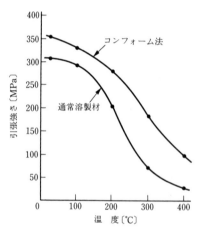
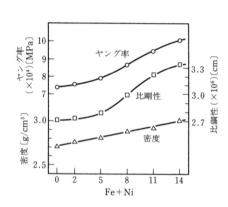

図2.67 Al合金6061急冷凝固粉のコンフォーム法による押出し品の機械的性質[74]

図2.68 コンフォーム法による押出し品のヤング率と比剛性(Al-Cu-Mg合金粉末)[75]

押出し素材としてスクラップを用いたコンフォーム法に関しては,Alがおもな対象材料となっている.スクラップは,各種成形工程において発生する切削粉,切屑粉および加工残材からAl缶材のような廃棄物まで種々の形態のものが含まれる.コンフォーム成形が可能な寸法(最大寸法が約5mm程度まで)形状に,グラニュレータによって破砕することが必要となる.

押出し品品質の要求水準およびコストに応じた前処理，特に脱脂は重要であり，例えば残存油分を0.002%まで脱脂することによって，従来押出し品と同程度の強度および表面性状の製品が得られると報告されている[73]．

従来の熱間押出し法を用いた工程に比して，コンフォーム工程では溶解工程が不要な点，省エネルギー効果は大きく，今後のプロセスとして注目される．

2.5.6 今後の展望

〔1〕 押出し製品品質の向上

粉体のコンフォーム法において，良好な製品を得るには，表面の油脂分，ごみ等はあらかじめ前処理によって取り除かれていること，および表面に吸着している水分および空気が押出し製品内部にトラップされないように排除されることが重要である．

後者は押出し品を加熱した際，欠陥（ブリスタ）を生じ，特に表面積の大きい素材（スクラップ材）ではその対策は難しい．その対策として図2.69に示す減圧下でコンフォーム法を行うアイデアが提案されている[76]．

さらに前者，後者の問題を解決する手段として，図2.70に示す粉体を溶融し，溶融状態のものをコンフォーム成形するCASTEX法が開発されている[77]．

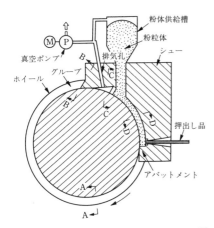
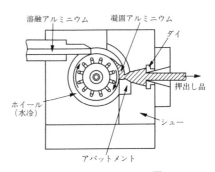

図2.69 減圧下におけるコンフォーム法[76]　　図2.70 CASTEX法[77]

〔2〕 押出し製品の付加価値の向上

今後,付加価値向上の手段として,材料の複合化はますます盛んになると思われる.コンフォーム成形法を用いた線材の複合化の手段として図2.71に示す手法が提案されている[74].

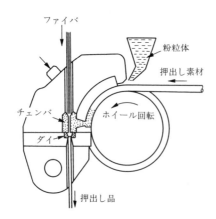

図2.71 コンフォーム法による線材の複合化[73]

2.6 金属粉末射出成形 (MIM)

2.6.1 MIMの原理,工程

〔1〕 はじめに

機械部品の各種製法のなかで,粉末冶金法は経済性と量産性に優れていることから,素材製造分野のみならず,自動車用部品をはじめとする家電製品や事務機用の部品の製造分野まで広く普及しており,その需要も他の素形材に比べ順調に伸びている.

しかしながら,従来の金型プレスによる粉末圧縮成形では,対象部品の形状に技術的な制約が伴うだけでなく,焼結材料中に宿命的に残存する気孔が内部切欠きとして働くため,溶製材料に比べると物理的・化学的性質や機械的性質に劣ることは避けられない.

2.6 金属粉末射出成形（MIM）

以上のような背景から，粉末冶金においては，高い形状の自由度と高密度化を比較的容易に両立させ得るような成形技術が望まれてきたが，その成形法の一つとして1970年代に開発された技術が，バインダー（binder）を利用した金属粉末射出成形（Metal Injection Molding, MIM）プロセスである．

MIMプロセスは形状の自由度に立脚しているが，複雑な金属形状のものを形作るためには高い粒子含有量を基礎とする．そのおもな工程概略は図2.72に示すとおりである．

プロセスは選定された粉末とバインダーの混練から始まる．粒子は焼結によるち密化を促進するように小さく，通常，球状に近い形のもので，平均粒径は20μm以下である．バインダーはワックス，ポリマー，オイル，潤滑剤，および表面活性剤などからなる熱可塑性の混合物が広く用いられる．粉末とバインダーの混練物（コンパウンド）は粉砕粒状化され，所望の形状に射出成形される．バイン

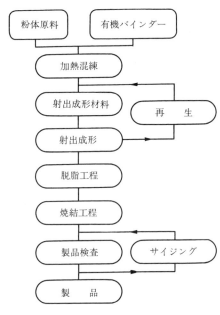

図2.72 射出成形プロセス

ダーは成形や型充てんおよび均一充てんを助けるよう，加熱により混練物に粘性流動特性を付与する．成形後，バインダーは取り除かれ，残りの粉末組織は焼結される．その後，製品は，さらにち密化や，熱処理および機械加工する場合もある．焼結体は，射出成形されたプラスチック並みの形状と精度を有しており，プラスチックでは達成できない性能レベルも併せもっている．

〔2〕 **有機バインダー**[78]

射出成形法が他の粉末の成形法と大きく異なる点は，バインダーとして添加する有機材料の量が体積比で30〜50％もあることにある．このため，添加し

たバインダーにより，製品の良否が決定されると言っても過言ではない．添加されるバインダーは成形の際には加熱されても安定であり，粉体に対して親和性に優れる必要がある．ただ，脱脂工程の際にはカーボンの残留が問題となることから，添加されたバインダーは昇温に伴い徐々に成形体から抜け出ていく必要がある．

上記のことからバインダーには成形の際に要求される特性と，脱脂工程の際に要求される特性がまったく逆であることは問題になる．そこで，粉末の射出成形に用いられる有機材料を分類すると大まかに以下のようになる．

（**a**）　**結　合　剤**　　おもに熱可塑性樹脂で成形体の形状保持と流動性を与えるものである．ポリエチレン，ポリプロピレン，エチレン酢酸ビニル共重合体，ポリスチレン，アタクチックポリプロピレン，メタアクリル樹脂等がある．

（**b**）　**潤　滑　剤**　　種類により，結合剤的な要素と，粒子間や金型に対して潤滑剤的な要素をもつものである．パラフィンワックスや脂肪酸（ステアリン酸パルミチン酸等）があげられる．

（**c**）　**可　塑　剤**　　配合物に柔軟性を与えるもので，フタル酸（メチル，エチル，オクチル等）がある．可塑剤は成形時の熱安定性および脱脂性を考えて，添加量は結合剤の 30 mass ％以下にするほうがよい．

（**d**）　**その他，助剤**　　カップリング剤（有機バインダーと粉体とのぬれ性を向上させる），昇華性物質（低温で分解し，脱脂性を向上させる）等がある．

上に示した有機材料を製品形状を考慮して配合する．ただしこのときに，流動性，脱脂性のいずれに重点をおくかが問題になる．

〔3〕　**配合および混練**

MIM プロセスは多様な形態で用いられているが，基本的事柄は類似している．焼結時のち密化を促進させるため，小さな金属粉末粒子が用いられる．ほぼ球状に近い形で，平均粒度が 0.5～15 μm のカルボニルや酸化物還元およびガスアトマイズによる粉末が代表的なものである．通常，バインダーは熱可塑性のポリマー材料であるが，水や種々の無機質も広く用いられることがある．

2.6 金属粉末射出成形（MIM）

　典型的なバインダーは，適当な潤滑剤もしくはバインダーに粉末との密着性を与えるための湿潤剤を伴った，70 mass %のパラフィンワックスと 30 mass %のポリプロピレンから構成されている．バインダーは約 150 ℃で完全に溶融する．バインダー量は混練物のほぼ 40 vol%で，粉末の充てん特性にも依存するが，鋼粉の場合には，約 6 mass %のバインダーに相当する．

　バインダー系においては，高い粒子の充てん密度を得る一方，混練物の粘性を低く維持することが望まれる．十分なバインダーが，すべての粒子間空隙を満たし，成形時に粒子のすべりを滑らかにするために必要である．混練物の粘度が 100 Pa·s 以下のとき，最も良好な成形状態が達成される．粘性はバインダー固有の粘性だけでなく，混練温度，せん断速度，固体の量，バインダー中に含まれる表面湿潤剤の種類にも依存する．混練物の粘性 η_m は式（2.18）に示すように，粉末の量（固体装てん）φ，および基本的なバインダーの粘性 η_b によって変る．

$$\eta_m = \eta_b \left(1 - \frac{\varphi}{\varphi_c}\right)^{-2} \quad (2.18)$$

　ここで，φ_c は粉末のタップ密度（tap density）に近い臨界の固体装てんを表す．臨界レベルに近い高い固体装てんにおいては，粘性は**図 2.73**[79)]に示すように，組成のわずかな変動とともに大きく変化する．

　この図は固体の量に対する混練物の粘性と，固体の量に対する密度を示している．臨界固体装てん φ_c は混練物密度のピークと一致しており，その

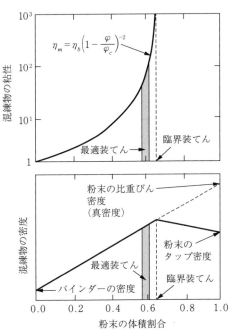

図 2.73　固体装てんに対する粉末-バインダー原料の粘性および密度の関係[79)]

点では混練物の粘性が無限大に近づく．臨界固体装てんでは，粒子は潤滑性の
バインダー層なしで点接触している．固体の量が多いと，粒子間のすべての空
隙を満たすにはバインダーが不十分となり，そのため混練物密度は減少する．
混練物の良好な均一性がプロセス制御を維持するのに必要となる．粘性は組成
に敏感であり，不均一性も金型孔内への流れを妨げることになる．通常はバイ
ンダーをわずかに多くすることで，系の粘性を望む範囲内に維持する．混練物
の粘性は温度やせん断速度に依存し，せん断速度とは混練物内での有効運動速
度を評価したものである．

　なお，混練には加熱しながら加圧するタイプのニーダーが一般に用いられ
る．混練の際には融点の高いバインダーより徐々に添加し，粉末を均一に分散
させる必要がある．

〔4〕　成　　　　形

　射出成形にはプラスチックを成形するものと同様の成形機を使用するが，添
加される粉末の割合が多いため，スクリュー，シリンダを耐摩耗加工したもの
を使用することが多い．射出された成形体はプラスチックに比べて冷却固化が
早いためにウェルドラインやフローマークが発生しやすく，最適成形条件の領
域がプラスチック成形に比べて狭く，金型の設計においてはスプルー，ゲート
を十分大きくする必要がある．以下に成形機および成形工程の概略を説明
する．

　射出成形機は，**図2.74**および**図2.75**に示すように，プランジャー式とイ
ンラインスクリュー式の二つの代表的な形式に大別される．計量性が良い，可
塑化の均質性が高い，成形速度が速い（可塑化能力が大きい），射出圧力損失
が少ない，製品品質が安定するなどの利点から，最近では特殊な場合をのぞい
てインラインスクリュー式が用いられている．

　射出成形機は，一般に射出ユニット，型締めユニット，油圧ユニット，電子
電気制御ユニットの4ユニットから構成される．

　射出ユニットは，① 原料を貯留・供給するためのホッパー，② 原料を可塑
化して金型に射出する準備を行うための加熱シリンダ，③ 可塑化に寄与しか

2.6 金属粉末射出成形（MIM）

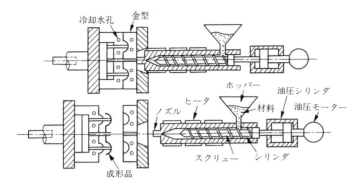

図 2.74 プランジャー式射出成形機

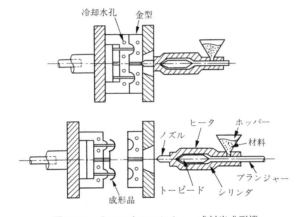

図 2.75 インラインスクリュー式射出成形機

つ原料を金型内に射出するためのスクリュー（もしくはプランジャー），④射出圧力・射出速度を与えるための油圧シリンダーなどで構成されている．

　型締めユニットは，① 金型をサポートするための固定および可動ダイプレート，② 金型開閉のために移動する可動盤のガイドともなり，型締め時には型締め力の反力を受けるタイバー，③ 型開閉のための可動盤の稼働動作をさせるとともに，型締め力を発生させる油圧シリンダおよびトグル装置，④ 射出後，金型が開かれた直後に成形品を金型から突き出すエジェクター装置，⑤ 作業者を金型開閉時の狭まれ事故から保護するための安全扉などから構成されている．

油圧ユニットは，① 前述の両ユニットを構成している油圧シリンダに圧油を供給するための電動機，② ポンプなどの動力源および油の回路を構成する油圧配管，油圧，流量，油の流れ方向などを制御するバルブ類，計器などで構成されている．

さらに，電子電気制御ユニットは，動力ユニットと制御ユニット（シーケンス制御ユニット）とに分かれ，前者は電動機や電熱器の制御のためのマグネットスイッチ，ヒューズなどから，後者は型締め，シリンダ前進，射出（スクリューもしくはプランジャーの前進），保圧，型開，成形品突出し，シリンダ後退，スクリュー（もしくはプランジャー）後退，スクリュー回転（可塑化）などの一連のシーケンスを，タイマ，リミットスイッチ，リレーで行わせる構成になっている．

最近，IC 回路の採用により，リレー回路が無接点化され，これにマイコンが組み込まれてかなり複雑なシーケンス制御をこなせるようになっている．

射出成形機内での混練物の変化を図 2.76 に示した．原料は装入ホッパーから常温で粉砕粒子のまま入れられ，バレルを通過する間にバインダーの溶解温度以上に加熱される．溶融した粉末とバインダーの混練物は，前方へ押し出され，金型のキャビティー（型孔）を瞬時に満たす．空隙の形成を最小限にするために，金型での冷却時においても原料に対して圧力が維持されている．十分に冷却した後，成形体は取り出され，本工程が繰り返し行われる．

以上のように，射出成形段階では原料の加熱と加圧が同時に行われる．欠陥が生じないように行うには型注入速度，最大圧力，混練温度，そして加圧下に

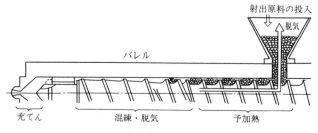

図 2.76　射出成形機内での可塑化過程

おける保持時間などのいくつかの因子に注意する必要がある。混練物は成形機のバレル内で130～190℃に加熱される。実際の成形工程では金型内へ溶融した原料をあらかじめ決めた体積だけ射出するよう，バレル内でスクリューを前方へ押し出すことにより行われる。

原料は，バレル端のノズルからスプルー，ランナー，ゲートを通ってキャビティー内部へ流れる。金型は原料より低温であるため，型充てんサイクル時に粘性は増加する。型充てん時の流動抵抗の増加は，キャビティーが満たされるまで圧力の増加を必要とする。実際の成形圧力は，型の幾何学形状やバインダーおよび粉末特性に依存するが，高くても60 MPa 程度である。

型充てんにおける質量流動速度 Q は，加圧力 P と混練物の粘性 η_m に依存し，式 (2.19) のようになる。

$$Q = \frac{P}{\eta_m K} \tag{2.19}$$

ここで，流動抵抗 K は型の幾何学形状に依存する。円柱形状の場合

$$K = \frac{128 L}{\pi d^4} \tag{2.20}$$

ここで，長さは L，直径は d である。幅が W，厚さが t の長方形の場合は

$$K = \frac{L}{W t^3} \tag{2.21}$$

となる。径または肉厚が小さい場合，型充てんは最も難しい。うまく成形するためには，高圧力あるいは低粘性が必要である。成形機には利用できる圧力に限界があり，温度が粘性を支配する。結局，温度と圧力が成形における主要な制御因子となる。

非常にせん断速度が高い場合は，急速な粘性増加により粉末は低密度のバインダーと分離してしまうことがある。混練物の金型孔内への充てんは粘性に依存することから，バインダーからの粉末の分離は均一な成形品の作製にとって有害となる。同様に，原料混練物が成形の間に冷却されるならば，粘性は急激に増加し，金型内には不完全な充てんとなる恐れがある。原料は冷却の間に収

縮するので，圧力保持は欠陥のない製品を得るために不可欠である．なおゲートから型充てんが進むにつれ，通気孔を通してキャビティーから外側へ空気は押し出されることから，通気孔は充てんされる金型の最終部分になければならない．

〔5〕 脱　　脂

成形後，バインダーは脱脂（脱バインダー）と称されるプロセスにより成形体から取り除かれる．バインダー系と関連する脱バインダー方法には，これまで多種多様のプロセスが開発されており，バインダー成分と併せて特許の大半を占めるものであるが，表2.5[80]に種々の方法を示すように，加熱分解（常圧，減圧，加圧）をはじめとして，溶媒抽出，化学分解や超臨界ガスなどがある．工業的には熱分解や溶媒抽出がおもに採用されているが，加熱分解法では脱バインダーに長時間（600℃までゆっくり加熱）を要し，製品形状の変形が生じやすいなどの問題点も依然として残されている．

また溶媒抽出法では，それらの欠点がかなり克服されているものの，溶媒にはアセトンやエチレン，四塩化炭素などのように，人体に害を及ぼすものや環

表2.5　各種脱バインダー法[80]

プロセス名	バインダー成分	脱バインダー条件
加熱分解		
MACPHERSON プロセス	PE，樟脳	真空
WITEC プロセス	WAX，PE	乱送風，吸収体
VI プロセス	WAX，PE，PP	高真空，蒸発
（揮発）		
RIVERS プロセス	水，メチルセルロース	金型内脱水
QUICKSET プロセス	水，PEG	冷凍乾燥
溶媒抽出		
WITEC プロセス	PE，PS，PEG	水，塩化メチレン
MACPHERSON プロセス	PE，PS	トリクレン
AMAX プロセス	WAX，PE，PP ピーナッツオイル	塩化メチレン
化学分解		
BASF プロセス	変性POM	硝酸，蓚酸蒸気
UV 分解プロセス	WAX，アクリル	紫外線照射

PE：ポリエチレン，PP：ポリプロピレン，PEG：ポリエチレングリコール，
PS：ポリスチレン，POM：ポリアセタール

境汚染につながるものが多く用いられることから，その取扱いが問題となる．このため米国では，エタノールや水溶性の新しいバインダー系の開発が進められている．いずれにしても，脱バインダーに長時間を要することは生産的に不利であり，このことがMIM製品の許容肉厚を大きく制限している．ちなみに，数年前までは約10mmくらいの肉厚までが経済的見地からすれば限界とされていたが，最近では脱バインダー技術も進歩して，25mm程度の肉厚までは可能となっている．

さらに新しい技術として，ドイツで開発された触媒による脱バインダー法[81]がある．バインダーには変性ポリアセタールを用い，触媒によってホルムアルデヒドへと分解するもので，従来法と比較して脱バインダー時間を1/10以下に短縮できる．ただし，触媒として発煙硝酸や蓚酸を用いることから，装置全体への配慮が必要である．またフランスで開発されたクイックセットプロセス（Quick Setting Process）[82]（一種の水凍結法）では，水を触媒として金型中で粉末を凍結させ，その後，昇華によって脱バインダーを施すもので，大型部品の成形が可能とされている．

〔6〕 焼　　　結

焼結は従来の粉末冶金法と同様で，不活性あるいは還元性の各種雰囲気，または真空雰囲気で行われる．焼結は強い粒子間結合をもたらし，ち密化（95%前後）によって空隙を取り除く．等方的な粉末充てんは予想できるように均一な収縮（15〜20%）を起こす．したがって，初期の成形体は最終成形体寸法に適するよう大きめにしてある．なお，製品の寸法精度としては±0.5%以下のものが得られる[83]．焼結後，成形体は他の多くの製造法で得られる特性よりも優れた強度と均一な組織を示す．

参考までに，**図2.77**にSUS316Lの射出成形により得られた焼結体の内部組織を示す．また本プロセスにより得られる各種鉄系焼結材料の機械的諸特性を，他の製造法によるものと比較した一例を**表2.6**に示す．いずれの鋼種[84]〜[88]においても，従来の焼結材の特性を上回るだけでなく，溶製材に匹敵する高性能な機械的特性が得られており，MIMプロセスが難加工性材料の形状付与に有

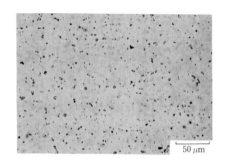

図2.77 射出成形により得られた SUS316L 焼結体の内部組織

表2.6 製造法の違いによる各種合金鋼の機械的特性

鋼 種	機械的性質	MIM	P/M	溶製法
高速度鋼[84] SKH10 (焼戻し材)	抗折力〔MPa〕 硬 度〔HRC〕	3 200 70	2 500 71	2 500 67
マルエージング鋼[85] 18Ni-8Co-5Mo (時効材)	引張強さ〔MPa〕 伸 び〔%〕 硬 度〔HRC〕	1 640 2〜3 47	1 500 1〜2 35	1 800 8
マルテンサイト系[86] ステンレス鋼 SUS440C (17Cr-1C) (焼戻し材)	引張強さ〔MPa〕 伸 び〔%〕 硬 度〔HRC〕	1 600 1〜2 53	SUS410 900 4 30	1 950 2 57
17-4PH ステンレス鋼[87] SUS630 (時効材)	引張強さ〔MPa〕 伸 び〔%〕 硬 度〔HRC〕	1 340 11 44	970 2 24	1 370 14 45
4600 鋼[88] (0.4% C) (723 K 焼戻し)	引張強さ〔MPa〕 伸 び〔%〕 硬 度〔HRC〕	1 400 9 39		1 300 10 40

効であるとともに，材質の改善にもきわめて効果的である．

2.6.2 MIM の特徴

表2.7に最近の MIM 法における特徴をまとめて示す．

このほか，旧来の粉末冶金法（金型プレス成形）では成形が難しい硬質金属材料，あるいはこれまでの成形技術では困難であった低熱膨張合金や軟質磁性材料などの難加工性機能材料にも適用できるため，用途に応じた材料の選択自由度が大きいことが特徴である．したがって，対象材質としても Fe をはじめ，

2.6 金属粉末射出成形（MIM）

表 2.7 最近の MIM 法における特徴

形　　　状	金型設計が可能な限り，複雑形状部品の製作が可能
寸　　　法	均一収縮により，寸法精度も 0.1～0.3%以下と高精度 （最大テニスボールサイズくらいまで可）
高　密　度	相対密度が 95%以上と高く，物理的・化学的性質に優れる
機械的特性	溶製材と同レベル
加　工　性	展延性を有し，プレス加工，曲げ加工などが容易
熱　処　理	浸炭焼入れなどの各種熱処理の適用が可能
表 面 処 理	めっき，黒染など各種表面処理が容易
表 面 粗 さ	微粉末を使用するため表面は滑らか（R_{max} 3～6 μm）
生　産　性	後加工の工程は少ないので大量生産，自動化が可能

Fe-Ni，Si，Co 合金，ステンレス鋼，高速度鋼，Ti 合金，Ni 基や Co 基の超合金，W 系重合金，超硬合金，サーメット，繊維強化型合金などの広範囲な種類のものがあげられている．

MIM の用途は特に限定されておらず，最近では 1 kg に近い大物品もあるが，一般には 100 g 以下の複雑形状の小物品がおもな対象で，自動車用（ターボ可変翼，ロッカーアーム，センサ，鍵等）を始めとして，医療機器用（内視鏡用，歯列矯正用等），銃火器用（引金，照準装置等），携帯電話（振動子，ヒンジ等）および通信機器（パッケージ，コネクタ等）や情報機器用（プリンタ，パソコン，コピー機用等）などのエレクトロニクス用で今後の需要増が期待されている．

他の金属加工法との比較　　MIM 技術は小物の三次元複雑形状金属部品の量産に適した技術であるが，万能というわけではなく，何がメリットかをとらえておかねばならない．

（a）　プレス成形粉末冶金　　500～700 MPa という高圧力が必要な従来のプレス成形粉末冶金と MIM を比較すると，後者のほうが加工できる材質の範囲が広く，製品形状が複雑にでき，さらに密度の高いものをつくることができる．密度が高くできる理由は細かい焼結性のよい原料粉を使うことと，高温での焼結を行うことによる．プレス成形の場合は原料粉として MIM より粗い，粒子形状が不規則な粉末を使用するため，たとえ高温焼結したとしても密度は上がりにくく，内部応力の緩和や粉末の充てん密度のばらつきから焼結による

形状変化が大きくなり，寸法精度の確保がむずかしい．高密度の焼結体が得られるということは機械的，物理的特性のよいものが得られ，まためっき処理も容易である．しかしMIM法では原料粉やプロセスコストが高く，製品価格は従来の粉末冶金のほうが安い．

（**b**）　**ロストワックス鋳造法**　　複雑な形状の部品を作るという点ではロストワックス鋳造法はすぐれているが，量産性，寸法精度，製品肉厚の最小値，内部組織の健全性，表面粗度などの面でMIMのほうがすぐれている．MIM法では寸法精度がIT 12級，最小肉厚0.5 mm，表面粗度6 Sが得られる．製品価格の面では質量が30 g以下で生産数の多い部品は，MIM法で作製したほうがコストが低くなる場合が多い．

（**c**）　**ダイキャスト**　　金属の射出成形といえばダイキャストが思い浮かぶが，現在のところアルミニウム合金や亜鉛合金といった融点が低くて流動性のよい材質に限られるので，高強度や耐摩耗性が要求される部品には使えない．MIMの場合は基本的には適当な粉末さえできればどんな材質でも，例えば複合材料や金属間化合物の加工も可能であるが，逆にアルミニウム合金や亜鉛合金は加工しにくい．アルミニウムの場合は粉末表面の酸化膜が焼結の妨げとなるからであり，亜鉛の場合は加熱により蒸発して組成変動を起こすからである．

（**d**）　**型　鍛　造**　　最近，精密鍛造の技術が発達してきてかなり複雑な形状の製品が高精度で大量生産できるようになってきている．しかし肉厚が異なる部分や横穴のある部品は不可能で，加工できる材質もある程度限られている．MIM法は部品形状や材質の点で鍛造よりも自由度があるので，単純なコストの比較だけでなくプロセス全体を総合的に評価する必要がある．

（**e**）　**切 削 加 工**　　最近の数値制御技術（NC）の発達によって切削加工法においても長足の進歩があり，コストや精度が大幅に改善されてきている．しかし専用加工機を除くとまだまだ少量生産用としての応用が多く，量産性やコストの面でMIMにゆずる部分がある．寸法精度としては最も良好な加工法なので他の加工法で作った素材を切削加工で部分仕上げをして部品を完成さ

せるといった方向が多い．MIM 法で作った部品も一般的には切削加工ほどの精度は実現しにくいので，高精度の必要な部分は焼結後の切削加工や研磨加工によって確保する．ただし部品の全体が高精度を要求される場合は始めから切削加工法で作ったほうがコストが低くなる場合が多い．見た目には複雑でも基本的に円形断面の積み重ねでできている部品は，NC 旋盤での加工のほうが安くできる．

いずれにせよ，冒頭でも述べたように MIM プロセスの実用化はまだ新しく，バインダーの適正化や仕上り製品の寸法精度，製品の大型化や超小型（マイクロ）化など，技術的に解決しなければならない問題点が多く残されている．今後の MIM 技術のさらなる応用展開が期待される．

2.7 粉末積層造形

2.7.1 三次元積層造形技術の歴史

新しい粉末の成型技術として金属三次元積層造形技術による方法がある．金属三次元積層造形技術は，従来は RP（Rapid Prototype）と呼ばれていた AM（Aditive Manufacturing）の技術が，樹脂の成型から金属の成形へ進展した技術である．AM 技術は 1980 年代の光造形（ステレオリソグラフィ，図 2.79（a））の発明に端を発する．積層により自在に任意形状を造形しようとする技術である．

三次元積層造形法の原理は単純である．図 2.78 のように下から薄く一層ずつ，固体を積み上げていくことによりさまざまな形状を地図模型のように作製する．言い換えれば，地図模型の作製を自動化した装置が三次元積層造形装置である．

図 2.78　三次元積層造形法の原理

1987年に,3D Systems社から,光硬化性樹脂にレーザ光を照射して硬化させながら積層する装置が発表された.装置の原理を図2.79(a)に示す.この装置が最初の三次元積層造形装置である.現在では液相光重合法(Vat Photopolymerization, VP)と呼ばれている.

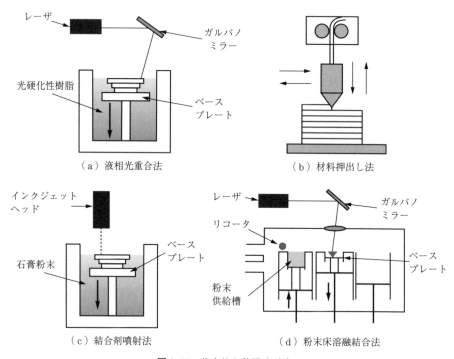

図2.79 代表的な積層造形法

それ以降,さまざまな三次元積層造形装置の開発が試みられる.その一つが,図(b)に示すようにノズルの先から溶けた樹脂を吐出させ,それを積み上げて造形する材料押出し法(Material Extruding, ME)あるいは溶融堆積法(Fused Deposition Modeling, FDM)と呼ばれる方法である.その他,図(c)のインクジェットプリンタのノズルヘッドや,ディスペンサから糊を吐出させて樹脂粉末や石膏粉末,砂などを固め,それを積層させていく結合剤噴射法(Binder Jetting, BJ),図(d)のように樹脂の粉末にレーザを走査し,焼結・

溶融させて固め，それを積層して造形する粉末床溶融結合法（Powder Bed Fusion, PBF），あるいはレーザ焼結法（Selective Laser Sintering）などが開発された．現在ではそれ以外にも，さまざまな積層造形法が提案され，おおよそ**表2.8**[89)]の手法に分類される．

表2.8 積層造形法の分類 [89)]

分　　　　類	手　　　　法
結合材噴射法 Binder Jetting（BJ）	粉末に結合剤を噴射して選択的に結合し造形する手法
材料噴射法 Material Jetting（MJ）	造形する材料の液滴を選択的に噴射して造形する手法
粉末床溶融結合法 Powder Bed Fusion（PBF）	熱により粉末床の材料を選択的に溶融・結合し造形する手法
指向性エネルギー堆積法 Directed Energy Depositon（DED）	溶融した材料を噴射し，堆積させて造形する手法
シート積層法 Sheet Lamination（SL）	シート状の材料を積み上げ結合して造形する手法
液相光重合法 Vat Photo-porimarization（VP）	光硬化樹脂をレーザ等の光で選択的に硬化し造形する手法
材料押出し法 Material Extrusion（ME）	材料をノズル，あるいはオリフィスから押し出し，積み上げて造形する手法

2.7.2　金属の三次元積層造形

　初期の積層造形では樹脂の造形が中心であったが，徐々に金属での造形も試みられるようになった．このような金属の積層造形法として二つの方向がある．一つは樹脂中にセラミックスや金属粉を分散させ，造形後に，脱脂，焼結するという MIM（Metal Injection Molding）と類似した方法である．MIM では樹脂と金属を混ぜたコンパウンドを射出成型により成形する．積層造形では，このコンパウンドの造形を材料押出し法，液相光重合法，あるいは結合剤噴射法などで行う．この方法では脱脂，焼結プロセスが必要となるが，造形装置を低価格化することが可能であり，セラミックスの造形も可能であるため今後の実用化が期待される．もう一つは直接金属粉を溶融していく方向である．金属を溶融させるため，高出力のビーム化が可能なレーザや電子ビームが熱源とし

て用いられる．

〔1〕 焼結を伴う金属三次元造形

　液相光重合法（光造形）では光硬化性樹脂をレーザで硬化しながら積層造形を行う．この光硬化樹脂に金属やセラミックスの粉末を混合して造形し，これを脱脂処理により樹脂成分を除去して，さらに焼結すれば造形が可能となる．しかし，この手法で安定な造形を可能にするには，光源の強度，樹脂の粘度，積層厚さなどにさまざまな工夫が必要となる．フランスの3DCeram社では，この原理による造形装置の開発販売を行っている†．このような造形例として，宮本・桐原による，フォトニクス結晶開発がある[90]．

　材料押出し法ではノズルより溶融した樹脂を吐出し，造形する．この樹脂の代りにMIMのコンパウンドを積層造形し，これを焼結すれば金属製品の作製が可能である．このような積層造形は清水・中山により試みられ（図 2.80[91]），同様の装置の開発は，フラウンホーファー生産技術・応用マテリアル研究所（IFAM）でも試みられた[92]．

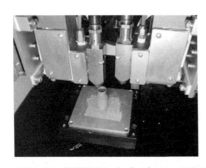

図 2.80 材料押出し法（ME）による造形装置（左）とステンレス鋼造形製品（右）

　結合剤噴射法方式により金属粉を固めて焼結すれば，金属の造形が可能である．造形した金属粉にブロンズを溶かして含浸させる造型装置が販売されている†2．また最近，結合剤噴射法方式による Degital Metal® という手法が提案されている†3

---

　　† http://3dceram.com/en
　　†2 http://www.exone.com/
　　†3 https://www.hoganas.com/ja/business-areas/digital-metal/

〔2〕 **高エネルギービームで金属粉末を溶融する金属三次元積層造形**

粉末を敷き詰めたパウダーベッドの上部からビームを照射して溶解する積層造形操作を繰り返す PBF（Powder Bed Fusion）と，エネルギービームにより溶融した素材の溶融プールに粉末を吹き込み，肉盛り溶接のように積層する指向性エネルギー堆積法（Directed Energy Deposition, DED）の二つの手法がある．さらに PBF はレーザを熱源とする SLM（Selective Laser Melting）と電子ビームを熱源とする EBM（Electron Beam Melting）に分類できる．

（**a**） **レーザを用いた積層造形（SLM）**　　この方法は，米国や欧州で装置化された SLS（Selective Laser Sintering）と呼ばれる粉末床溶融法を金属の造形まで発展させた方法である．特にレーザを強力なものに置き換えることによって，直接，金属粉を溶かす方法は，SLS と区別して SLM（Selective Laser Melting）と呼ばれる[†]．現在ではこの方式による造形装置がヨーロッパを中心に全世界で販売されている．

装置の一例を**図 2.81** に示す．左側から粉末を迫り上げて，リコータにより右側の造形部分へ一層ずつ積層していく（リコート）．このリコータ部分は，ブレード方式，ローラー方式，バケット方式など，装置ごとにさまざまな方法が採用されている．当初，出力が不十分な炭酸ガス（CO_2）レーザが使用され

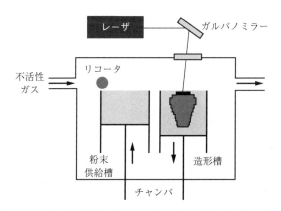

図 2.81　粉末床積層造形法（SLM）による金属三次元造形装置

[†] https://www.eos.info/

ていたが，高出力のYAGファイバレーザが採用されることにより，造形製品の高品質化・高密度化が可能となった．レーザはガルバノミラーにより走査される．

造形においては金属の酸化を避ける必要があるが，多くのSLM装置ではアルゴン雰囲気や窒素雰囲気などの不活性雰囲気中で造形が行われる．そのため，大量のヒュームが発生するなどの問題点もある．よって，最近では高真空雰囲気下で造形する装置も開発されている．

SLMにおいて良好にリコートを行うためには，使用粉末はできる限り流動性が高い微細粉が望ましい．そのため，直径15～45 μm程度の粒径のそろったガスアトマイズ粉，特にサテライトと呼ばれる微細粒子の付着が少ない粉末が使用される．品質の良い高価な粉末を使用することは，造形コストの上昇につながることから，リコート手法の工夫による低品質粉末の使用も検討されている．

SLMでは造形を行う場合，図2.82のようにベースプレートと呼ばれる金属板の上に積み上げるように造形を行うのが一般的である．また，ベースプレートに直接接触しない部分には，サポートと呼ばれる造形物の支えを設置する．このようなベースプレートやサポートは造形製品を支える目的だけではなく，造形物の熱応力によるそりを防ぎ，造形中の熱を管理する役割もある．

ステンレス合金，マルエージング鋼，Ti合金といった，熱伝導率の低い材

図2.82 粉末床積層造形法（SLM）での造形におけるベースプレート，サポート，および造形製品（株式会社NTTデータエンジニアリング提供）

料を比較的容易に造形できる．一方，Al 合金，Cu 合金といった熱伝導率が高い材料は，造形中の伝熱が激しく造形が難しい．

（b）電子ビームを用いた積層造形（EBM）　レーザの代りに電子ビームを使う粉末床積層造形法である．電子ビームは真空中でしか伝達しないため，EBM は真空雰囲気で造形しなければならない．EBM 装置の概略を図 2.83 に示す．熱源の部分を除き SLM 装置とほぼ同じ構造を有する．電子ビーム放射装置は，電子顕微鏡と同様に電子銃のフィラメントを加熱して熱電子を放出する．電子は電磁レンズによって収束し，造形槽の粉末に焦点を合せる．粉末から電子銃へ電流が流れる必要から，金属粉の造形しかできない．最近では LaB_6 単結晶を陰極材料として採用することにより，フィラメントを長寿命化することが可能となった．

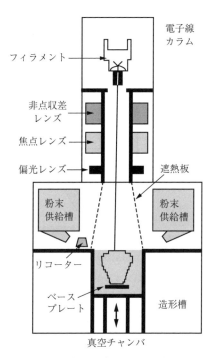

図 2.83 粉末床積層造形法（EBM）による金属三次元造形装置

EBM 装置は，現在，スウェーデンの 1 社からのみ製造販売されている[†]．日本では，経済産業省主導の技術研究組合次世代 3 D 積層造形技術総合開発機構（TRAFAM）のプロジェクトにより，各種熱源を用いた三次元積層造形技術の開発が進められている．

EBM でも流動性が高い粉が要求されるが，SLM と比較して高いエネルギーで溶融するため，粉末の細かさへの要求は小さい．そのため，直径 50～150 μm 程度の粒径のガスアトマイズド粉が使用される．

[†]　http://www.arcam.com/

EBMはPBFによる造形であるため，SLMと同様にベースプレートとサポートを用いる場合が多い．しかし，EBMのよる造形では粉末床を400℃以上の温度に予熱しながら造形するため，SLMに比べて造形時のそりが小さく，造形条件によってはサポートなしでの造形が可能である．

EBMは真空での造形であるため，Ti合金やTiAl金属間化合物など，酸化による特性劣化の激しい金属の造形が可能である．

（c）指向エネルギー堆積法（DED）による造形 DED法は高エネルギーのビームで造形物を部分的に溶かし，その中に金属粉を吹き込んで溶解しながら積み上げていく方法である．ビームとしてはレーザが一般的である．装置の概略を**図2.84**に示す．

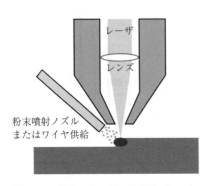

図2.84 指向エネルギー堆積法（DED）による金属三次元積層造形装置

レーザにより溶融池を作り，不活性ガスで粉末を搬送する．不活性ガスをシールドガスとして使用すれば大気中でも造形が可能である．しかし，Tiのように酸化しやすい材料では，不活性ガスで置換したチャンバー内で造形する必要がある．この造形装置は一つのツールヘッドにまとめることが可能であり，そのツールヘッドをマニピュレータ，あるいはマシニングセンタに取り付ければ積層造形が可能となる．また，搬送する粉末を途中で切り替えることにより，金属を複合化した製品を造形できる可能性を有する．

このようなDED装置はアメリカやドイツで中心に開発されてきたが，日本のTRAFAMによる開発研究も進行している．この装置はSLMなどのPBF方式の造形法と比較して高速である点が特徴であるが，造形製品は粗く，造形品の形状制度はSLMの製品に劣る．そこで，多軸のマシニングセンタと組み合わせて造形することが検討されており，このような装置が工作機械メーカーにおいて開発されている．

2.7.3　金属積層造形法の適用分野

三次元積層造形では設計を 3D-CAD で行う．作製された三次元形状は STL と呼ばれる積層造形用の形状データに変換され，その形状データをもとに造形を行う．形状データは造形物の表面の座標を絶対的な精度で示すことができるが，許される誤差を示すことが困難であるため，設計，加工の思想は従来の加工法と大きく変ってくる．

〔1〕　医療分野への応用

金属三次元積層技術の最も期待される応用分野は，医療用の材料である．特に体内にインプラントする材料の作製に適した方法である．医療分野では，その製品を利用する人体に適合する個別の形状で造形する必要がある．金属積層造形の利用が最も進んでいるのは歯冠製造の分野であり，多数の Co-Cr 製の歯冠がすでに SLM 法により製造されている．

〔2〕　ポーラスな製品，ラティス構造製品の作製

ポーラスな金属材料および多孔質な金属材料は，軽量な構造材料，フィルター材料，電極材料，触媒担体，熱交換材料，生体用材料など，さまざまな応用が想定される．また規則的なポーラス構造であるラティス構造製品は，軽量かつ高強度を実現できると考えられる．

〔3〕　メンテナンスへの適用

三次元造形の利用の一つとして，機械装置のメンテナンスへの利用が考えられる．特に交換部品の補給が困難な場所，例えば軍用キャンプや軍用船舶，国際宇宙ステーション（ISS）のような衛星施設や鉱山などで，壊れた装置を補修しようとする場合に有用である．

〔4〕　最適設計への利用

有限要素法のように，応力の解析コードを用いながらその要素を少しずつ変形させ，最小の部材で最適な構造を設計する場合，きわめて複雑な形状になることも多い．このような構造も三次元積層造形ならば作製できる．**図2.85** は，上記の方法で設計された軸受支持部分を金属三次元積層造形により造形した例である．

 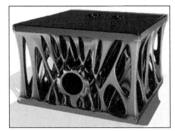

(a) 最適化前の軸受支持部分　　　　　　(b) 最適化後の軸受支持部分

図2.85 形状最適化により設計された軸受支持部分の金属三次元積層造形
（株式会社ホワイトインパクト提供）

〔5〕 **金型への適用**

日本では金属積層造形の金型製造への適用の要求が強い．樹脂射出成形金型はそれほど強度が要求されず，また複雑な冷却孔の配置が要求されるので，金属積層造形の利用法として期待されている．実際の金属積層造形は使用材料費も高く造形速度も遅いので，できる限り多くの部分を機械加工で作り，必要最小限の部分を積層することが望ましい．

〔6〕 **航空宇宙分野への適用**

金属積層造形は，チタンやインコネル等の耐熱材料の造形に優れている．そのため，航空機やロケットの特殊な形状をもつ構造物，エンジン関係の耐熱構造物，タービンブレードなどの製造に利用されることが期待されている．図2.86はTiAlによるブレードをEBMにより造形した例である．

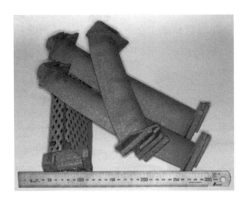

図2.86 金属三次元積層造形（EBM）で作製されたTiAlタービンブレード
（株式会社エイチ・ティー・エル提供）

2.8 その他の成形法

2.8.1 粉 末 鍛 造

〔1〕 一般の粉末鍛造

粉末鍛造は粉末加工と塑性加工を組み合わせた技術である．粉末成形技術を用いてプリフォームを作製した後，加熱して熱間鍛造によりプリフォームの空隙をつぶして，溶製材なみの特性をもつ製品を作る方法である[93]．溶製材の熱間鍛造に比較して材料歩留りがよく，鍛造は1回ですみ，鍛造後の切削の必要性も少ないので，生産の総エネルギー量を減少できるという利点がある．

粉末成形技術によって作られる焼結体の機械的性質（強さ・硬さ・伸び）は，いずれも密度とともにほぼ直線的に向上するが，衝撃値は相対密度98％以上にならなければ満足できる値にはならない[94]．粉末鍛造によってプリフォームの空隙をつぶすための方法として，つぎの二つがある．ⅰ）最終形状に近いプリフォームを圧縮して空隙をつぶす方法と，ⅱ）単純な形状のプリフォームを，鍛造することで材料流れを生じさせて形状付与と同時に空隙をつぶす方法である[95]．しかし，加熱プリフォームが金型に接した際に冷却され，表面の空隙がそのまま残ることによる表面欠陥が最も問題になる．これに対して，鍛造温度を高くする，鍛造速度を大きくする，型温度を高くする，金型に潤滑剤を塗布する，といった対策の有効性が報告されている[96]．

なお，粉末鍛造を本格的に生産の軌道に乗せるに当たっては，全自動ラインの開発が大きな役割を果たした．一例として，「粉末成形—脱脂—焼結—鍛造—後熱処理（油焼入れもしくは空冷）」の一連の工程をロボットで結んだものがある[93]．

粉末鍛造部品が溶製材の鍛造部品なみに使われるようになるためには，合金元素を添加するだけでなく熱処理が必要になる．合金元素については，粉末混合の形で添加してもよいが，合金組成の水アトマイズ粉末も用いられる．水アトマイズの際に粉末表面が酸化する問題があるので，加熱温度で還元しやすい

Ni および Mo がまずは添加された.しかし高価であるので,Cr および Mn を添加した低酸素の低合金鋼粉末が開発された.低合金鋼粉末の場合も C が含まれると圧縮性が悪くなるので,C だけは黒鉛粉末を混合する手法が用いられている.

図2.87 に焼結体の炭素含有量と圧縮降伏強さの関係を示す[97].密度 7.82 g/cm³ のものでは,0.25 mass% C の場合,SCM420 とほぼ同等の圧縮降伏強さを示している.

図2.88 にマニュアルトランスミッション用ボークリングを示す[98].本部品

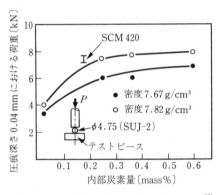

図2.87 炭素含有量と圧縮降伏強さの関係[97]

図2.88 ボークリング[98]

図2.89 粉末鍛造製品例(国内)[98]

では，ギヤ切替えの際に歯部先端に衝撃が加わるため，歯部の耐摩耗性が特に要求される．材質は Fe-Ni-Mo-Mn-C 系，密度 7.70 g/cm³ 以上，特に歯部は 7.80 g/cm³ 以上となっている．

図2.89に各種粉末鍛造部品の国内での使用例を示す[98]．用途は乗用車用トランスミッション部品で，材質は Fe-Ni-Mo-Mn-C 系，密度は 7.70 g/cm³ 以上となっている．

〔2〕 超塑性鍛造

超塑性鍛造は，被加工材と金型をほぼ同一の温度に加熱し，被加工材に超塑性挙動が発現する温度・ひずみ速度範囲で鍛造する方法である．粉末は微細結晶粒組織をもっているので超塑性鍛造に適している．従来の鍛造法と比較すると金型との接触時間が長い．Ti 合金や Ni 基超合金などの難加工材でも，適正な条件を選べば鍛造することができる[99]．金型温度と接触時間の関係を図示すると**図2.90**のようになる．

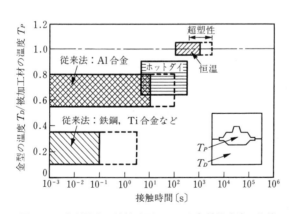

図2.90 金型温度，接触時間からみた各種鍛造法の比較

超塑性鍛造の特徴を整理すると次のようになる．

① 材料の流動性が良いため複雑形状の製品をニアネットシェイプに成形でき，仕上げ機械加工が少なくなり，材料歩留りが向上する．

② 超塑性現象を発現する材料ではひずみの局部集中が少なく，均質で表面性状の良好な鍛造品が得られる．

③　1回の鍛造行程で大変形が得られるため, 加熱回数の低減が可能である.

④　低い変形抵抗下で鍛造できるため, 小容量プレスで大型品の製造が可能である.

Ni基超合金粉末を用いた超塑性鍛造の工程例[100]を以下に記す. 所定の成分を有する素材を真空溶解, ガスアトマイズすることによって粉末が製造される. 粉末は分級されHIP処理されて鍛造素材となる. HIP処理の代りに熱間押出しされることもある. その後に超塑性鍛造され, 超音波探傷法による非破壊検査が行われる.

超塑性鍛造の場合は変形抵抗がひずみ速度に著しく依存するので, 鍛造速度の精度よい制御が必要である. 鍛造品の形状によって変形部位のひずみ速度はまちまちであるので, 一義的に鍛造速度を決定することは難しいが, 代表部位を決めてあらかじめ変形シミュレーションにより最適ひずみ速度を求め[101], それに基づいて鍛造速度を設定する方法や, 金型の接近速度 V と鍛造品の平均厚み h から算出される平均ひずみ速度 $\dot{\varepsilon} = V/h$ を求め, 目的とする製品の厚さ分布によって必要に応じて修正する方法がある.

超塑性鍛造には, 速度制御が容易な設備として液圧プレスが適している. プレスの速度制御範囲は一般の液圧プレスよりも広く, 0.1〜5 mm/s のものが用いられる. 液圧プレスの枠内には**図2.91**に示すような構成のチャンバが設置される (酸化に配慮する必要がない場合はチャンバ不要). 支持台上の金型はヒーターで加熱され, セラミックス製の断熱材が支持台と金型の間に挿入され, 金型の温度保持効率が高められている.

超塑性発現の条件下ではひずみ速度感受性指数 (m 値) が大きいので, 変形は均一になる傾向を示す. とはいえ, 超塑性鍛造に適した素材形状からスタートすることが望ましい. **図2.92**に, ボス付きディスク作製における円柱素材の変形状態を示す[102]. 円柱素材の高さ/直径の比 (H_0/D_0) が小さい場合 (図 (c)) は, ボス部よりもリム部への流れ (メタルフロー) が先行し, ばりが形成されるとともにボス部は未充満になりやすい. ボス部とリム部への充満がほぼ同時となる最適な素材形状が存在する.

2.8 その他の成形法

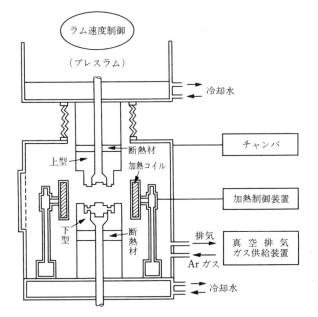

図 2.91 無酸化雰囲気中鍛造用装置

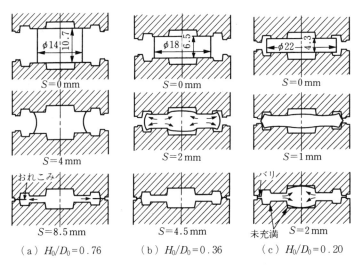

(a) $H_0/D_0=0.76$ (b) $H_0/D_0=0.36$ (c) $H_0/D_0=0.20$

(S：ストローク，H_0；素材の高さ，D_0：素材の直径)

図 2.92 ボス付きディスク鍛造時のメタルフローに及ぼす素材形状の影響[102]

このような素材形状の予測は，パラフィンワックスなどのモデル材料を用いた物理シミュレーション[101),103)]や，数値解析によるシミュレーション[104)]によって行われている．

潤滑剤の選定も重要である．グラファイト，h-BN，ガラス系の潤滑剤が候補としてあげられる[105),106)]が，SiO_2を主成分とするガラス系潤滑剤が好んで用いられる．ガラス系微粉末を溶剤で溶き，円柱素材に塗布し，加熱中に溶融させて十分に付着させる．溶融したガラス潤滑剤が過度に流動しないように，また型内に局所的に滞留しないように，ガラスの粘度を適正に選ぶことが操業上重要である．

2.8.2 粉末圧延

〔1〕 通常の粉末圧延

粉末圧延とは，図2.93に示すように金属などの粉末をホッパーから投入し，圧延機によって直接圧延加工を施し，板，棒，線などを連続的に成形する方法である．成形体は加熱焼結およびその後再圧延することで，粉末結合を有するち密体となる．コンベア型電気炉や雰囲気制御性の向上により，成形体から連続的に焼結・再圧延加工が可能となっている．なお，粉末圧延技術を利用して，粉末に強ひずみの導入あるいは異種粉末の同時投入による圧延と粉砕加工により，複合粉末作製なども可能であるが[107),108)]，ここでは直接成形について説明する．

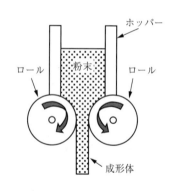

図2.93 粉末圧延の概略図

板成形を例にあげると，粉末圧延においては，板厚や相対密度は，① 粉末の特性（形状や力学特性），② 粉末の供給速度，③ ロールの周速，④ ロールと粉末との摩擦，⑤ ロールの初期クリアランス，⑥ 圧延機の剛性など，多くの因子に影響される[109)]．

2.8 その他の成形法

圧延プロセスの詳細を，**図2.94**を参考に述べる．ホッパー内の粉末は圧延の進行とともに下方（出口方向）へ移動するが，定常状態では単位時間当たりにかみ込まれる粉末の体積が一定となり，一定板厚，一定密度の成形体が得られる．

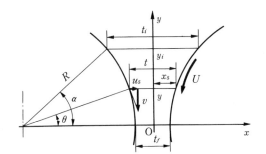

図2.94 粉末圧延出口付近の概要

粉末はロールとの摩擦によってかみ込まれるので，ロール径が一定の場合，その摩擦の大小によって密度が上昇する位置が異なる．ホッパー内の粉末のx軸に平行な面は，圧延中も平行を保つと仮定して考察をする．粉末の横方向への流れ，すなわち図の$x-y$平面に垂直な方向（z方向）への流れがないと仮定すると，単位幅の粉末圧延を考えると，定常状態では

$$\rho t v = Q \quad (一定) \tag{2.22}$$

が図のすべてのyで成立する．ここでρは粉末の密度比，tは板厚，vは板のy方向速度，Qは単位幅当たりの粉末の流量である．ただし，Qは定常状態では粉末の供給速度Q'に一致する．Q'が増加し，他のすべての条件が一定であるとすると，Qが増加する．周速一定よりvは一定であるので，出口での板厚t_fおよび密度比ρ_fが増加し，別の定常状態を呈する．しかし，Q'の増加量がある特定の値Q'_{crt}より大きいと，式(2.22)が成立せず，Q, t_f, およびρ_fともに連続的に増加して，定常状態には達しない．

図2.94に示す角度αはかみ込み角度と呼ばれ，角度$\theta \leq \alpha$の範囲で圧密が進行する．かみ込み角度αは摩擦条件に依存し，αにもQ'_{crt}に対応してα_{crt}が存在する．すなわち，Q'_{crt}はロールと粉末との間の摩擦条件に依存する．

さらに，Q'_{crt} はロールギャップとロール周速に依存する．したがって，設定ロールギャップとロール回転速度が一定で，圧延される粉末の摩擦条件が決まると，Q'_{crt} および α_{crt} が決まる．

圧延ロール出口より Q の流量が排出されるが，良好な成形体が得られるとは必ずしもいえない．粉末とロールとの間の摩擦に加え，ロールと粉末との間に凝着が発生する場合，成形体は口割れや破断を生じる．成形体自身には粉末結合はないため，凝着や摩擦によるせん断力によって，容易に内部破断が起こるためである．一般的な圧延ロールには工具鋼が利用されるが，アルミニウム粉末や純銅粉末などは鉄鋼に凝着しやすく，無潤滑での圧延加工では良好な成形体を作製することが困難である．ロール表面にステアリン酸を塗布するなど適度な潤滑性をもたせることが必要である．

粉末圧延成形板が良好に成形される条件にて，t_f および ρ_f に対する初期ロールギャップとロール周速 U の影響は式（2.22）より，U が一定でロールクリアランスが増加すると板出口速度 v_f はほとんど変化しないので，密度比 ρ_f は減少する．またロールギャップが一定で U が増加すると，v_f が増加し，ρ_f は減少する．実際には t_f も減少する．なお，t_f，ρ_f の減少量は圧延機の剛性に依存する．

図 2.95 には，ロール直径 80 mm の縦型圧延機で電解銅粉末を圧延したときの，（a）ロール周速に対する密度比，および（b）圧延荷重の変化（実験結

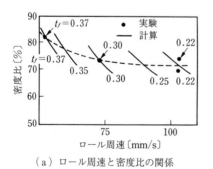

（a）ロール周速と密度比の関係

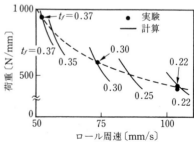

（b）ロール周速と圧延荷重の関係

図 2.95 粉末圧延における特性[110]

果) を示す[110]. 粉末供給速度 Q' は 16.0〜16.6 mm^2/s でほぼ一定, ロールギャップは 0 mm である. 図中に示す数字は板厚である. 図より, ロール周速が増加すると, 板厚, 密度比, および圧延荷重が減少することがわかる.

図 2.96 に, 同じ圧延機で電解銅粉末を圧延したときの粉末供給速度と板の密度比と板厚の関係を示す[110]. ロール周速は 105 mm/s, ロールギャップは 0 mm である. 図中の数字は板厚を表す. 図より, 粉末供給速度が増加すると, 密度比, 板厚ともに増加することがわかる.

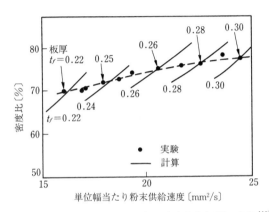

図 2.96　粉末供給速度が及ぼす板の密度比と板厚の変化[110]

〔2〕 異周速圧延による粉末成形

粉末成形は, 良好な粉末間結合を有することで溶製材と同等の伸び, 強度を保持する材料が得られる. 粉末圧延加工においては, 圧延ロール間で粉末にひずみを与え, 粉末表面に存在する酸化, 有機被膜を破壊し, 新生面どうしの接触と熱処理中の拡散・反応によって良好な粉末間結合を促す. 一方, 一般的な圧延加工ではロール周速は等しく行う. 粉末圧延の場合, 等速圧延間の粉末は一定のひずみを受けながらも, 粉末の再配列現象により大きなひずみが与えられないままロール間を通過する粉末が存在することになる. そこで, ロール間でより大きな圧縮力とせん断力を与えられるように, 異周速圧延を利用する方法がある.

図 2.97 に異周速粉末圧延の概略図を示す. 図に示すように, 二つのロール

速度 V_H, V_L が異なる圧延である．中立点 N_H, N_L の位置が両ロールで異なり，ロールと粉末間には互いに逆方向のせん断力 F_H, F_L が働く．ゆえに，領域 A では粉末に圧縮力とせん断力の両方が作用するため，通常の等周速圧延と比べて，粉末に対してより多くの塑性ひずみが導入でき，高い密度を有する成形体を得ることができる．

図 2.98 に電解銅粉に異周速圧延加工を施した際の圧延荷重，密度比，板厚の変化を示す．圧延板の単位幅当たりの圧延荷重 P および密度比 ρ は異周速比 $\beta (= V_H/V_L)$ の増加とともに高くなり，$\beta = 1.33$ で最高値を示し，その後

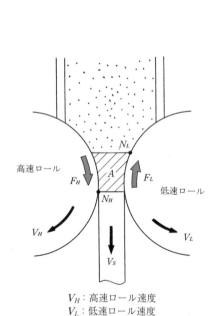

V_H：高速ロール速度
V_L：低速ロール速度
V_S：圧延材速度

図 2.97 異周速粉末圧延の概略図

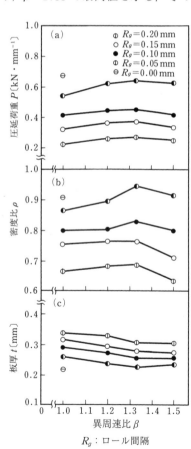

R_g：ロール間隔

図 2.98 異周速粉末圧延の周速比と各パラメータとの関係

は減少し始める．これは，ロールと粉末間のすべりが大きすぎるため，せん断力が有効に働かなくなり圧密されないことが原因であるといえる．板厚tは異周速比βとともにわずかに低下する．異周速圧延では，異周速比を適正に選ぶことで高密度粉末成形体を得ることが可能である．

〔3〕 **粉末圧延加工の今後**

粉末製造の発展やナノ材料開発により，さまざまな特性をもつ粉末素材が得られる時代となり，特に複合材料分野で粉末冶金が多く利用されるようになっている．粉末圧延加工においても，高強度・高機能複合材料板の創製が期待される[111)~113)]．

2.8.3 溶射成形

溶射成形はイギリスで開発された技術で，スプレーフォーミングやオスプレイとも呼ばれている．不活性ガスアトマイズと同様の方式で噴霧された溶滴を，移動するコレクター上に堆積・冷却させてプリフォーム形成する方法である[114),115)]．凝固完了以前に衝突・堆積させる点で，粉末製造のアトマイズとは異なる．

図 **2.99**[114)]の場合には管状のプリフォームが形成できる．溶射成形のままでは真密度を得られていないので，熱間鍛造によって完全にち密化して，圧延ロールの素材とする．コレクターを工夫することによって，板やディスク形状

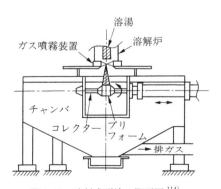

図 **2.99** 溶射成形法の概要図[114)]

にも成形できる．溶射成形材は，急冷凝固によって微細組織が得られるので，鋳造材よりも優れた機械的性質をもち，鍛造加工も容易である．凝固範囲の大きい材料の成形に適している．

上記の溶射成形は，溶湯からの噴霧でプリフォームを形成する技術である．それとは別に，金属やセラミックスの粉末を原料とし，基材に被覆する技術としてプラズマ溶射[116]がある．プラズマトーチに供給された原料粉末がアークに乗って液滴として噴霧される．

2.8.4 溶 浸

溶浸とは，圧粉体（未焼結体）または焼結体の気孔部に母材よりも低融点の金属・合金（溶浸材）の融液を毛細管現象によって浸入させて気孔部を閉塞し，ち密な焼結体を得る方法のことである．圧粉体に溶浸する場合には，焼結工程を兼ねて行うことが多いので，溶浸作業後は圧粉体から焼結体に変化する．

溶浸の具体的な方法には，加圧溶浸や無加圧溶浸があり，溶浸雰囲気としては真空（減圧吸引法）や大気圧法がある．溶浸材は圧粉体または焼結体の外表面に設置して接触させるのが一般的であるが，場合によっては圧粉体の内部に設置することもある[117]．溶浸の対象となる代表的な母材は，タングステンのような高融点材料や鉄系粉末材料である．鉄系粉末の圧粉体または焼結体に溶浸する場合には，溶浸材として一般に銅または銅合金が用いられる．

溶浸により，上記の気孔部の閉塞のほかに焼結体の機械的強度，熱伝導性，耐摩耗性，耐食性，切削加工性などの改善を図ることができる．その一方で，溶浸はコストや寸法精度の点では若干劣る．

溶浸作業を行うために必要な条件としては，母材に対する溶浸材のぬれ性が良好であること，母材と溶浸材の融点の差が大きいこと，両者間の溶解度が小さいこと，などがある．

溶浸の焼結機械部品への適用例としては，気密性を要求される油圧回路部品やコンプレッサ部品が代表的なものである．溶浸による機械的強度の改善の一

2.8 その他の成形法

例として，**図2.100**[118)]の工程で製造されたC/Cコンポジット製すり板（集電材）がある．

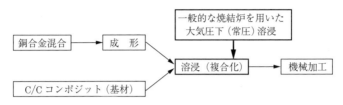

図2.100 銅合金を溶浸したC/Cコンポジット製すり板（集電材）の製造工程概略[118)]

電車のパンタグラフに搭載するすり板は，従来は銅系焼結合金が使用されていたが，トロリー線の寿命延長や集電性能の点からカーボン系に替わっている．しかし，カーボン系は基材が黒鉛焼成体であるために機械的強度が劣り，すり板に固定するための鋼製さやが必要である．そのため使用厚さが限定され，また重量が増加する．そこで，基材をC/Cコンポジットに変更し，黒鉛とのぬれ性のよい銅合金を開発して，C/Cコンポジットに銅合金を溶浸した．この銅合金溶浸C/Cコンポジット製すり板の曲げ強さは**図2.101**[118)]のようであり，従来からの黒鉛焼成体に比べて6倍以上になった．

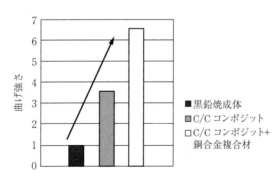

図2.101 銅合金溶浸C/Cコンポジット製すり板の曲げ強さ[118)]．（黒鉛焼成体を1とした比率）

溶浸の熱伝導性向上への適用例として，半導体機器ヒートシンク用Cr-Cu複合材料[119)]がある．半導体から発生する熱を機器外に効率よく放出させるためのヒートシンク（放熱板あるいは放熱部品）として，従来，粉末冶金法によ

る W-Cu 材や Mo-Cu 材が使用されてきた．W や Mo はレアメタルで鉱石産地も限られているので，地政学的リスクの少ない Cr で代替させ，Cr 粉末を成形・焼結後に純銅を溶浸して Cr-Cu 複合材料を開発した．この複合材料は Ni めっき，はんだ付け，ろう接が可能で，また**表2.9**[119] に示すように従来法による焼結材料に比べて切削加工性・塑性加工性（冷間圧延，プレス加工）が優れている．

表2.9 ヒートシンク材の切削加工性および
塑性加工性の比較[119]

	W-Cu 材	Mo-Cu 材	Cr-Cu 材
切削加工	×	△	○
冷間圧延	×	△	○
プレス加工	×	△	○
段差プレス加工	×	×	○

○：優れる，△：普通，×：劣る

なお，溶浸と類似したものに含浸がある．含浸は焼結体の気孔部に油，樹脂[120]，ワックスなどを浸入させることを指す．鉄系焼結体に潤滑性能をもたせるために油を浸み込ませたものが焼結含油軸受で，含浸の代表的な適用例である．

2.8.5 接 合

焼結機械部品における最近の傾向として，高強度，耐摩耗性や耐熱性に優れるなどの特性を同時に満足する複合的機能を有する材料が要求され，また一段と複雑形状の材料が多くなっている．そのため，従来からの一体化成形ではこれらの要請に十分に対応できず，2個以上に分割して成形しておき，それらを接合加工により一体化する方法に関心がもたれている．

焼結部品の接合方法とその特徴を**表2.10**に示す．接合法は焼結と同時に接合する粉末成形独特の工法と，焼結後に別工程で行う工法に大別できる．焼結中に接合する方法には銅溶浸接合，ろう接，液相接合，組合せ焼結があり，これらの接合法を総称して焼結接合[121] ということもある．以下に焼結接合につ

2.8 その他の成形法

表 2.10 焼結部品の接合方法とその特徴

接合工程	方 法	接合法	接合強度	接合の信頼性	材質の自由度	形状の自由度	コスト
焼結中	液相により接合	銅溶浸接合	○	○	○	○	×
		ろう接	○	○	○	○	○
		液相接合	○	○	×	○	△
	焼ばめ，拡散	組合せ焼結	○	○	△	○	○
焼結後	機械的接合	圧 入	△	△	○	○	○
		かしめ	△	△	△	○	○
	溶融による接合	溶 接	○	○	△	○	△
		摩擦圧接	○	○	○	△	△
	その他	接 着	△	△	○	○	○
		鋳ぐるみ	○	○	○	○	×

○：優れる，△：普通，×：劣る

いて述べる．

〔1〕 **銅 溶 浸 接 合**

真空雰囲気中で噴霧鉄粉の予備焼結体に銅を溶浸させた場合の，溶浸温度と溶浸率および接合強度との関係を**図 2.102**[122)]に示す．接合強度は室温の下でねじり試験により求められている．図中○印で示した溶浸率に関しては，銅の融点である1 083 ℃以下では溶浸がまったく生じず，これを超えると急激に溶浸が生じ，溶融した溶浸材は母材の気孔部を埋めてしまう．一方，●印で示し

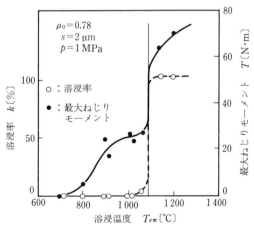

図 2.102 溶浸温度と溶浸率および接合強度の関係（$D=\phi 10$ mm）[122)]

た接合強度は，拡散接合によって 700 ℃付近から徐々に上昇し，1 083 ℃に達すると急激に増大する．このように，溶浸接合体の強度はまず拡散接合によって初期の強度が形成され，つぎに溶浸材が気孔部に浸入することによって飛躍

的に向上し，接合と母材の強化を同時に図ることができる．

図2.103[123]は溶浸接合体と一体（非接合）溶浸体の強度を比較したもので，横軸の黒鉛量は機械構造用炭素鋼に相当する成分の材料を得るために鉄粉に添加された，黒鉛量の重量割合を表している．図から明らかなように，接合部の強度は一体ものの強度に比較してまったくそん色がない．

溶浸接合の適用例として，表面層が耐摩耗性に富むFe-7 Mo-1.5 Cr-1Co-0.5 Ni-1C（以下mass％で組成を表す），下地層がFe-25 Cu-0.5 Cからなる2層圧粉体を同時に成形し，これを焼結する過程で溶浸させて内燃機関用のバルブシート合金が製造された．

また溶浸法を応用してダイヤモンドドレッサが製造された．図2.104（a）[124),125]のように黒鉛製の型の表面にダイヤモンド砥粒をのり付けし，内側には鋼製コアを配置する．型とコアの間にW粉末を充てんし，その上部に融点が890℃であるCu-Ni-Zn合金からなる溶浸材を置く．次に昇温すれば，溶浸材がW粉末に浸透する．溶浸体を冷却して凝固させた後，黒鉛製の型を壊して溶浸体を取り出し，仕上げ加工を行うと図（b）のような製品が得られる．

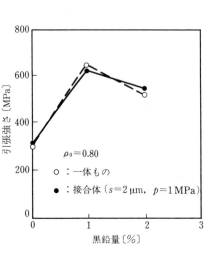

図2.103 溶浸接合体と一体溶浸体の強度比較[123]

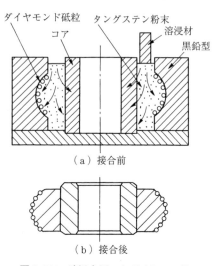

図2.104 溶浸を用いたダイヤモンドドレッサの製造[124),125]

2.8 その他の成形法

〔2〕ろう接

溶製材のろう接とほぼ同じであるが，ろう材が母材の接合部に残らず気孔の奥まで流れ込むと，接合が困難となる．そこで，ろう材を接合部の近傍に留めるようにしなければならない．そのための手段として，ろう材の化学成分を調整する方法や，気孔に表面処理を施してろう材とのぬれ性を低下させる方法などがある．

前者の例として，一般鉄系のFe-2Cu-0.8C圧粉体に対してろう材としてCu-40Ni-20Mn合金粉末を用いる方法があり，300～450MPaの接合強度が得られている．この場合，ろう材の融点は1050℃であるので，この温度よりも高い1130～1150℃で焼結すると，ろう材が溶融して接合部に浸透を開始する．しかし，接合部に浸透したろう材は母材と合金化反応を生じ融点が上昇してすぐに凝固する．そのためろう材は気孔の奥まで浸み込まない．

ろう接の適用例として，パワーステアリングポンプ用部品，自動車用半ドア自動ロック機械用部品，トランスミッション用プラネタリキャリア（**図2.105**[126]）などがある．ろう接法によれば，焼結体と鋼および鋳物などの一般溶製材との接合も可能であるが，焼結温度の管理や接合強度の信頼性の確保などにおいて高度の技術が要求される．

図2.105 ろう接法によるプラネタリキャリア（日本粉末冶金工業会・住友電気工業株式会社提供）[126]

〔3〕液相接合

一般Fe系焼結部品の寸法変化率は寸法精度の点から0.5％以下に抑えられているが，CrやWなどの含有率の多い高合金炭素焼結鋼の場合には，収縮率がこの数倍となる．これは焼結時にPなどの添加物によって液相が生じるためである．この液相の発生と収縮を利用してFe系耐摩耗性圧粉体と一般Fe系圧粉体，あるいはFe系溶製材との接合が行われた．

一例として，表面層が Fe-12 Cr-1Mo-0.5 Nb-0.5 Mn-0.4 P-2.3 C の耐摩耗性粉末で，内部は一般 Fe 系（Fe-Cu-Ni）粉末からなる焼結部品がある．これらの圧粉体を組み合わせた後，1 160 ℃で 10 分以上の焼結を行えば液相が発生し高い接合強度が得られ，強度試験を行うと接合部分で破断せず一般 Fe 系粉末焼結体の部分で破断する．用途としてはバルブシートやロッカーアームなどの内燃機関用部品がある．一般 Fe 系粉末の代りに鋳鉄や鋼のような溶製材を用いることもあるが，この場合，溶製材の融点は粉末成形体のそれよりも高くなければならない．

図 2.106 は液相焼結を応用したカムシャフトの例で，液相発生と収縮に伴う焼ばめ効果を利用したものである．カムシャフトの材質は S55C, SCM40 などからなる溶製材の鋼管であり，カムピース用の耐摩耗性焼結合金の化学組成は**表 2.11**[127] である．カムピースは HV550 の硬度が得られ，チルド鋳鉄材に比べて耐摩耗性で 7 倍，軽量化で 20％の改善が図られている．

カムピースと中空カムシャフトの接合強度をさらに向上させるために，**図 2.107**[128] に示すように，冷間引抜き加工による S45C のカムシャフトに Fe-Cr 圧粉体のカムピースを挿入して液相接合した例もある．この複合カムシャフトの場合，**図 2.108**[128] のように，カムピースの他の部位には摩擦圧接法やろう

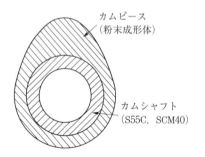

図 2.106　液相接合によるカムシャフト

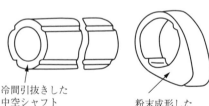

図 2.107　引抜き加工した中空シャフトにカムピースを挿入[128]

表 2.11　カムピース用焼結合金の化学組成〔％〕[127]

Cr	Mo	Cu	P	C	その他	Fe
5	1	2	0.5	2.5	<2	残

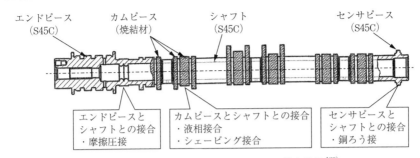

図2.108 複合カムシャフトに適用された接合技術[128]

接法が適用されている.

〔4〕 **組合せ焼結接合**

　圧粉体は焼結時における拡散現象によって粉末相互の結合強度が増大し,寸法変化を生じる.寸法変化の度合いは添加元素や圧粉体の密度によって異なり,一般的には収縮してち密化するが,場合によっては膨張することもあり得る.組合せ焼結接合は,圧粉体の焼結時における収縮・膨張現象を応用して一体化する方法である.

　圧粉体組合せ焼結接合は図2.109のように焼ばめと同じ原理に基づくもので,① 焼結後にアウターを収縮させてインナーを膨張させる,② アウターに比べてインナーの膨張を大きくする,③ インナーに比べてアウターの収縮を大きくすることにより接合する方法である.組み合わせる材料には制約があり,具体例として上記のそれぞれの方法に対応して,① アウター：Fe-3Ni-0.3C,インナー：Fe-1.5Cu-0.7C,② アウター：Fe-1.5Cu-1.0C,インナー：Fe-1.5Cu-0.7C,③ アウター：Fe-3Ni-0.4C,インナー Fe-0.4Cの組合せがある.Fe系粉末にCuを添加すると,焼結により膨張することはよく知られている.またC量が多いほど焼結後の収縮が大きい.そのためインナーとアウターでCの添加量だけが異なる前記の②の場合には,アウターのC添加量を多くしなければならない.ただし,これはあくまでも焼結後の寸法変化,すなわち図2.110[129]の熱膨張曲線におけるBの状態でFe-1.5Cu-1.0Cの収縮量が多いことを利用したものである[130].

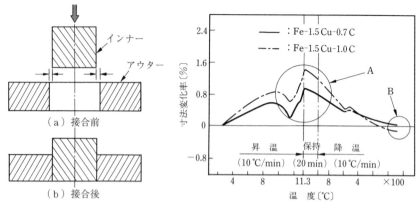

図2.109 組合せ焼結接合の概念図

図2.110 焼結過程における寸法変化[129]

一方,図2.110における焼結中(Aの状態)の成形体の挙動を見ると,C量の多いFe-1.5Cu-1.0Cの膨張が大きく,Bの状態と逆になっている.つまり焼結中はアウターの内面とインナーの外面が離れた状態となっている.この現象に注目して,アウターとインナーのC量を逆にして接合する方法が開発された.この新しい方法によれば,インナーとして用いるFe-1.5Cu-1.0Cが焼結中に膨張してその外径がアウターの内径に接触し,接触面で拡散が生じ強固な金属結合が得られる.

図2.111[129]はFe-1.5Cu-1.0CとFe-1.5Cu-0.7Cを組み合わせた場合の接合強度であるが,図2.110のBの状態を利用した焼ばめ法で5kN程度であるのに対し,Aの状態を利用すれば,最大35kN程度の強度が得られる[130].

組合せ接合法によれば,一つの部

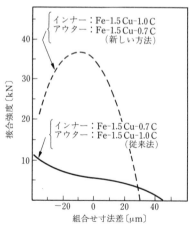

焼結条件:1130℃,30min,ブタン変成ガス
接合部直径:30mm,高さ5mm

図2.111 Fe-1.5Cu-1.0CとFe-1.5Cu-0.7Cを組み合わせた場合の接合強度[129]

品内で配向度が異なる磁性体[131]や磁性-非磁性の複合磁性体[132),133)]などを作ることができ，ハイブリッド自動車用部品も製造されている[134)].

組合せ焼結接合は，焼結工程で同時に行うことができるので生産効率が良くコスト的にも有利であるが，異種粉末の圧粉体を組み合わせる場合には，粉末材料の焼結温度が近いものでなければならないという制約がある．

引用・参考文献

1) 日本粉末冶金工業会編：焼結機械部品—その設計と製造，(1987)，47，技術書院．

2) Khol, R：Isostatic Pressing, Machine Design, 11 (1970), 166.

3) 粉体粉末冶金協会編：粉体粉末冶金便覧，(2010)，88-89，内田老鶴圃．

4) 森謙一郎・島進・小坂田宏造：日本機械学会論文集A編，45-396 (1979)，965-974.

5) 田端強・真崎才次・鎌田幸次：塑性と加工，21-236 (1980)，773-776.

6) Taniguchi, Y., Dohda, K. & Wang, Z.：JSME Int. J., A 48-4 (2005)，393-398.

7) 上田勝彦・町田輝史：粉体および粉末冶金，47-10 (2000)，1051-1055.

8) Taniguchi, Y., Fujii, R. & Kodama, K.：Proc. of Powder Metallurgy World Congress, Yokohama (2012), P-T2-24, CD-ROM.

9) 谷口幸典：粉体粉末冶金協会講演概要集，平成27年度春季大会 (2015)，151.

10) 溝上忠孝：神鋼テクノ技報，16-31 (2004)，7.

11) Khol, R.：Isostatic Pressing, Machine Design, 11 (1970)，166.

12) 渡辺龍三：日本金属学会会報，28-11 (1989)，893-896.

13) 吉村洋，野本敏治：粉体および粉末冶金，40-5 (1993)，488-496.

14) Wilkinson, D.S. & Ashby, M.F.：Acta Metall., 23-11 (1975)，1277-1285.

15) Arzt, E.：Acta Metall., 30-10 (1982)，1883-1980.

16) Arzt, E., Ashby, M.F. & Easterling, K.E.：Metal. Trans., 14A-2 (1983)，211-221.

17) Helle, A.S., Easterling, K.E. & Ashby, M.F.：Acta Metall., 33-12 (1985)，2163-2174.

18) German, R.M.：Powder Metallurgy Science second edition, (1994)，Metal Powder Industries Federation.

19) Inoue, K.：U.S.Patent No.3250892/No.3241956, (1966 registered/1962 filed)

20) 鴇田正雄：粉体工学会誌，30-11 (1993)，790-804.

21) 鴇田正雄：高温学会誌，31-4 (2005)，215-224.

22) Tokita, M.：Am.Ceram.Soc., Ceramic Transaction, 194 (2006)，51-60.

23) Munir, Z.A., Tamburini, U.A. & Ohyanagi, M. : Journal of Materials Science, **41**-3 (2006), 763-777.

24) Grasso, S., Sakka, Y. & Maizza, G. : Science and Technology of Advanced Materials, **10**-5, (2009), 053001 (24pp).

25) Tokita, M. : Advances in Science and Technology, **63** (2010), 322-331.

26) Tokita, M. : Advanced Ceramics Handbook 2 nd Edition, (2013), 1149-1177, Academic Press Elsevier Inc.

27) 鴇田正雄・巻野勇喜雄・三宅正司・川原正和・姜文圭・森崇徳・斎藤英純・江口久剛：日本国特許第 4081357 号 (2008).

28) 小柳剛：第 3 回 SPS 研究会講演要旨集, (1998), 54-55.

29) 大森守：第 7 回 SPS 研究会講演要旨集, (2002), 84-88.

30) Schmidt, J., Schnelle, W., Grin, Y. & Kniep, R. : Solid State Science, **5** (2003), 535-539.

31) 吉田英弘：材料の科学と工学, **53**-2 (2016), 52-55.

32) 鴇田正雄：材料の科学と工学, **53**-2 (2016), 40-43.

33) Yu, M., Grasso, S., Mckinnon, R., Saunders, T. & Reece, M.J. : Advances in Applied Ceramics, **116**-1 (2017), 24-60.

34) 石井孝彦・藤川隆男・井上陽一・神田剛：神戸製鋼技報, **50**-3 (2000), 104-108.

35) 小泉光恵・西原正夫：等方加圧技術, (1988), 96-97, 日刊工業新聞社 .

36) 宮下泰秀・渡邉克充：神戸製鋼技報, **59**-2 (2004), 54-55.

37) 田中紘一・石崎幸三：新素材焼結—HIP 焼結の基礎と応用—, (1987), 内田老鶴圃 .

38) 小泉光恵・西原正夫：等方加圧技術, (1988), 日刊工業新聞社 .

39) 吉賀新・冨士原由雄・岡田広・長山幸雄・島田昌彦・古川満彦・松尾康史・宮本欽生・日高恒夫：高圧ガス, **26**-2 (1989), 91.

40) 海江田義也：高圧ガス, **26**-3 (1989), 175.

41) 藤川隆男：粉末および粉末冶金, **53**-11 (2006), 867-875.

42) Larsson, H. : The International HIP Committee (2014), "Use of Hot Isostatic Pressed (HIP) Duplex Stainless Steels for Critical Subsea Applications".

43) European Powder Metallurgy Association : EPMA 2016 POWDER METALLURGY COMPONENT AWARDS (2016), 4, EPMA.

44) Larker, H. & Adlerborn, J. : 特公昭 59-035870.

45) Torizuka, S., Yabuta, K. & Nishio, H. : ISIJ International, **29**-9 (1989), 734-739.

46) 中村茂樹・南出俊幸・梅田孝一・溝口孝遠・小林真人：神戸製鋼技報, **40**-1 (1990), 30-33.

47) 出谷保富・梅田孝一・日野昇一：神戸製鋼技報, **40**-1 (1990), 34-37.

48) Mashll, S., Eklund, A. & Ahlfors, M. : World PM2016 Proceedings, (CD-ROM).

引 用 ・ 参 考 文 献

49) Claus, G. G. : Metals Handbook 9 th ed., 7, (1984), 517, ASM.
50) Kondoh, K., Oguri, T., Umeda, J. & Imai, H. : Journal of Multidisciplinary Engineering Science Studies, 2-8 (2016), 810–814.
51) 平石信茂ほか：粉体粉末冶金協会秋季講演大会, (1991), 118.
52) Elsayed, A., Umeda, J. & Kondoh, K. : Acta Materialia, 59-1 (2011), 273–282.
53) El-Soudani, S.M., Yu, K.O., Crist, E.M., Sun, F., Campbell, M.B., Esposito, T.S., Phillips, J.J., Moxson,V. & Duz, V.A. : Metallurgical and Materials Transactions A, 44-2 (2013), 899–910.
54) 山内重徳：住友軽金属技報, 1 (1988), 69–81.
55) Atsumi, H., Imai, H., Li, S., Kondoh, K., Kousaka, Y. & Kojima, A. : Materials Science & Engineering A, 529 (2011), 275–281.
56) 阿佐部和孝・中西睦夫・田ノ上修二：住友金属, 42-5 (1990), 1-8.
57) Chen, B., Jia, L., Li, S., Imai, H., Takahashi, M. & Kondoh, K. : Advanced Engineering Materials, 16-8 (2014), 972–975.
58) Kondoh, K., Threrujirapapong, T., Umeda, J. & Fugetsu, B. : Composites Science and Technology, 72-11 (2012), 1291–1297.
59) Jia, L., Li, S., Imai, H., Chen, B. & Kondoh, K. : Materials Science & Engineering A, 614 (2014), 129–135.
60) 大橋善久・中西睦夫：住友金属, 41-4 (1989), 503–510.
61) 大橋善久・福田匡・西口勝：材料とプロセス, 3-2 (1990), 295.
62) Åslund, C. : 特許公報, 昭 52-17042 (1982), 9.
63) 山口旻：第 7 回最新の粉末冶金技術講座, (1989), 56, 粉体粉末冶金協会.
64) 西口勝ほか：鉄鋼協会, 第 87 回圧延理論部会, 3 (1988).
65) 平石信茂ほか：熱処理技術協会第 32 回講演大会, (1991), 13.
66) Green, D. : Journal of the Institute of Metals, 100 (1972), 295-300.
67) 杉村義夫・平松忠彦：塑性と加工, 18-203 (1977), 1006-1011.
68) Conform User's Seminar (1991).
69) 実公 平 1 -69725.
70) Breneiser, D. : Natl. Powder Metall. Conf., (1977), 107.
71) Etherington, C. : Transactions ASME, 73-WA/PT 2, (1973), 1.
72) 山本道昭ほか：昭 53 春塑加講論, (1978), 547.
73) 小野秀人ほか：昭 59 春塑加講論, (1984), 595.
74) Slater, H.K. & Coon, P.M. : Fourth International Aluminum Technology Seminar, Conference Proceedings, 2 (1988), 525-532.
75) 鈴木ほか：軽金属学会第 73 回秋講概, (1987), 101.
76) 特許公報 平 2-25683.
77) Maddock, B. : Proc. 4 th Int. Aluminum Extrusion Technol. Seminar, 2 (1988), 533.

112　　　　　　　　　2. 各 種 成 形 法

78) 寒川喜光：粉末成形セミナーテキスト，粉体粉末冶金協会，(1991)，47-55.

79) German, R.M. 著，三浦秀士・高木研一 共訳：粉末冶金の科学，(1996)，215，内田老鶴圃.

80) 岡村和夫・高山武盛：油圧と空気圧，**27**-2 (1996)，235-239.

81) Weinand, D.：プラスチック成形技術，**13**-5 (1996)，19.

82) Quichand, C.：Proc. of Powder Met. World Congress, EPMA, **2** (1996)，1101.

83) 服部正昭：粉末成形セミナーテキスト，粉体粉末冶金協会，(1991)，56-61.

84) 三浦秀士・権藤寛・河野冨夫・本田忠敏：粉体および粉末冶金，**40**-4 (1993)，393-396.

85) 三浦秀士・野田直・安藤新二・本田忠敏：粉体粉末および粉末冶金，**42**-3 (1995)，353-356.

86) 三浦秀士・安永成司・小笠原直人・安藤新二・本田忠敏：粉体および粉末冶金，**41**-9 (1994)，1071-1074.

87) 馬場剛治・三浦秀士・本田忠敏・徳山幸夫；粉体および粉末冶金，**42**-10 (1995)，1119-1123.

88) 三浦秀士・味富晋三・安藤新二・本田忠敏：粉体および粉末冶金，**42**-3 (1995)，378-382.

89) Standard Terminology for Additive Manufacturing Technology, ASTM Standard F2792-12a, (2012).

90) 桐原聡秀・宮本欽生・梶山健二：粉体および粉末冶金，**47**-3 (2000)，239-242.

91) 清水透，中山伸一，特許第3433219.

92) Kuopp, D. & Eifert, H.：Advance in Powder Metallurgy & Particulate Materials, **2** (1998)，6.25-6.33.

93) Janes , W. B.：Metals Handbook, 9 th ed., **14** (1985)，188, ASM.

94) Goetzel, G. C.：Treatise on Powder Metallurgy, **2** (1950)，335, Interscience Publishers.

95) Lee, P.W., Trudel, Y., Iacocca, R., German, R.M., Ferguson, B.L., Eisen, W.B., Moyer, K., Madan, D., & Sanderow, H., ed.：Metals Handbook, 9 th ed., **7** (1984)，410, ASM.

96) Bockstiegel, G., & Strömgren, M.：SAE Technical Paper, 790191, (1979).

97) 武谷良明・早坂志郎・鈴木直弘：機械の研究，**29**-1 (1977)，209-214.

98) 平野嘉男：鍛造技術，**15**-41 (1990)，54-63.

99) Athey, R. L. & Moore, J. B.：SAE Technical Paper, 751047, (1975).

100) Gessinger, G. H.：Powder Metallurgy of Superalloys, (1984)，Butterworth-Heinemann.

101) 松下富春：塑性と加工，**29**-326 (1988)，206-212.

引 用・参 考 文 献   113

102) 松下富春・村井秀夫・長谷川淳・山口喜弘・西岡邦彦：塑性と加工, **27**-302 (1986), 429-434.
103) 大内清行・中沢克紀・松野建一：塑性と加工, **29**-326 (1988), 271-278.
104) 小豆島明・掛川浩・赤川正寿・鈴木孝司・松岡雄二：塑性加工春季講演会講演論文集, (1987), 335-338.
105) Ohno, T., Watanabe, R. & Nonomura, T.：Trans. ISIJ, **27**-1 (1987), 34-41.
106) 大内清行・中沢克紀：塑性と加工, **26**-296 (1985), 941-946.
107) 近藤勝義：塑性と加工, **45**-519 (2004), 10-14.
108) Shen, J., Imai, H., Chen, B., Ye, X., Umeda, J. & Kondoh, K：JOM, **68** (2016), 1-6.
109) Evans, P.E. & Hausner, H.H.：Perspectives in Powder Metallurgy, (1966), Plenum Press.
110) Shima, S. & Yamada, M.：Powder Metallurgy, **27**-1 (1984), 39-44.
111) Guo, R.P., Xu, L., Zong, B.Y. & Yang, R.：Materials and Design, **99**-4 (2016), 341-348.
112) Esawi, A.M.K. & El Borady, M.A.：Composites Science and Technology, **68**-2 (2008), 486-492.
113) Mo, Z., Liu, Y., Geng, J. & Wang, T.：Materials Science and Engineering：A, **652**-3 (2016), 305-314.
114) 伊丹哲：塑性と加工, **29**-12 (1988), 1202-1208.
115) 渋江和久・時実直樹：まてりあ, **34**-6 (1995), 736-740.
116) German, R.M. 著, 三浦秀士・高木研一 共訳：粉末冶金の科学, (1996), 382-384, 内田老鶴圃.
117) 田中勇亮・沖本邦郎：材料, **61**-4 (2012), 365-370.
118) 素形材, **52**-1 (2011), 34.
119) 寺尾星明・和田浩・小日置英明・太田裕樹・松原行宏：まてりあ, **53**-2 (2014), 66-68.
120) 沖本邦郎：日本機械学会論文集（C編）, **74**-746 (2008), 2594-2600.
121) 粉体粉末冶金協会編：粉体粉末冶金用語辞典, (2001), 216, 日刊工業新聞社.
122) 沖本邦郎・佐藤富雄：粉体および粉末冶金, **29**-3 (1982), 84-89.
123) 大矢根守哉・沖本邦郎・佐藤富雄：粉体および粉末冶金, **26**-7 (1979), 259-264.
124) 伊達貞夫・川北宇夫：粉体および粉末冶金, **31**-7 (1984), 246-248.
125) 伊達貞夫・川北宇夫：粉体および粉末冶金, **31**-7 (1984), 249-251.
126) 日本粉末冶金工業会記念誌編集委員会編：粉末冶金六十年, (2014), 134.
127) 塑性と加工, **24**-271 (1983), 881.
128) 江上保吉・丹治亨：塑性と加工, **52**-603 (2011), 439-442.

129) 早坂忠郎：第1回最新の粉体粉末冶金講座テキスト（粉体粉末冶金協会），(1983), 12.

130) 浅香一夫：塑性と加工，**38**-441 (1997), 924-927.

131) 沖本邦郎・和泉克尚・豊田幸男・細川誠一：粉体および粉末冶金，**47**-2 (2000), 151-154.

132) 沖本邦郎・和泉克尚・豊田幸男・細川誠一・加藤欽之・島進：塑性と加工，**41**-478 (2000), 1123-1128.

133) 沖本邦郎・岩本和久・加藤欽之：材料，**53**-9 (2004), 938-943.

134) 例えば，浅香一夫：塑性と加工，**44**-515 (2003), 1164-1167.

3 各種粉末の成形特性

3.1 鉄系粉末の成形特性

3.1.1 鉄 系 粉 末

鉄系粉末の成形は，所定の形状寸法と密度を欠陥なしに，再現性よく行うことが不可欠である．また得られた成形体が焼結までの取扱いにおいて，欠損や割れなどの欠陥を生じないような十分な強度あるいは，成形体加工（ドリル加工や旋削加工）に耐えられるだけの強度をもつことも必要である．このため，成形特性には単なる圧縮性や成形性だけでなく，金型への充てん性，見掛け密度の安定性，圧縮後の抜出し特性，連続成形時温度上昇特性，スプリングバック特性など，さまざまな特性に注目する必要がある．これらの特性はすべてがJIS（ISO 規格準拠）で網羅されているわけではないが，規定されているものはそれに従う．

〔1〕 圧　　縮　　性

鉄系粉末の圧縮性は JIS Z 2508「金属粉（超硬合金用を除く）−単軸圧縮による圧縮性試験方法」に規定されている．粉末に潤滑剤を添加しないで圧縮性を測定する場合には，金型潤滑して測定することで，鉄系粉末そのものの圧縮性を評価することができる．しかし，工業的には潤滑剤を添加しない粉末を連続成形することはほとんどなく，実際に使用する混合粉（合金成分，黒鉛，添加物，潤滑剤等）で評価することが多い．混合粉末の理論密度をあらかじめ計算しておくことは，不用意に高密度を得ようとして金型事故を招かないために

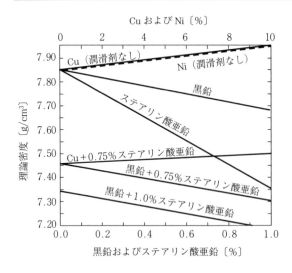

図 3.1 Fe(ヘガネス AB 社 ASC100.29)への Cu,Ni,黒鉛,潤滑剤混合粉末の理論密度の計算例[1]

も重要である.理論密度の計算は式(3.1)で行うことができる.**図 3.1** に計算例を示す.

$$\delta_M = \frac{100}{\dfrac{w_{Fe}}{\rho_{Fe}} + \dfrac{w_1}{\rho_1} + \dfrac{w_2}{\rho_2} + \dfrac{w_3}{\rho_3} + \dfrac{w_4}{\rho_4} + \cdots} \tag{3.1}$$

この場合,w_{Fe} は鉄粉の重量割合,ρ_{Fe} はベース鉄粉の比重,$w_1, w_2, w_3, \cdots$ は添加物などの重量割合,$\rho_1, \rho_2, \rho_3, \cdots$ は添加物などの密度である.銅と黒鉛の密度はそれぞれ $8.95\,\mathrm{g/cm^3}$ と約 $2.24\,\mathrm{g/cm^3}$,一般的な有機潤滑剤の密度は約 $1.0\,\mathrm{g/cm^3}$ である.したがって,最も一般的な Fe-2Cu-0.8 黒鉛-0.8 潤滑剤(mass%)の混合粉は,不純物のない理想的な鉄粉(密度 $7.868\,\mathrm{g/cm^3}$)を使用するとしても,式(3.1)による理論密度は $7.34\,\mathrm{g/cm^3}$ である.

セラミックス粉や超硬合金粉と違って,鉄系粉末は粒子そのものが塑性変形を伴うことで,成形体強さを維持し,また十分高い密度を得るために,**図 3.2** に示すように比較的高圧力で成形する.このため,圧縮性の評価も超高密度においては 800 MPa あるいは 1 000 MPa 程度まで評価する必要がある[2].高密度になるに従って,加圧力の増加に対する密度上昇が小さくなるが,この現象を別の見方で見ると,わずかの密度上昇にきわめて大きな圧力を必要とするよう

になる.したがって,金型への粉末充てんが全面にわたって十分均一でないと,局所的に多くの粉末が存在するところで先に密度が高くなり,それ以外の部分の密度が十分上がりきらずに所定の圧力に到達する場合がある.

従来,一般的に用いられていた断面積 1 cm² (直径 11.3 mm)ではなく,ISO 規格に準拠した直径 20〜26 mm の円柱形状を

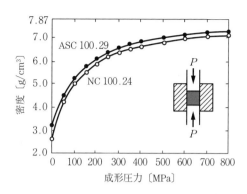

図 3.2 代表的鉄粉の圧縮特性(ヘガネス AB 社水アトマイズ粉 ASC100.29 および海綿鉄粉 NC100.24. いずれも 0.75%ステアリン酸亜鉛添加混合粉)[2]

選択して圧縮性を評価する場合には,特に均一充てんに注意が必要である.圧縮性評価は直径に対する高さの比が 0.8〜1.0 の成形体で行うため,それより比率の大きな成形体を作製する場合には,壁面摩擦によって発生するニュートラルゾーンの発生の影響で全体密度が圧縮性試験結果よりも低くなる.

このように,金型壁面での摩擦は圧縮性評価に大きな影響を及ぼすため,壁面摩擦に寄与する潤滑剤の選択,添加量,潤滑効果の有効な温度域,さらには金型壁面の仕上げ面粗さや表面処理などが重要である.しかし,金型材質の超硬合金か工具鋼かの選択は,圧縮性評価試験結果に影響を及ぼさないことが知られている.

〔2〕 成 形 性

成形性は成形体強さの指標であり,国内では長年ラトラ試験(日本粉末冶金工業会規格 P11-1992 金属圧粉体のラトラ値測定方法)による成形体のチッピング重量減を評価することが一般的であった.しかし国際的には成形体の抗折強さを指標とすることのほうが一般的で,JIS Z 2511:2006 金属粉-抗折試験による圧粉体強さ測定方法が規定されている.図 3.3 に代表的な鉄粉の成形体強さを示す.

3. 各種粉末の成形特性

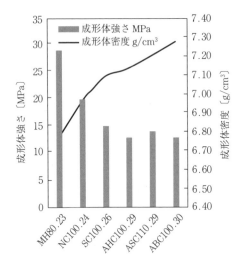

図 3.3 代表的純鉄粉の成形体強さ
海綿鉄粉：MH80.23, NC100.24, SC100.26
水アトマイズ鉄粉：AHC100.29, ASC100.29, ABC100.30
各 0.8%潤滑剤添加後
（ヘガネスジャパン提供）

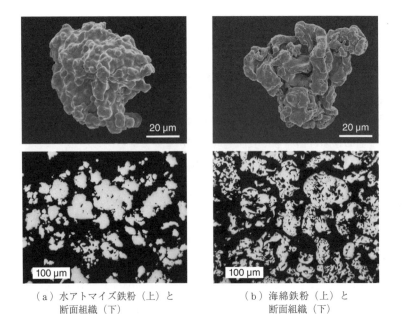

（a）水アトマイズ鉄粉（上）と断面組織（下）

（b）海綿鉄粉（上）と断面組織（下）

図 3.4 代表的鉄粉の形状と断面組織（ヘガネスジャパン提供）

3.1 鉄系粉末の成形特性

　成形体強さは粉末形状に最も大きく影響され，粒子形状が複雑で見掛け密度が低い鉄粉（海綿鉄粉）では機械的なロッキングが起こりやすく，高い成形体強さを示す．図3.4に代表的な鉄粉の形状と断面組織を示す．また成形体密度が高いほど，高い成形体強さを示す．成形体強さは粒子間の機械的なロッキング強さであるため，粒子が塑性変形しやすい鉄粉のほうが高い成形体強さを示す．比較的低密度で複雑形状を有する焼結部品の場合，特にこの特性が重要視される．成形体強さは潤滑剤の添加によって低下するが，添加する潤滑剤の種類や量によっても影響は異なる．

　図3.5に代表的な潤滑剤添加時の成形体強さの比較を示す．また粉末加熱あるいは金型加熱下で成形する方法があり，この場合には比較的高い成形体強さが得られる．

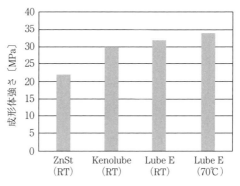

図3.5　成形体強さに及ぼす潤滑剤の種類の影響（NC 100.24＋2％ Cu-200＋0.7％黒鉛＋0.8％潤滑剤＋その他添加物 0.5％の混合粉末を 600 MPa で成形時）（ヘガネスジャパン提供）

〔3〕抜出し特性

　先に述べたように，成形後の抜出し特性は，連続生産時においてきわめて重要であり，その基本挙動は図3.6[3)]に示すように，静的摩擦のピークである抜出し力，その後の動摩擦による抜出しエネルギー（摩擦力×摩擦距離）で評価される．国内には日本粉末冶金工業会規格 P13-1992 金属圧粉体の抜出し力測定方法があるが，ISO 規格は 2016 年時点ではまだ検討中である．抜出し特性は，潤滑剤の種類，添加量，成形体密度のほか，実際の金型温度，成形体温度と成形体の高さ，金型表面状態および金型の抜きテーパーなどが大きな影響を与える．また，マトリックスがきわめて軟質な超高純度鉄粉は塑性変形を生じやすいため，変形による新生面が金型と固着して抜出し時に抵抗が大きくなることがある．

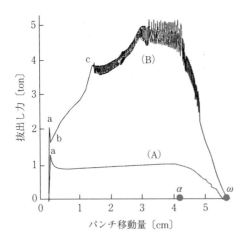

図3.6 内径25 mmの超硬合金製の円筒形金型から鉄圧粉体を抜き出す過程における抜出し力の大きさに対する潤滑剤の影響[3]（アトマイズ鉄粉<150 μm，圧縮圧力：$Pa = 8\,t/cm^2$，圧粉体密度：$d = 7.2\,g/cm^3$，圧粉体高さ：$h = 15\,mm$，抜出し速度：3 mm/s）

(A) 潤滑剤：0.75% Metalube，(B) 潤滑剤：0.75%ステアリン酸亜鉛，摩耗した金型．
a：凝着摩擦のピーク，b：すべり摩擦の開始，c：圧粉体と内壁との間での冷間圧接現象の発生，α：圧粉体が金型を出はじめる，ω：圧粉体が金型から完全に出る．

〔4〕充てん性

金型への粉末充てんは連続成形時に不可欠な特性でありながら，適切な評価方法がいまだ規格化されておらず，粉末の流動性（JIS Z 2502-2012　金属粉-流動性試験方法）がその目安として使われてきた．充てん性に見掛け密度が大きな影響を及ぼすことが実験的に確認され[4]，それを安定化する方法として粉箱内のエアレーション法が発明され，実用に供せられている[5]．一方で混合粉末そのものの改良により，見掛け密度を安定化させ，流動性を高め，充てん性を改善することも実用化されている[6]．

充てん性を直接的に評価する手法として，開口面積の異なるキャビティに粉箱の速度を変えて給粉して，充てんされた粉末重量と開口面積との比率から評価することも有効な手段として公表されている．図3.7[7]に充てん性評価装置の例を示す．上図は，上部から装置を見た平面略図であり，幅と長さの異なる金型が8個並んで配置されており，利用できる金型の長さ×深さは30 mm×30 mmで幅が20 mmから1 mmである（図では金型を6個記載）．下図は装置の断面概略図で，粉箱から金型への充てん状況を示している．各キャビティの充てん重量を最下部の秤で測定し，最小幅と最大幅のキャビティの重量をキャビティの体積で割って，充てん見掛け密度を計算し比較する．

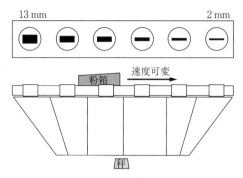

図 3.7 充てん性評価装置[7]．図では金型の幅 13～2 mm を選択している．速度を変えてキャビティへの充てん重量を測定し比較する．

〔5〕 スプリングバック

金型内で粉末を圧縮成形すると粉末は再配列し，接触点から弾性変形後塑性変形して所定の形状をなすが，軸方向加圧力を除去すると軸方向に弾性変形分だけ寸法が変化し，また成形金型（ダイ）から抜き出すと，径方向の圧力から解放されるために，径方向にも弾性変形分だけ寸法が変化する．これらをスプリングバック S〔%〕と称し，式 (3.2) で求めることができる．

$$S = 100 \cdot \frac{D_g - D_d}{D_d} \tag{3.2}$$

ここで D_g は抜出し後の成形体径方向寸法，D_d は成形金型の内径寸法である．

スプリングバックは，特に径方向の寸法に影響するので寸法精度管理上重要であり，成形体のクラック発生（後述）にはスプリングバックが深く関与する．しかし，その測定評価方法として工業規格は存在しない．

スプリングバックに影響を及ぼす要因は，成形圧力（成形体密度），粉末の種類（物理的特性，化学組成，不純物等），潤滑剤（種類と添加量），成形温度等があげられる．成形時の粉末の温度が高くなると粉末の降伏点が低くなり，それに伴って弾性変形分が減少するため，スプリングバックが減少して同一成形圧力でも高密度が得られる．この現象を利用して，室温よりやや高温の 120 ～130℃ の温間で成形する方法も実用化されている[8]．

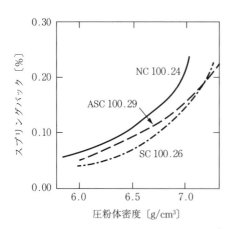

図 3.8 3種の鉄粉のスプリングバック特性[8]
海綿鉄粉：NC 100.24, SC 100.26
水アトマイズ粉：ASC 100.29
（0.8%ステアリン酸添加後）

図3.8に，3種の異なる純鉄粉末の成形密度に対するスプリングバックの関係を示す．

〔6〕クラック

成形体に発生するクラックは，部品としての機能に致命的な欠陥となるため，成形におけるきわめて重要な点である．クラックの原因は多くあるが，多段成形の場合，頻度の高いのは，パンチの除荷後の弾性変形による突上げ，粉末移動成形時の不均一粉末流動によるせん断すべり，不均一充てんに起因する過荷重のためのラミネーションなどがある．

クラックの発生は，粉末特性，金型設計と表面状態，プレスの作動条件の組合せなどに依存する．そのほか，成形後の衝突，落下，マテリアルハンドリングなど，外力によるクラックも薄肉や複雑形状品では発生する場合がある．詳細な実証的研究がハンドブックにまとめられている[9]．

〔7〕合金元素

鉄系焼結機械部品の大半はFe-Cu-C合金で作られるが，その場合，Fe以外のCu，C（黒鉛）は粉末を潤滑剤とともに添加混合し，成形焼結する．また，さらに高強度を必要とする場合には，C以外の合金元素を含む完全合金粉（JIS Z 2550記号FL種），各合金成分を部分拡散接合した合金粉末（同FD種），あるいはMoのみを含有する鋼粉にその他のNiやCuなどを部分接合したハイブリッド合金粉（同FLD種）などが使用される．

完全合金粉は，フェライト素地が合金化で硬くなるために圧縮性が損なわれやすい．

図3.9に合金元素によるフェライト強化の効果を示す．部分拡散合金粉や

ハイブリッド粉は素地の硬さが完全合金粉ほどは高くないために，圧縮性は損なわれにくく，特に素地が純鉄の場合には圧縮性の低下はわずかである．

表 3.1 に代表的なこれら 3 種の合金粉の圧縮性を示す．

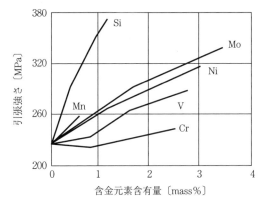

図 3.9 代表的添加合金元素によるフェライト強化の効果（ヘガネスジャパン提供）

表 3.1 代表的合金粉の圧縮性（ヘガネスジャパン提供）

JIS 記号	Cr 〔mass%〕	Cu 〔mass%〕	Mo 〔mass%〕	Ni 〔mass%〕	圧縮性* 〔g/cm³〕
FL	1.80 3.00		0.50 0.50	0.50	7.04 6.96 7.09
FD		1.50 1.50	0.50 0.50 0.50	4.00 1.75 0.50	7.18 7.17 7.17
FLD		2.00	1.47 1.41	2.00 4.00	7.10 7.08

* 圧縮性は 0.8% ステアリン酸亜鉛添加後 600 MPa で成形したときの密度

3.1.2 ステンレス鋼粉末

〔1〕 焼結用ステンレス鋼粉末

JIS G 0203 によると，ステンレス鋼は「Cr 含有量を 10.5% 以上，炭素含有量を 1.2% 以下とし，耐食性を向上させた合金鋼」と定義されている．

ステンレス鋼粉末にはオーステナイト系（DAP304L, DAP316L[†]），フェライト系（DAP434L），マルテンサイト系（DAP440C），析出硬化系（DAP630），

[†] DAP は大同特殊鋼株式会社の登録商標。JIS G 4303 (2012) の SUS304L, SUS316L, SUS410L (次ページ), SUS434L の合金成分に相当する．

2相系(DAP329J1)などがあるが,成形性が優れるのはオーステナイト系,フェライト系であり,焼結用ステンレス鋼粉末として多く用いられている.他のステンレス鋼粉末は粉末硬度が高いため,金属射出成形(MIM)などで用いられる.ステンレス鋼の定義に準ずる一般的なステンレス鋼粉末の組成と粉末特性を**表3.2**に示す[10].

表3.2 一般的なステンレス鋼粉末の組成と粉末特性 [10]

鋼種	組成 [mass%]				粉末特性			
	C	Ni	Cr	Mo	見掛け密度 [g/cm^3]	流動度 [s/50 g]	圧粉密度 [g/cm^3]*	ラトラ値 [%]*
DAP304L	0.02	10.5	19.0	−	2.7	25.0	6.3	2.0
DAP316L	0.02	13.0	17.0	2.5	2.7	25.0	6.4	2.0
DAP410L	0.02	−	12.5	−	2.7	23.0	6.1	2.0
DAP434L	0.02	−	17.0	1.0	2.7	23.0	6.1	2.0

* 成形圧力 5 t/cm^2

図3.10に,水アトマイズ法とガスアトマイズ法で製造したステンレス鋼粉末のSEM像を示す.水アトマイズ法で製造した異形状のステンレス鋼粉末は,ガスアトマイズ法で製造した球状の粉末より,圧粉成形後の保形性に優れるため,一般的に焼結用途には水アトマイズ法で製造された150 μm以下の粒度のステンレス鋼粉末が使用されている.

 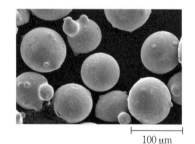

(a) 水アトマイズ法　　　　　　(b) ガスアトマイズ法

図3.10 水アトマイズ法,ガスアトマイズ法で製造した鋼粉末のSEM像

図3.11は,表3.2に示したステンレス鋼粉末の圧縮性を比較した図である.図3.11に示すように,フェライト系ステンレス鋼粉末DAP410Lはオーステ

ナイト系ステンレス鋼粉末 DAP304L に比較し, Ni 含有量が少なく, 真密度が小さいため, 圧粉密度は低くなる.

〔2〕 **加圧による密度上昇特性**

ステンレス鋼粉末の圧粉成形における密度上昇特性は**図 3.12**[11]に示すとおりである. 成形圧力 p と密度比 ρ との間には

$$p = \frac{1}{K} \cdot \ln\left(\frac{1}{1-\rho} - B\right) \tag{3.3}$$

(ここで, K: 粉末のつまりやすさを表す定数, B: 充てん密度を表す定数)で表される関係[12]が成り立つ.

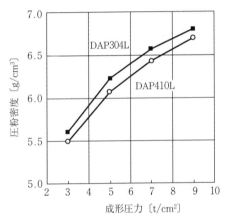

図 3.11 ステンレス鋼粉末の圧縮性比較

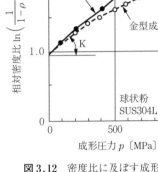

図 3.12 密度比に及ぼす成形圧力, 成形法の影響[11]

〔3〕 **不純物による密度への影響**

図 3.13[10]は, 炭素濃度, 窒素濃度が異なるステンレス鋼粉末を圧粉成形した場合における圧粉密度を示したものである. 炭素濃度, 窒素濃度が低い粉末ほど高圧粉密度となっている. 通常, フェライト系ステンレス鋼粉末は熱処理を施すが, 本報告は熱処理なしでも高密度を得られる事例である.

〔4〕 **ステンレス鋼粉末における成形性**

ステンレス鋼粉末は Cr を 10.5 mass% 以上含有するなど, 合金成分を鉄粉末に比較し多く含み硬度が高いため, 鉄粉末よりも成形性がよくない傾向にあ

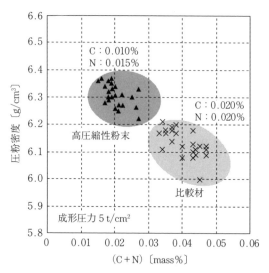

図 3.13 DAP410L における (C+N) 濃度と圧粉密度との関係 [10]

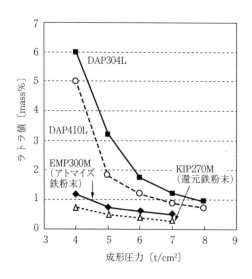

図 3.14 各種ステンレス鋼粉末，鉄粉末の
ラトラ値と成形圧力との関係 [10], [13]

る．図 3.14 はステンレス鋼粉末，鉄粉末のラトラ値と成形圧力との関係である [10], [13]．ラトラ値とは，日本粉末冶金工業会規格 JPMA P 11-1992「金属圧粉体のラトラ値測定方法」[14] で定義された，成形体の先端の摩耗に対する強さを示す指標である．

〔5〕 MIM 用ステンレス鋼粉末

MIM（金属射出成形，Metal Injection Molding）プロセスによるステンレス鋼部品は，材料設計や形状の自由度，寸法精度，高機械的強度のため，小型電子機器部

品，自転車などの民生部品，自動車のターボチャージャー部品に利用されている[15),†].

一般的な MIM 用ステンレス鋼粉末の組成と粉末特性を**表 3.3** に示す[10)]．

表 3.3 各種 MIM 用ステンレス鋼粉末の組成と特性[10)]

鋼　種	組　成〔mass%〕				おもな特徴	相当鋼種
	C	Ni	Cr	他元素		
DAP316L	0.02	13.0	17.0	Mo：2.5	耐食性/軟らかい	SUS316L
DAP630	0.02	4.0	17.0	Nb：0.3, Cu：4.0	硬さ HRC38～42	17-4PH
DAP440C	1.1	-	17.0	Mo：1.0	硬さ HRC55～60	SUS440C

図 3.15 に水アトマイズ法で製造した MIM 用粉末の SEM 像を示す．国内では MIM 用途には平均粒径 10 μm 前後の水アトマイズ粉末がおもに用いられるが，欧州ではガスアトマイズ粉末も多く用いられている．

（a）DAP316L-HTD　　　（b）DAP316L-UTD　　　（c）DAP316L-XTD

図 3.15 水アトマイズ法で製造した MIM 用粉末の SEM 像

表 3.4 にステンレス鋼粉末 DAP316L における焼結，MIM プロセスの比較を示す．MIM 用途では，粒度の細かい粉末を使用すること，および 1 300 ℃ 前後の高温で焼結するため（材質 DAP316L の場合），1 150 ℃ 前後で焼結する一般的な焼結法に比較し高密度化が可能である．

表 3.5 にステンレス鋼 DAP316L 粉末における MIM 用粉末のタップ密度とバインダー量，収縮率の関係を示す．タップ密度が高い MIM 用粉末ほど混合するバインダー量を減らすことができ，収縮率が小さく，寸法精度が高い製品を製造することが可能となる．

---

† 日本粉末冶金工業会ホームページ「製品技術別情報，MIM とは」http://www.jpma.gr.jp/technology/mim/，(2018 年 9 月現在)

表3.4 ステンレス鋼粉末における焼結，MIM プロセスの比較（DAP316L の場合）

工程	粉末粒度	焼結密度	焼結温度	添加物	収縮率
焼結	150 μm 以下	6.6 g/cm^3 （成形圧力 5 t/cm^2）	1 150 ℃前後	潤滑剤	1.5%前後
MIM	平均粒径 10 μm	7.8 g/cm^3	1 300 ℃前後	バインダー等	10〜20%前後

表3.5 ステンレス鋼粉末における MIM 粉末のタップ密度と
バインダー量の関係（DAP316L の場合）

グレード	DAP316L-HTD	DAP316L-UTD	DAP316L-XTD
タップ密度〔g/cm^3〕	4.0〜4.3	4.4〜4.7	4.9〜5.2
バインダー量〔vol%〕	42	36	33
収縮率〔%〕	16	14	12

3.1.3 高速度鋼粉末

　高速度鋼粉末は，ガスアトマイズ粉を缶に真空封入後 HIP 成形してビレットとする製法[16]が主流となったため，粉末の成形性は問題ではなくなった．しかし，通常の金型成形・焼結後に銅溶浸することによって，エンジンバルブシートとして使用されることもある[†]．この場合には各顧客の固有の合金（しばしば低炭素組成）を水アトマイズ法で製造して複雑形状粒子化し，そのあと真空焼鈍して軟化させ，型押し成形が可能な粉末として使用する．粉末成形に関するデータは各社固有材料であるため一般公表されていない．

3.1.4 造　　粒　　粉

　通常の成形には適していないが，焼結性に優れた極微細水アトマイズ粉をスプレードライ法で平均粒径が 70 μm の球状粉に造粒し金型成形焼結する方法が開発され，高合金粉において特徴を発揮している．造粒することで流動性を高め，また金型のクリアランスに落下してフレーク発生などの問題を避けることが可能になった．合金としては，SUS316L，SCH-21，SKD-11 などの利用が公表されている．

[†] Federal Mogul 社ホームページ：http://www.federalmogul.com/en-US/Pages/Home.
aspx（2018 年 9 月現在）

その例を**図3.16**に示す．またその成形特性などを**図3.17**および**表3.6**に示す．なおHK-30はSCH-21相当合金で成形圧力は588 MPaであり，成形体強さは直方体の抗折試験ではなく，リング状成形体の圧環強さでの評価である．

 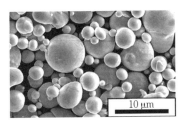

図3.16 造粒粉（右が使用した原料微細粉）（Epson Atmix社提供）

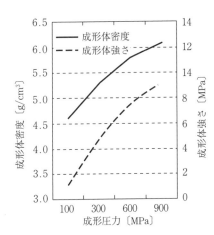

図3.17 HK-30造粒粉の圧縮性と成形体強さ（Epson Atmix社提供）

表3.6 造粒した粉末の成形特性など（Epson Atmix社提供）

粉種名	粒度グレード	元粉末 D50 〔μm〕	造粒粉末 D50 〔μm〕	造粒粉末 AD 〔g/cm³〕	造粒粉末 FR 〔s/50g〕	成形体強さ 成形体密度比〔%〕	成形体強さ 圧環強さ〔MPa〕	焼結特性 焼結温度〔℃〕	焼結特性 焼結密度比〔%〕	収縮率〔%〕
316L	SC1308	7.0	70.0	2.0	270	79.6	7.5	1 250	97.7	6.6
HK-30	SC1008					73.0	7.6	1 280	97.9	8.9
HK-30	SC2008					74.7	6.5	1 300	98.0	8.2
SKD-11	SC2008					71.9	5.6	1 230	99.3	10.6

3.2 非鉄系金属粉末の成形特性

3.2.1 アルミニウム粉末

純アルミニウムは軟質な金属であるため，圧縮成形は容易であるが，表面酸化物の存在のため焼結には工夫が必要とされている．現在，国内では金型成形焼結法で製造する部品は他の製法と比較して優位性に欠けるため，ほとんど製造されていない．そのため国内アルミニウム粉末メーカーからは，混合法による合金粉末はカタログデータも公表されていない．

金型成形後焼結鍛造するプロセス[†]のほか，完全合金粉末などを CIP 成形後熱間押出しするプロセス[†2]は限定的に使用されている．**表3.7**に，混合合金粉末の圧縮性のカタログデータを示す[†3]．

表3.7 代表組成粉末の圧縮性特性（Ecka Granules 社のカタログから）

粉種名	代表組成 〔mass％〕	成形圧力 〔MPa〕	成形体密度 〔g/cm^3〕
ECKA ALUMIX 123	Al-0.6Si-4.5Cu-0.5Mg	220 400	2.56 2.65
ECKA ALUMIX 321	Al-0.6Si-4.25Cu-1Mg	250 450	2.50 2.60
ECKA ALUMIX 431/D	Al-6Zn-1.75Cu-2.5Mg	620	2.60
ECKA ALUMIX 231	Al-15Si-2.6Cu-0.65Mg	620	2.48

3.2.2 超合金粉末

〔1〕 超合金の概略

超合金（超耐熱合金）は，耐熱鋼などの合金が耐えることのできない高温下において，優れた強度，耐食性および耐酸化性を示す合金である[17]．約

[†] 日立化成株式会社ホームページ：http://www.hitachi-chem.co.jp/japanese/products/pmp/001.html （2018 年 9 月現在）

[†2] 住友電気工業株式会社のホームページ：http://www.sei.co.jp/pmp/products/seihin03.html （2018 年 9 月現在）

[†3] Federal Mogul 社ホームページ：http://www.federalmogul.com/en-US/OE/Leading-Technologies/Pages/Product-Details.aspx?CategoryId=49&ProductId=223 （2018 年 9 月現在）

650℃以上において高クリープ強度を有することを目安としている．超合金は Ni 基，Co 基，Fe 基（あるいは Fe-Ni 基）超合金に大別され，高温強度や耐酸化性などの向上のために複数の合金元素が添加され，多様な合金が開発されている[18)〜20)]．

新規に開発された合金を含み，代表的な超合金の強化機構と製造方法を**表 3.8**[20)] に示す．高温強度の向上には，Mo や W を添加する固溶強化，$Ni_3(Al, Ti)$ 金属間化合物（γ' 相）や炭化物の析出強化，さらに酸化物の混合による分散強化が利用されている．耐食性の向上には，Cr, Ta, Cu, Mo 等の添加が効果的である．

表 3.8 代表的な超合金と新規に開発された合金の分類と製造法[20)]

ベース金属	強化機構	製 造 法				
		鍛 造	粉末冶金	鋳 造		
				普通鋳造	一方向凝固（DS）	単結晶（SC）
Fe 基	固溶強化	Incoloy 800H	–	–	–	–
	炭化物析出強化	LCN 155	–	–	–	–
	γ' 析出強化	A 286	–	–	–	–
Ni 基	固溶強化	Inconel 600 Inconel 617 Inconel 625 Hastelloy C-276 Hastelloy X	–	–	–	–
	γ' 析出強化	Inconel 718 Waspaloy U 720 / 720Li 718 Plus TMW 4M3 FENIX 700 USC 141 LTES 700R	IN 100 AF 115 Rene'88DT	Inconel 713C IN 738LC	Mar-M 247LC CM 186LC	PWA 1480 CMSX 4 TMS 138 TMS 162 TMS 196
Co 基	固溶強化	L605 HA188	–	–	–	–
	炭化物析出強化	–	–	X 40 FSX 414	–	–

超合金は，航空宇宙，火力発電，化学工業，加熱炉治具，輸送機器用エンジン部品等のさまざまな分野で用いられている．特に，ジェットエンジン，発電用ガスタービン，蒸気タービン等（総称としてガスタービンとする）の厳しい

高温環境下にさらされる部品用材料として多く用いられている．また，超合金の耐食性や耐摩耗性に注目して，化学工業用装置やエンジニアリングプラスチック成形機部品にも用いられている．例えばCo基のステライト系合金は，優れた耐摩耗性からエンジンバルブなどの肉盛り用素材として用いられている．

ガスタービンに用いられている材料は，Ni基超合金，Fe基合金，Al基合金さらにはTi-Al系金属間化合物など，使用場所と環境によって多岐にわたる．エンジン重量の約70%程度はNi基およびTi基合金が占めている[21]が，今後各種複合材料や金属間化合物などの軽量材料の使用量が増加する．

例えば，ファン－圧縮機－燃焼器－タービンの順で構成されるターボファンエンジンは，燃焼器以降が最も高温にさらされるため，Ni基超合金が用いられている．燃焼ガスは1 600℃以上にも達することから，タービンブレードは優れたクリープ特性，疲労特性，耐食性および耐酸化性が求められる．さらにガスタービンの熱効率は，タービン入口ガス温度の上昇により向上するため，Ni基超合金の耐用温度の上昇は大きな役割を担っている[22]．

超合金の性能のみならず，いかにして複雑形状の部品を製造するかが重要となる．硬質粒子を析出させた後は機械加工はきわめて困難となるため，超合金の製法は鋳造と粉末冶金法に大別される（表3.8）．鋳造法は普通鋳造法（精密鋳造）から，疲労強度の向上のために作用する遠心力に垂直な結晶粒界をなくした一方向凝固材，さらには結晶粒界が存在しない単結晶材へと進化した．

タービンブレードにはNi基単結晶が多く用いられている．これに対して，燃焼器は板材への加工と溶接性，タービンディスクは円盤状複雑形状への成形性が重要となり，鋳造-鍛造あるいは粉末冶金法により製造されている．以下に粉末冶金法によるNi基超合金の成形とその特性について述べる．

〔2〕 **粉末冶金法によるNi基超合金の成形**

タービンディスクの外観を**図3.18**[23]に示す．タービンディスクはその外周部にタービンブレードが接合され，燃焼器からの高温高圧の燃焼ガスをタービンが受けてタービンディスクとともに長時間高速で回転することから，大きな遠心力が作用し，かつタービンディスクの外周部も650℃にも達する．した

がって，エンジンの作動サイクルから，タービンディスクの内周部は遠心力による低サイクル疲労寿命が問題となり，外周部はクリープ強度が必要となる[23]．

高温における低サイクル疲労と併せてじん性が重視されることから微細組織が望ましく，一般的に溶解材を鍛造することにより作製される．しかし，

図3.18 タービンディスク外観[23]

高温での高強度を得るために多量の合金元素を添加するため，凝固時の偏析が著しくなり，また鍛造材の塑性加工が困難となる．

この組織的問題および難加工性の解決に粉末冶金法は有効である．粉末冶金法により製造されたNi基超合金は，元素の偏析がないため高合金化が可能となり，微細結晶粒からなる均一な組織を実現することができる．

図3.19[24]にタービンディスク用材料の耐用温度の変遷の歴史を示す．Ni

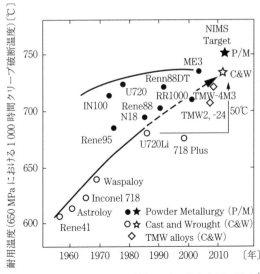

図3.19 タービンディスク用材料の耐用温度変遷の歴史[24]

基超合金の固溶強化と析出強化の効果を増大させることによって，750℃を超える耐用温度を有する材料の開発が進められている[24]．現状では粉末冶金法によるタービンディスク用材料は，鋳造-鍛造材よりも高い耐用温度を有している．しかし，粉末冶金法特有の粉末表面の汚染，異物混入や不十分なち密化が生ずると材料の強度特性が低下するという問題があるため，十分な品質管理が必要となる．

Ni 基超合金粉末は，上記の理由より，おもにガスアトマイズ法により製造されている．その他，水アトマイズ粉末，PREP 粉末（3.2.3 項参照）も利用されているようである．**図3.20** に粉末冶金法によるタービンディスクの製造工程を示す[23]．熱間押出しあるいは HIP 処理により固化成形したビレットを型鍛造することにより，製造されている．

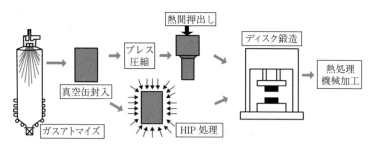

図3.20 粉末冶金法によるタービンディスク製造工程[23]

（a）熱間押出しによる Ni 基超合金の成形　粉末冶金法による大形のジェットエンジン用タービンディスクは，微細結晶をもった超合金ビレットの微細結晶粒組織を利用した超塑性鍛造（2.8.1 項参照）により製造されている．

熱間押出し（2.5節参照）を用いた方法はアメリカの Pratt and Whitney 社が開発したもので，ゲータライジング（Gatorizing）と呼ばれ，Alloy 718（Inconel 718 相当），Alloy 901 等の微細結晶粒材がジェットエンジン用の圧縮機，あるいはタービンディスク用材料として商業生産されている[25),26)]．しかし，大径の押出し材を用いて大形の鍛造ビレットを製造する場合，押出し中心部と外周部で変形量が異なることから均一な微細結晶粒を得ることが困難とな

り，かつ，数万 t といった大容量の押出しプレスを必要とする．

（b） HIP 法による Ni 基超合金の成形　Ni 基超合金粉末の固化成形には HIP 法（2.4 節参照）が不可欠である．図 3.20 に示した円筒形ビレット（HIP 処理した素材）の作製に用いられるほかに，真空封入缶を最終製品に近い形状とするニアネットシェイプ成形が可能である．しかし，HIP ままの材料に旧粒子界面（Prior Particle Boundary，PPB）が残存すると強度・延性の低下をもたらし，さらには PPB が破壊の起点となる場合があり，材料に十分な信頼性を付与できない．したがって，通常は HIP 後に型鍛造して信頼性の向上とともにタービンディスクとしての形状も付与する．HIP 材も熱間押出し材と同様に超塑性鍛造が可能であり，比較的低圧力で大きな変形を与えることが可能である．

鍛造による最終形状への成形に注目して，Ar ガスアトマイズで作製した IN100 合金粉末の HIP 材の組織と，HIP 材の変形特性について以下に示す．

HIP 材の結晶粒径に及ぼす粉末粒径と HIP 温度の影響を**図 3.21** に示す．微粉末ほど HIP 後の再結晶粒径は細かくなるが，HIP 温度が 950 ℃ と低温になると，その差はほとんど認められなくなる．HIP 温度が 900 ℃ の場合，HIP 材は再結晶せずに粉末製造時の凝固組織が残る．図 3.21 から，一般に超塑性変形に必要とされる約 5 μm 以下の結晶粒径を得るためには，粉末粒径が 80 μm 以下の粉末を，1 050 ℃ 以下の温度で，かつ一般よりも高圧の 170 MPa で HIP すればよいことがわかる．

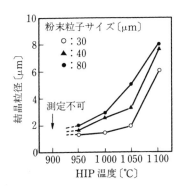

図 3.21　3 種類の単一粒径の IN100 粉末を HIP した焼結体の HIP 温度と結晶粒径の関係
（HIP 条件：170 MPa, 1h）

HIP材の1050〜1150℃における超塑性変形特性（変形抵抗のひずみ速度依存性）を図3.22に示す．超塑性変形の一つの指標とされるm値（図の曲線の傾き）は10^{-4}〜$10^{-3}s^{-1}$の範囲で0.5を超える値を示し，HIP材は超塑性変形能を有すると予想される．

1050℃における変形抵抗のHIP温度の影響を図3.23に示す．HIP温度が950〜1000℃のときに変形抵抗は最小となり，この温度領域でHIPした材料が超塑性鍛造に適していることがわかる．より高温での変形抵抗の上昇は再結晶粒の粗大化によるものである．

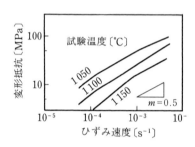
図3.22 80μmの粉末を1000℃でHIPした材料の変形抵抗のひずみ速度依存性

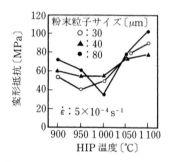
図3.23 1050℃における変形抵抗の粉末粒径とHIP温度の関係

1000℃でHIPした材料の，1050℃でのひずみ速度$5 \times 10^{-4}s^{-1}$における引張試験結果とm値に及ぼす粉末粒径の影響を図3.24に示す．また，図中に各粒径の粉末のHIP材に対して得られた最適条件下での最大伸びも合せて示す．

3種類の粒径の粉末から作製したHIP材のm値はすべて0.4以上の値を示し，特に，粉末粒径が80μmのHIP材は，伸び，m値ともに最も高い値であり，最適条件下では510％の最大超塑性伸びを示した．また同図に示した小粉末粒径のHIP材が小さな伸びを示す原因として，粉末粒子表面の酸化皮膜の影響が考えられる．前述のPPBがHIP成形時に形成されることと関連し，材料特性上の問題となる．

HIP後の鍛造プロセスでは圧縮変形特性が重要となる．鍛造前に元の粉末形状が認められていても，鍛造の圧下率の増加に伴い再結晶が進行し均一な組織

3.2 非鉄系金属粉末の成形特性

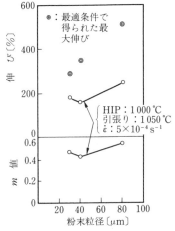

図3.24 1000℃でHIPした材料の1050℃における伸びとm値に及ぼす粉末粒径の影響

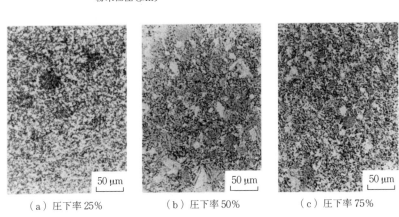

（a）圧下率25%　　（b）圧下率50%　　（c）圧下率75%

図3.25 圧下率の増加による鍛造材の組織の変化（試験温度：1050℃，ひずみ速度：$1 \times 10^{-3} \mathrm{s}^{-1}$）

に変化することが観察される（図3.25）．

（c）**その他の成形方法**　精密鋳造やHIP法では実現が困難である複雑形状を有するNi基超合金部品の製造方法として，MIM（2.6節参照）を用いる試みが行われている[27)~29)]．Inconel 718の水およびガスアトマイズ粉末を用いて射出成形した成形体を脱脂後，1150~1250℃で焼結することにより98％以上の相対密度の焼結体を作製することができ，特にガスアトマイズ粉末の焼結体は溶解—鍛造材の80％程度の引張強度を示す．さらにこの焼結体は，

γ′析出のための熱処理後に，同等の熱処理を施した溶解—鍛造材の65％程度の室温回転曲げ疲労強度を示している[27]．また René 95 の MIM 材も，HIP—鍛造—熱処理材に匹敵する室温特性から600℃までの高温特性を示す[28]．

ガスタービンの高圧圧縮機静翼を対象として，Alloy 718 の MIM 材の材料特性が検討された．鍛造材とほぼ同等の引張強度を示し，鍛造材を上回る高温疲労強度が示されている[29]．相対密度が100％に達しないにもかかわらず，このような結果が得られたのは，微細結晶粒径を有するという粉末冶金法の特徴が要因であると考えられている．高圧圧縮機静翼の作製に MIM が適用できることが示されている．

さらに，近年注目されている粉末積層造形技術（2.7節参照）も Ni 基超合金部品の作製法として検討されている[30]．電子ビームを熱源とし，単結晶基板上で造形し，基板からエピタキシャル成長させることによって単結晶の作製が可能であることが示されている．単結晶タービンディスクの新しい製造方法の開発につながることが期待される．

3.2.3 チタンおよびチタン合金粉末

チタン（Ti）および Ti 合金は優れた耐食性と高い比強度を有し，航空宇宙用材料に多用されてきた．近年では自動車にも適用されている[31]．

Ti の精錬は，原料である TiO_2 鉱石を一旦 $TiCl_4$ にした後に還元する方法で行われ，スポンジチタンと呼ばれる多孔質体の金属チタンが製造される．$TiCl_4$ の還元剤として Mg を用いるクロール法と，Na を用いるハンター法が近年まで行われていたが，現在ではほとんどのスポンジチタンがクロール法で生産されている．なお，日本では TiO_2 鉱石の生産量のうち約9割が白色顔料用であり，金属チタン用は1割程度にすぎない[32]．

クロール法で製造されたスポンジチタンは，アーク溶解で Ti もしくは Ti 合金インゴットにされるものと，水素化脱水素化（Hydride-deHydride，HDH）法で Ti 粉末にされるものに分類される．HDH 法とは，Ti 材が水素を吸蔵して脆化することを利用して，スポンジチタンを水素化処理後機械的に粉砕し，脱

水素化処理をして Ti 粉末を製造する方法である．Ti スクラップの粉末化にも HDH 法は利用される．これらに加えて，かつてはハンター法で得られたスポンジチタンを粉砕したスポンジファインと呼ばれる Ti 粉末も生産されていた．しかし，上記したようにハンター法による Ti の大量生産は現在ではほとんど行われていない．

Ti 合金の製法の一つとして，Ti 粉末と母合金粉末を混合して焼結することで合金化する方法がある．これを要素粉末法（Blended Elementary Process）と呼ぶ．Ti-6Al-4V 合金の場合には，図 3.26 に示す工程で，Ti 粉末に母合金粉末を添加して成形・焼結が行われる．焼結においては，合金成分の拡散による十分な均質化のために，高温・長時間の保持が行われる．通常，1 200 ℃ で 4 時間以上の焼結が必要である．Ti 粉末にガス成分が残留しているために，高温焼結後も空隙が残存し，相対密度は 98％ 程度までしか上がらない．焼結後に鍛造を加えたものでも真密度に到達させるのは困難である．

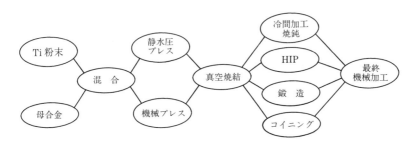

図 3.26　要素粉末法による Ti 合金の製造工程

得られた焼結体特性を表 3.9[33)] に示す．本法による焼結体はコストが安いという利点があるが，強度・疲労強度ともに，溶製材に比べて低い値を示す．焼結後に熱処理と HIP 処理を行えば，相対密度および機械特性ともに大幅な改善がみられる[34)]．

他方，Ti 合金粉末を焼結して Ti 合金バルクを製造する方法も用いられる．粉末冶金用の Ti 合金粉末の製法には，ガスアトマイズ法とプラズマ回転電極法（Plasma Rotating Electrode Process，PREP）がある．ガスアトマイズは効

表 3.9　要素粉末法による Ti-6Al-4V の特性[33]

工　程	密　度 〔g/cm³〕	引張強さ 〔MPa〕	降伏強さ 〔MPa〕	伸　び 〔％〕	疲労強さ 〔MPa〕
成形―焼結	4.31	1 030	880	3.4	245
成形―焼結・コイニング	4.35	1 215	1 020	1.4	255
成形―焼結・鍛造	4.39	1 313	1 098	2.3	304
圧延材	4.43	1 000	970	15	460～686

率よく球形粉末を得られる方法であるが，Ti は高融点・活性金属であるので適当な耐火物がなく，るつぼを用いないスカル溶解を必要とする．

　回転電極法（REP）は，固定 W 電極を陰極，高速回転する被溶解材（消耗電極）を陽極とし，その間のアーク放電を熱源としている．不活性ガスで満たされたチャンバー内において，消耗電極の溶解とほぼ同時に遠心力で飛散した液滴が，飛行中に急冷凝固することで粉末化する．耐火物に触れることなく，清浄な球形粉末が製造できる．ただし，固定電極の W の混入は避けられない．そこで，プラズマアークを熱源とする PREP 法が開発され，Ti および Ti 合金粉末製造には PREP 法も用いられている．

　PREP 装置の概略図を図 3.27[35]に示す．また，この装置で得られた Ti-6Al-4V 合金粉末の外観を図 3.28[35]に示す．消耗電極の回転速度が大きいほど，すなわち遠心力が大きいほど，粉末粒子径は小さくなる．

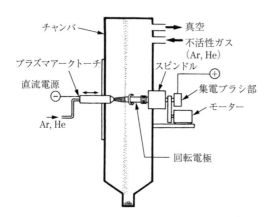

図 3.27　プラズマ回転電極（PREP）装置の概略図[35]

3.2 非鉄系金属粉末の成形特性

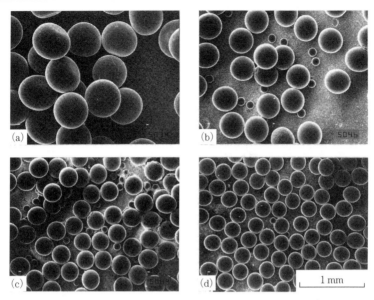

図 3.28 PREP 法で製造した Ti-6Al-4V 合金粉末の外観[35]
回転数：(a) $100\,s^{-1}$, (b) $150\,s^{-1}$, (c) $200\,s^{-1}$, (d) $250\,s^{-1}$

　これらの粉末は，粒径のそろった球形であるため流動性は良好であるが，いずれもマルテンサイト組織となっているため硬い．そのため圧密性が非常に悪く，通常のプレス成形はもちろん CIP によってもグリーン成形体を得ることは困難である．Ti および Ti 合金 PREP 粉末のち密化には，真空ホットプレス（VHP）または HIP が用いられる．

　球状粉においては VHP よりも HIP が用いられることが多い．HIP 条件としては，Ti-6Al-4V 合金の場合，$(\alpha+\beta)$ 二相領域である 900〜950 ℃ で，100〜200 MPa，1〜8 時間の条件が用いられている．HIP 材の特性は，溶製材と同等以上のものが得られている[35]．PREP 粉末製造の原料（消耗電極）とした Ti-6Al-4V 鍛造材と，それから得られた平均粒径が約 270 μm の PREP 粉末を 900 ℃，100 MPa，1 時間の条件で HIP 処理した焼結体，それぞれの組織を**図 3.29** に示す．消耗電極は $(\alpha+\beta)$ 等軸粒組織を，HIP 焼結体は微細 $(\alpha+\beta)$ 針状組織を呈している．

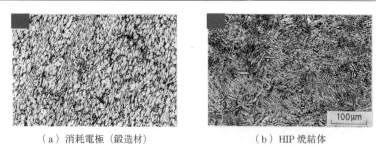

(a) 消耗電極（鍛造材）　　　　（b）HIP 焼結体

図 3.29　Ti-6Al-4V 合金の組織

両者から試験片を切り出して平面曲げ疲労試験を行った結果を**図 3.30**[35]に示す．同組成の鍛造材よりも as-HIP 材のほうが良好な疲労特性を示している．

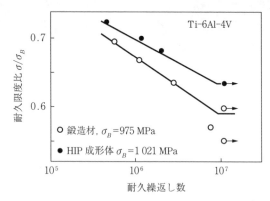

図 3.30　Ti-6Al-4V 合金の平面曲げ疲労試験結果 [35]

HIP 処理の方法としては，一般には Ti 製の缶体に Ti 合金粉末を充てんする方法が用いられる．複雑形状品では，**図 3.31** に示すセラミックモールド法が用いられる[36]．精密鋳造と類似のセラミック型を用いて，周辺に第二の圧力媒体としてセラミックス粒子を配置し，缶体に粉末を封入して HIP 処理する．この方法によるターボチャージャーホイールの試作品を**図 3.32** に示す[33]．

MIM（2.6 節参照）は三次元複雑形状をニアネットシェイプ成形できるため，Ti および Ti 合金製品にも有効なプロセスである．例えば，MIM としては大型の金管楽器用マウスピースが純 Ti で商品化されている．これは，Ti マウス

3.2 非鉄系金属粉末の成形特性

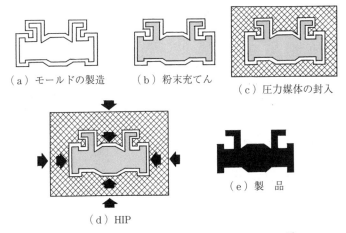

(a) モールドの製造　(b) 粉末充てん　(c) 圧力媒体の封入

(d) HIP

(e) 製　品

図 3.31　セラミックモールド法による製造工程[36)]

ピースとして従来価格の約半額にまでコストダウンされている[37)]．Ti 合金ではおもに Ti-6Al-4V に MIM が適用されており，高強度化および低コスト化も検討されている[38)]．また，精密微細金型を用いてマイクロメートルオーダーの微細形状および構造体を作製するマイクロ MIM によっても，Ti および Ti 合金部品の製造が試みられている[39)]．

図 3.32　セラミックモールド法により製造したターボチャージャーホイール試作品[33)]

図 3.33 に，マイクロ MIM で作製した Ti-6Al-4V 製めがね部品を示す．

AM (Aditive Manufacturing) の一種である金属粉末積層造形 (2.7 節参照) も，Ti および Ti 合金製品の成形に有効な製法として近年注目されている．図 3.34[40)] に，真空の SLM (Selective Laser Melting) によりサポートレスで造形した Ti-6Al-4V 製部品を示す．また，医療用インプラントには，Ti および Ti 合金の積層造形はよく適合した技術である[41)]．

図3.33 マイクロMIMで作製した
Ti-6Al-4V製めがね部品(1目盛
は1mm)(太盛工業株式会社提供)

図3.34 粉末積層造形で作製した
Ti-6Al-4V製部品[40]

3.2.4 銅合金粉末

銅合金はSn粉を添加して青銅含油軸受として使用されることが多いが、より高性能を追求した部分拡散青銅合金粉も使用されるようになった。

図3.35に、混合粉、合金粉と部分拡散合金青銅粉の成形特性を示す。部分拡散合金粉が同一密度で最も高い成形体強さを示している。また、アルミブロ

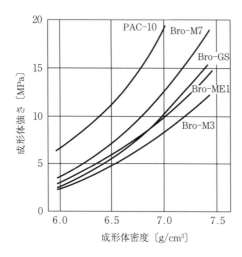

(部分拡散合金粉PAC-10+0.3%潤滑剤、混合粉Bro-M7+0.7%潤滑剤、合金粉Bro-GS+0.5%潤滑剤、混合粉Bro-ME1+1.0%潤滑剤、混合粉Bro-M3+0.7%潤滑剤、福田金属箔粉工業製)(mass%)

図3.35 各種10%Sn青銅粉の成形体強さ

ンズ（Cu-6.5mass％Al）合金粉は特殊な添加剤を使うことで焼結が可能になり実用に供せられるようになったが，詳細な粉末成形特性は開示されていない.

3.3 セラミックス粉末の成形特性

　セラミックス焼結製品の粉末成形には，金属粉末とは異なり粒径1μm程度の微細な粉末が使われる点に特徴がある．これは，セラミックス材料が金属よりも融点が高く焼結性が劣るためであり，比表面積の大きな，すなわち表面エネルギーが豊富な微細粉末の利用が基本となる．またセラミックスは脆性材料であり，残留気孔などの組織欠陥により製品全体の強度が著しく低下するので，焼結時にできるだけ真密度近くまでち密化させる必要がある．ゆえに，微細な粉末をいかに高密度かつ均一に充てん・成形させるかがセラミックス粉末の成形の基本的なポイントとなる.

3.3.1 セラミックスの粉末成形法の分類
　セラミックス粉末の成形には，おもに次のような成形法が使われている.

　1）　**乾式成形法**　　金型成形法，CIP法，HIP法，ホットプレス法，SPS法など.

　2）　**湿式成形法**　　塑性成形法，鋳込み成形法，テープキャスティング，高速遠心成形法など.

　3）　**樹脂コンパウンド成形法**　　射出成形法，各種積層造形法など.

　これらのうち，金型成形法などの乾式成形法は，金属粉末の成形と同一の装置を用いてほぼ同一の成形条件で成形される．ただし，いずれの成形法においても，セラミックス粉末の成形には金属の場合とは異なった条件やポイントがあるので，その点に着目しながら詳細を説明する.

3.3.2 セラミックス粉末の成形前処理
　一般的に，粉末粒径を小さくすると粉末自体の流動性が低下する．100μm

級の粉末が使用されている金属粉末では自己流動性があるが，1 μm まで微細になると粉末どうしが凝集してしまい流動性が失われる．したがって，1 μm 級のセラミックス粉末を高密度でかつ均一に成形するためには，粉末に適度な流動性を付与するための前処理が必須となる．前処理法は成形法ごとに異なるが，その基本には共通部分があるので，その点についてまずまとめる．

セラミックス粉末の前処理としては，多くの場合スリップ調製（slip preparation）が行われる．具体的には，粉末を水あるいはエタノールなどの有機液体と混合する．粉末間に液体を入り込ませて粉末相互の摩擦を減少させ，ひとまず粉末を個々の一次粒子に分散させる工程である．

ただし，実際にセラミックス粉末を水などと混ぜてみると，ぼそぼそとした状態になりまったく混合しない．これはセラミックス粉末の多くが，いわゆる疎水コロイドと同様に，その表面が水（有機液体も含む）と濡れない（poor wettability）特性をもつためである．そこでスリップに一定量の分散剤（dispersing agent，解膠剤）を添加する．分散剤は界面活性剤と類似の有機分子であり，個々の分子の中に粉末表面に吸着しやすい官能基をもっている．官能基が粉末表面に付着することで粉末どうしの凝集をばらけさせて，一次分散させることができる [42),43)]．

スリップには分散剤のほかに，結合剤（binder），焼結助剤（sintering additive），脱泡剤なども適宜添加される．これらの薬剤の選定には微量であっても汚染物質の混入（contamination）がないように特別の注意が必要である．特に精製純度の高いファインセラミックス粉末では，微量の汚染物質で焼結特性が著しく劣化する場合があるので [44)~46)]，分散媒としての水もイオン交換樹脂ならびに中空糸フィルターなどでろ過した，できるだけ純度の高いものを利用する．

実際のスリップ調製には，ボールミルなどの混合機が使われる．容器の大きさと内貼材料，ボールの径と量，回転速度の選定には一応の理論もあるが，実際は経験的に決められる場合が多い．スリップの濃度は一般的には流動性のある範囲で高いほう，すなわち分散媒量が少ないほうが，効率的に二次粒子の塊

3.3 セラミックス粉末の成形特性　　　147

砕と一次分散が促進する．なお，粉末粒径が小さくなるにつれて，遊星ボール
ミルなどのより強い塊砕エネルギーをもつ混合機を使わないと，固く凝集した
粉末をばらけさせられなくなる．強力な混合機を使う場合には，容器やボール
の摩滅による汚染の発生にも注意を払う必要がある．

3.3.3　乾 式 成 形 法
〔1〕 金 型 成 形 法

乾式成形法のうちで最も利用割合が高く基本的な成形法とされるのが金型成
形法である．乾燥した粉末を金型中で圧密する成形法であり，金属粉末の金型
成形法と同じである．使用する金型や成形機，また成形圧力などの成形条件も
金属粉末成形のものに準ずる．セラミックス粉末の成形法としては最も加工能
率が高いため，ファインセラミックス製品の約60％がこの方法によって成形
されている．伝統的な陶磁器産業においても，タイルのような比較的薄肉の単
純形状品には金型成形法が使われている．

セラミックス粉末を金型成形に適用する場合に金属粉末と異なるのは，粉末
の前処理である．粉末を数十～数百 μm 程度の顆粒に調製してから使用する点
に特徴がある[47]．これにより粉末の流動性が改善するほか，金型内で圧粉さ
れるときに顆粒が崩れながら互いに絡みつくことで粒子充てん率を上げ，さら
に成形体に一定の強度を付与する役割も担っている．すなわち顆粒は，金属粉
末の成形時に生じる塑性変形能と類似の機能をも併せもつ．金型に充てんされ
るまでは崩れることなく，一方で圧粉時にはしっかりと崩れるような適度な硬
さをもった顆粒を作るのがポイントとなる．顆粒の造粒にはおもにスプレード
ライ法が使われている．前項で述べた調製後のスリップに，PVA などの結合
材を加えた液滴をノズルから噴出し高速で乾燥させることで顆粒が得られる．

比較的単純な形状の製品に対しては，適切に造粒された顆粒を使うことで，
高密度でほぼ均一に粒子が充てんした成形体が得られる．ただし金型成形によ
るセラミックス製品は，最高品質の製品とはなり難い欠点がある．これは，金
属粉末の成形の場合と同様に，金型成形による成形体組織の内部に組織的な不

均一性が残留するためである[47),48)]．

〔2〕 CIP 法

　金型成形における組織不均一性を少しでも減じる目的で，静水圧下で等方的な加圧を行う CIP 法もセラミックス粉末の成形に使用される．顆粒粉末を使用し，金属粉末の成形条件とほぼ同一の条件で成形される．CIP による組織不均一性の改善は，軟質で塑性変形が可能な金属粉末に対してよりも，塑性変形しないセラミックス粉末の成形において効果が大きいため，本法はセラミックス粉末に相性のよい成形法である．

　CIP 法によりマクロな意味での組織不均一性，具体的には成形体部位ごとの充てん密度のむらは大きく低減する．ただし，より詳しく充てん組織を見ると，ミクロな不均一性が残されている点に注意が必要である．

　図 3.36 はアルミナ粉末の CIP 成形体（a）と仮焼結体（b）の内部組織を浸液透光法により透かして観察した結果である[49)]．黒いコントラストは，旧顆粒境界により多くの隙間が生じていることを意味している．つまり，乾式成形法の中ではより粒子充てん性が優れているとされる CIP 法を用いても，旧顆粒境界における充てん率のむらを完全には除去できない．また仮焼結後の組織にも旧顆粒境界に対応した隙間が残存する．

　以上より，セラミックス粉末の乾式成形で考えられている顆粒崩壊による隙間の充てん機構には，限界があるといえる．

（a）成形体　　　　　　　　（b）仮焼結体

図 3.36　アルミナ粉末の CIP 成形体中の旧顆粒境界の浸液透光観察[49)]

3.3 セラミックス粉末の成形特性

〔3〕 加 圧 焼 結 法

ホットプレス法やSPS，またCIP同様に等方的な加圧下で焼結までを行う
HIP法など，いずれもセラミックス粉末の成形・焼結に利用されている．無加
圧焼結では，ち密化が難しい素材でも加圧焼結によりち密化が促進する．ま
た，無気孔組織を得たい場合などにも，加圧状態で加熱焼結までを行うこれら
の方法はきわめて有効である．

3.3.4 湿 式 成 形 法

湿式成形法とは，前項の要領で調製したスリップ（粉末と分散媒の混合物）
をそのままで，あるいはフィルタープレスなどで余剰の液分を除去して粘土
（杯土）状態としてから，目的の製品形状に粉末を充てんし成形する方法の総
称である．ひとくちにいうと，伝統的な陶磁器産業で行われている粘土を利用
した成形法と同一のものである．湿式成形法は数千年前の土器時代（日本では
縄文）以来連綿と受け継がれてきた，乾式成形法よりもむしろ歴史の長い，微
細粉末の充てん成形技術ともいえる．

粉末間の液分（分散媒）は，粉末どうしの摩擦を減じて$1\,\mu$m級の微細な粉
末にも十分な流動性を付与するとともに，乾燥時にはいわゆる毛管力
（capillary）により，粉末どうしをより近づけて高密度な充てん組織を作り出
す効果がある．ただしこれは逆から見ると，湿式成形には成形体からどのよう
に液分を分離，除去していくかの問題があることを示しており，多くの場合，
ろ過や乾燥の工程に十分な時間をかける必要がある．すなわち湿式成形法の多
くは，生産速度が遅いという欠点を共通してもっている．

〔1〕 塑 性 成 形 法

いわゆる粘土による成形法がこれに当たる．3.3.1項の要領で調製したス
リップをフィルタープレスなどにかけて水分量を減じると，粘土となる．これ
を利用して，さまざまな方法で成形体を得ることができる．伝統的な窯業で使
われている手びねり，ろくろ，型押しなど，すべての成形法が適用可能であ
る．ただし実際に，これらの方法でファインセラミックス粉末が成形される例

は少ない．これは，一つはプロセス中の汚染のためである．

例えば，手びねり成形では素手で触るだけで汗の成分が成形体に付着するが，汗中のNa成分が付着するだけでアルミナなどは完全に焼結性が損なわれる．また，型押し法の型として伝統的な窯業では石膏型が使われるが，石膏からのCaの溶出成分も同様の悪影響をもたらす[50]．

これに加えて，ファインセラミックス粉末による粘土は保形性に乏しいという問題もある．ファインセラミックス粉末は化学合成されることが多く，球形に近い形状をもつ．こうした粉末は，成形後の粉末どうしの絡みつきが弱いために，ろくろ成形などにより製品形状を得たとしても，手を離した途端あるいは乾燥中に崩れてしまう．

これらの問題点を克服すれば，塑性成形もファインセラミックスに活用可能である．その一例をつぎに述べる．

〔2〕 押出し成形法

製品の断面形状をもつ型の後方から粘土を押しつけて，ところてんを作る要領で押し出すと，一定の断面形状をもった成形体を得ることができる．大きいものではガイシの素材から，小さいものでは熱電対の保護管などが本法で作られている．特にコーディエライト[†]を蜂の巣状に押し出したものが，自動車排ガス浄化用触媒担体として大きな役割を担っている．バインダーを加えないで連続押出し成形するコンフォーム法もある．

〔3〕 鋳込み成形法

金型成形法についで，利用実績の多い成形法である．スリップを石膏型などの多孔質型中に注ぎ込み，石膏の毛管力により液分を十分に吸い取らせることで，一定強度のある成形体を得る方法である（**図3.37**[51]）．

これには石膏型中の空隙全体を成形体として利用する図（a）固形鋳込み法と，石膏型の内壁に一定厚さの成形体が着肉した時点で残りのスリップを抜き

[†] コーディエライトは，アルミノのケイ酸塩にマグネシアを加えた（$2MgO \cdot 2Al_2O_3 \cdot 5SiO_2$）粘土鉱物の一種で，低熱膨張率という特徴をもつ．これに加え押出し成形時に粉末が配向するため，焼結加熱時にひずみやクラックが生じにくい特徴がある．

取って，薄皮状の成形体を得る図(b) 排泥鋳込み法がある．いずれも，伝統的な窯業における皿やコップの成形法としても広く利用されている．

ただし，本法をファインセラミックスに利用する場合には，〔1〕でも述べたように，石膏型からの汚染に注意する必要がある．そこで，汚染の生じることのない多孔質樹脂による型などが

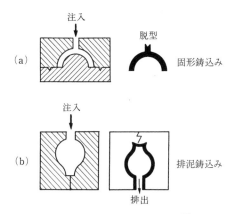

図 3.37 鋳込み成形法概要図[51]

使われるが，この場合は型自体に毛管力がないため，型の背後から真空吸引するか，スリップの上部から加圧力を加えて強制的に液分をろ過する必要が生じる[52]．

鋳込み成形法による成形体は，乾式金型成形の場合に生じた旧顆粒境界等の大きな空隙も生じにくく，より密で均質な焼結組織が得られる場合が多い．ただし鋳込み成形法には，着肉厚さが大きくなると着肉体の密度低下が起こりやすく，また着肉速度も低下するために厚肉の成形体を得にくいという欠点がある．また，粒子の形状に合せて配向が生じやすく，これが焼結時の変形や割れの原因となるといった問題点もある．

着肉体中に粒子配向が生じやすいのは，スラリー中の粒子の移動や回転が容易なためである．この特性を積極的に利用して，成形時に磁場を付与することで，結晶方位を特定の方向に配向させた成形体を得て，さらに結晶方位が配向した焼結体組織を得た例がある[53),54]．配向成形は，鋳込み法のほかにもスラリーに電位を与えて着肉を促進する電気泳動堆積法によっても作製されている．

〔4〕 テープキャスティング法

スラリーをドクターと呼ばれる「へら」で薄くかき伸ばしながら薄板状の成形体を得る方法で，ドクターブレード法などとも呼ばれている．製造装置の一

例を図 3.38[55)]に示す．本法では，フィルムの上に成形体を直接生成するが，製品が薄板であるために，このまま乾燥させてもほぼ均一で緻密な成形体を得ることができる．

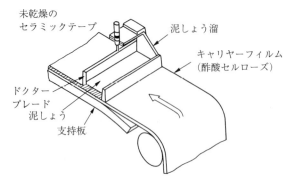

図 3.38　ドクターブレード製造装置の一例[55)]

〔5〕 **遠心成形および HCP 法**

本法も，鋳込み成形法と同様にスリップをそのまま利用する湿式成形法の一種である．

遠心成形法はいわゆる遠心鋳造法に類似した成形法であり，特にパイプ状の成形体を得るのに適している．石膏などの多孔質型を内ばりにした管中にスリップを注ぎ込み，両側から蓋をしてこれを数百～三千 rpm 程度で回転させると，遠心力によって泥しょうが管状型の表面に均一に押しつけられ，その状態で鋳込み成形法と同様のメカニズムで成形が進行する．すなわち，管形状に特化した鋳込み成形法と捉えることができる．

一方，HCP 法はスリップ中の粉末に直接遠心力を作用させる成形法である．High-Speed Centrifugal Compaction Process の略称であり，日本語では高速遠心成形法と呼ばれる[56)～58)]．スリップを充てんした金型をアーム半径が数百 mm の遠心機ロータに設置し，これを 10 000 rpm 程度の高速で回転すると，1 μm 級の微細粉末にも十分な遠心力が付与されて，高密度に充てん・成形できる．

スリップは次項に述べる樹脂コンパウンドよりも流動性が高いために，本成形法ではかなり微細な空隙にまで粉末を均一に充てんできる特徴がある．ま

3.3 セラミックス粉末の成形特性

た，成形時に遠心分離作用によってごみや気泡が除去されるために，特に低欠
陥の成形体が得られるため，その焼結体は強度に優れている [56]．

3.3.5 樹脂コンパウンド成形法

〔1〕 粉末射出成形法

PIM（Powder Injection Molding）または CIM（Ceramic Injection Molding）と
も呼ばれる，熱可塑性の樹脂中に粉末を練り込んでコンパウンドとし，これを
樹脂の成形技術と同様の方法で製品形状にする方法である．

セラミックス粉末の充てん，成形という観点から見ると，コンパウンド中の
各種樹脂成分は，湿式成形法における水や有機液体と類似の役割を担ってい
る．ただし，コンパウンド中の粒子の密度は射出成形後もほとんど上昇しな
い，すなわち鋳込み成形法などで見られる着肉層の形成のような粒子充てんの
促進は見られない．したがって，最初からできるだけ粒子充てん率が高くて，
しかもメルトフローレート（流動性）の高いコンパウンドを作ることがポイン
トとなる．そのために，ポリプロピレン（PP）やポリアセタール（POM）と
いった主剤となる樹脂材料に加えて，ステアリン酸亜鉛やワックスといった助
剤が適宜添加される．

適切な混練処理を行ったコンパウンドを使用することで，優れた粒子充てん
性と微細で高精度な形状転写性をもった射出成形体を得ることができる．樹脂
射出成形体と同様の複雑形状品も得ることができる．

なお，樹脂コンパウンド成形法は，一方で成形後に成形体から樹脂成分を除
去する脱脂，あるいは脱バインダー工程に時間と手間がかかるという欠点を共
通してもっている．

〔2〕 積層造形法

製品形状を CAD 上でスライスデータとし，自由空間にスライス状の粉末成
形体を重ねていくことで自由な形状の成形体を得る方法である（2.7節　粉末
積層造形参照）．中空形状や複雑に折れ曲がった形状など，他の成形法では一
体成形できない製品も作り出すことができることが最大の特徴である．溶融温

度の高いセラミックス材料では，直接焼結体を積層することが難しいため，成形後に改めて加熱・焼結することで製品を得る．積層造形法には各種の方法が提案されているが，現状ではまだ研究段階のものが多いので，本項では詳細は割愛する．

セラミックス粉末の積層造形法の全体像を理解するうえでポイントとなるのが，そのほとんどが粉末をなんらかの樹脂と混練した状態（コンパウンドであったり，スラリーであったりする）から始められる点にある．すなわち，樹脂コンパウンド成形法の一種，射出成形法のバリエーションとして考えると全体像を捉えやすい．ただし積層造形法では，射出成形法ほどの高圧で樹脂を型に押しつけることもなく，一方でコンパウンドやスラリーには射出成形の場合以上に流動性が求められることが多いので，成形体の粒子充てん密度が低く，未充てん部などの欠陥を含みやすい．また，造形精度の点からも，金型という明確な境界をもたないため，射出成形体に比べて寸法，形状精度が低い．これらの欠点を克服することで，今後本成形法の利用が広がってくるものと考えられる．

3.4 工具材料としての超硬合金，サーメットの成形

3.4.1 切 削 工 具

複合材料の用途の一つに，超硬合金，サーメットなど硬質材料を用いた切削工具があげられる．超硬合金は，広義には周期律表のIV族（Ti, Zr, Hf），V族（V, Nb, Ta），VI族（Cr, Mo, W）に属する9種の元素の炭化物，窒化物および炭窒化物などの硬質粒子を鉄族元素（Fe, Ni, Co）で結合した複合合金と定義される．しかし，狭義には炭化タングステン（WC）を硬質物質の主成分としCoを結合材に，サーメットは炭窒化チタン（TiCN）を主成分としNiを結合材とした合金を示す．

切削工具の刃先は，切削中に高温にさらされ，例えば炭素鋼を$100\,\mathrm{m/min}$で切削加工したときの温度は$1\,103\,\mathrm{K}$に達する[59]ことがわかっている．また最

3.4 工具材料としての超硬合金,サーメットの成形

近では生産性の向上を目的に,高い送り・切込み条件下での加工も多い.すなわち,切削工具に用いられる硬質材料には,高い耐摩耗性(硬さ)と耐欠損性(強度)の両立が求められる.工具材料としてさらに高硬度なセラミックスや,高じん性の高速度鋼もあるが,前者は強度に劣るため高速切削や連続切削に,後者は硬度が小さいため低切削速度に,それぞれ使用用途が限定される.超硬合金は,この硬さと強度のバランスに優れるため切削工具に多く用いられている.

図 3.39 に転削工具のカッタボデーと切削工具の例を示す.切削時の切りくずの安定排出,切削抵抗を低減する目的で,工具はその表面にブレーカーを有し,被削材,切削条件に合せて,種々の形状を選択する.ここでは,一般加工用,低切削抵抗用,強断続切削用のブレーカーの例をそれぞれ示した.工具は損耗した際,カッタボデーから取り外し交換することから,工具の刃先位置を再現よくするため高い寸法精度が要求される.すなわち,超硬合金の成形には,機械的特性と寸法精度を考慮した製造工程(成形)が重要となる.

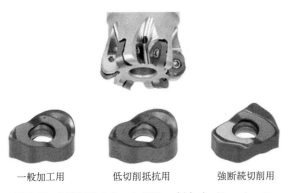

　　一般加工用　　低切削抵抗用　　強断続切削用

図 3.39 転削工具のカッタボデー(上)とブレーカーの異なる切削工具例(下)

3.4.2 超硬合金の強度

超硬合金の特性は,合金炭素量,硬質粒子(WC など)の粒子径,Co 量,添加炭化物の種類と量により大きく左右される.特に炭素量が変化することで

液相出現温度が変化し，低炭素合金（合金炭素量 6.0 mass%）の液相出現温度は高炭素合金（合金炭素量 6.3 mass%）よりも約 60 K 高くなる．また，焼結温度にも依存するが，合金炭素量が多すぎると遊離炭素を生じ，炭素量が不足すると η 相（Co_3W_3C）を生じる．

図3.40に炭素量の異なる超硬合金の組織例を示す．η 相が生じたり遊離炭素が生じたりすると，いずれの場合も曲げ強度など機械的性質が低下する[60]．また，Co 量が多ければ硬さは低下するが，逆に強度は上昇する．一般に，超硬合金の強度を測定するのに 3 点曲げによる抗折試験が用いられる．このとき，応力集中した破壊の起源から破断し，この破壊の起源の寸法により，抗折強度が整理されることが知られている[61]．

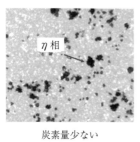  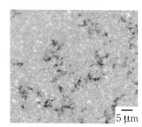

炭素量少ない　　　　　適正炭素量　　　　　炭素量多い
（a）η 相　　　　　（b）標準組織　　　　（c）遊離炭素

図 3.40 超硬合金に及ぼす炭素量の影響

その破壊の起源例を**図 3.41**に示す．図（a）は異常粒成長した WC 粒子，図（b）は成形時に顆粒がつぶれずに残った空隙（顆粒巣）である．前者は，

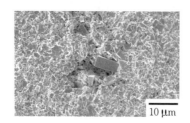 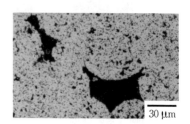

（a）異常粒成長　　　　　　　　（b）顆 粒 巣

図 3.41 超硬合金の破壊の起源例

3.4 工具材料としての超硬合金，サーメットの成形　　157

焼結過程において不純物などの混入により，他の部分よりも拡散速度が速くなり，周囲の部分よりも WC の粒成長が早く起こるために生じる．後者は，WC 粉末と Co 粉末を造粒した顆粒が硬すぎて，所定のプレス圧力では破壊しなかった，あるいは成形時の圧力伝達が不十分などの原因で生じる．

3.4.3　超硬合金工具の製造工程

一般的な超硬合金製工具の製造工程を示す（最近の WC-Co 工具は表面に TiC や Al_2O_3 などを被覆しているが，被覆工程には触れない）．

〔1〕配合 ─ 〔2〕混合・粉砕 ─ 〔3〕乾燥・造粒 ─ 〔4〕プレス成形 ─ 〔5〕脱脂・焼結

〔1〕　配　　　合

出発原料となる WC 粉末と Co 粉末を用途に応じた組成（用途に応じて他の炭化物も加える場合がある）に成形助剤，溶媒を加えて配合する．WC 粉末の粒度や不純物量は，焼結性や焼結体の機械的特性に影響することから，WC 粉末の粒度や不純物量は慎重に選択する．また，成形助剤の種類と量の選択も重要である．

成形助剤は，プレス成形時に成形体の形状を保持する役目をもつ．成形助剤の強度が小さい場合，あるいは添加量が少ない場合に成形体にクラックが入ることがある．また，金型から成形体を抜き出す際には，金型壁面と成形体に大きな摩擦が生じる．このため，成形助剤にはこの摩擦力を減じるための潤滑剤が添加されることもある．一方で，顆粒が硬すぎると，所定の成形圧力でも顆粒が潰れず，顆粒巣として成形体中に残る．これは，焼結によっても消滅せず，前述したような破壊の起源として超硬合金の強度を低下させる．

また，成形助剤は，焼結の前工程（脱脂工程）で除かれるが，脱脂が不十分で，成形助剤成分が残留したまま焼結すると，炭素量が所定量よりも増加，液相出現温度が変り，焼結変形や機械的性質の低下を招く．

〔2〕　混　合　・　粉　砕

図 3.42 に，超硬合金の混合・粉砕に用いられることの多いボールミルとア

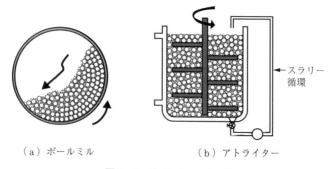

(a) ボールミル　　　　　(b) アトライター

図3.42　使用設備の例

トライターの模式図を示す．超硬合金製メディアボール，原料粉末，成形助剤および溶媒を加えて（この混合物をスラリーという），前者は回転機構を有する台車にのせて所定時間回転させ，後者は，中央軸に連結した羽が回転することで，スラリーを撹拌し，混合・粉砕を進める．粉砕する粉末が硬質なWCであることから，メディアボールは不純物量を低減するため超硬合金製を用いる．いずれの方式も，メディアボールが移動する際の衝突を利用して粉砕を進める．

この際，容器の体積，径，回転（撹拌）速度に加えて，充てんする粉末・メディアボール・溶媒の比率によって混合・粉砕の程度が変る．またメディアボールの大きさも混合・粉砕能力に大きく影響し，小径のボールを用いたほうが粉砕効率が高い．混合・粉砕は時間とともに進行するが，同時にメディアボールや容器からの不純物量が増加[62]することから，混合・粉砕の度合いと，不純物量の兼ね合いから条件を定める必要がある（混入した不純物は，破壊の起源となり強度を低下させる）．

〔3〕乾燥・造粒

スプレードライヤー等を用いて行う．熱風を循環させた容器の中に，前述のスラリーを導入し，ノズルから霧状に放出し乾燥・造粒を行う．ノズルの吹出し方式により，噴水型やディスク型などがある．図3.43に造粒後の顆粒形状の例を示すが，球状で径が均一な顆粒は流動性が高く望ましい形状である．凹

3.4 工具材料としての超硬合金，サーメットの成形

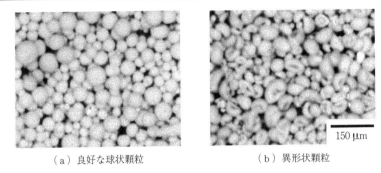

（a）良好な球状顆粒　　　　　（b）異形状顆粒

図3.43　顆 粒 形 状 の 例

状などの異形状顆粒は，成形工程で金型への均一充てんが困難で，成形体内での密度差を大きくする要因となる．また，加圧時の圧力伝達も不均一となりやすく，顆粒巣の原因となりやすい．

〔4〕プ レ ス 成 形

図3.44にプレス（一軸）成形の模式図を示す．① 下側の下パンチを下げた状態で顆粒を金型に充てんする（図（a））．この際，前述の顆粒形状が流動性に大きく影響する．② 上パンチを挿入し加圧する（図（b））．当然ながら，加圧圧力が高いほど顆粒はつぶれ，成形体密度は高くなる．しかし，③ 金型から成形体を抜き出す工程（図（c））で，金型の中で圧縮されている成形体を抜き出す際に，壁面との間に大きな摩擦力が生ずる．また押し込まれていた成形体は体積膨張（スプリングバック）を起こす．これも成形圧力が大きいほど大となり，体積膨張が大きすぎるとクラックの原因になる．抑制するには，

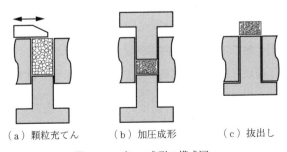

（a）顆粒充てん　　（b）加圧成形　　（c）抜出し

図3.44　プレス成形の模式図

潤滑性の高い成形助剤を選択したり，金型に抜きテーパーを付けたりすることなどが有効である．切削工具はブレーカー形状を有し，非常に複雑な形状をしている．

図3.45に充てんから焼結後までの形状変化を示す．図（b）の成形時において，密度が高い部分を濃いアミで示す．図（c）において成形体（破線）と焼結体の形状の違いを示すが，成形体密度が高い部分は焼結後の収縮量が小さくなる．したがって単純に金型と相似形の焼結体が得られるものではなく，製品形状から逆算し，成形体密度，焼結変形を考慮して金型は設計される．

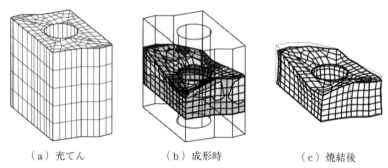

（a）充てん　　　（b）成形時　　　（c）焼結後

図3.45　超硬合金工具製造のための顆粒粉末の充てんから焼結後までの形状変化

〔5〕 脱　脂・焼　結

加えた成形助剤を除去しながら，WC-Co系の液相出現温度より高い1 623～1 773 Kにて液相焼結を行い所定の素材を得る．焼結による寸法収縮は，体積で約50％（寸法で約20％）に達することから，後工程で研削が必要な場合は，これを考慮した金型設計が必要となる．先にも述べたが，脱脂が不十分，あるいは炉内雰囲気中に酸素が混入していると，合金中の炭素量が変化し，機械的性質の低下を引き起こすことから雰囲気管理が必要である．

このように，超硬合金を切削工具として利用する場合，いずれの製造工程も最終製品の寸法や機械的性質に大きく影響することから，成形条件含めそれぞれの工程の条件管理は十分に注意する必要がある．

3.5 機能性材料粉末の成形特性

3.5.1 金属ガラス

金属ガラスは高精度微小部品，センサ材料，表面コーティング材，切削工具材，燃料セパレータ材料など，また特定の合金系については磁気機能性材料としての応用が期待されている新機能性材料である．金属ガラスの加工における最大の特徴は，加熱時において結晶化の直前に明瞭なガラス遷移を示すことであり，広い温度範囲でガラス状態を維持するので，成形加工の自由度が高い素材である．

〔1〕 金属ガラスの種類と形成

ガラス化する合金系としては Zr 基，Cu 基，Fe 基，Ni 基，Mg 基，Ti 基，La 基，Pd 基，Co 基，Nb 基，Pt 基，Ca 基，Hf 基，Ce 基など多数が報告されているが，それらの多くの合金系は以下の三つに分類することができる．

① 遷移金属 - 半金属系

② 遷移金属 - 遷移金属系

③ 典型金属 - 典型金属系

また，これらのガラス形成能を示す合金において，構成元素成分には以下の三つの経験則が示されている[63)~65)]．

① 3成分以上の元素から構成されていること．

② それぞれの構成元素の原子寸法差が互いに12%以上であること．

③ それぞれの原子間の混合熱が負であること．

金属ガラスは，高温の液体状態から速い冷却速度で急冷することにより作製される．

図3.46に示すように，非晶質相の形成過程は，熱力学的エンタルピー変化の観点から説明できる[66)]．融点（T_m）より高温状態にある溶湯金属では，a-b線で示される液相状態である．十分に遅い冷却速度で液相を冷却すると通常は T_m において凝固し，その温度でエネルギー的に安定な結晶固体へと遷移する

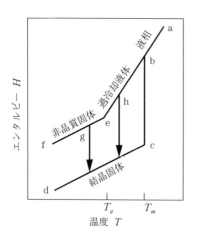

図 3.46 冷却および加熱に伴う非晶質固体のエンタルピー変化の模式図

(b→c).一方で,急冷により結晶核生成および成長が抑制された条件下においては,T_m 以下の温度でも液相が存在でき,過冷却液体となる.点 b より過冷却液体をさらに冷却していくと,温度の低下に伴い原子振動が低下していき,粘性が急激に増大する.点 e に到達すると,もはや原子の拡散運動が平衡状態に至ることができなくなり,ガラス固体へと凍結される(ガラス転移点:T_g).さらに冷却を行うと,エンタルピー変化は e-f 線へと屈曲する.

このように過冷却液体が室温にまで凍結された状態の非晶質体が,金属ガラスもしくはアモルファス金属である.

つぎに,得られた非晶質体を加熱していくと,f-e 線を経て点 e にまで到達する.アモルファス金属では,この過程においてエネルギー的に安定な結晶状態に遷移する(点 g).一方,金属ガラスは点 e まで到達することができ,ガラス転移を示した後,点 h で結晶固体へと遷移するが,e-h 間では一時的に過冷却液体に戻すことができる.このガラス転移を示し過冷却液体状態を示すことが金属ガラスの最大の特徴であり,粉末成形加工時においても非常に有用な特徴である.

金属ガラスの形成には一般に急冷が必要となるため,単ロール法や銅鋳型急冷鋳造法などが用いられるが,これらの方法では得られる試料寸法が小さいなど,形状の自由度に制限が発生する.一方で金属ガラス粉末はガスアトマイズ法などを用いて効率よく製造することができるため,金属ガラスの作製技術は工業的に重要な技術である[67].

〔2〕 金属ガラス粉末の合成と粉末成形

金属ガラス粉末の作製には双ロールキャビテーション法，ガスアトマイズ法，水アトマイズ法，SWAP 法（Spinning Water Atomization Powder Method），多級粉砕アトマイズ法などの溶解急冷法を用いた合成法が主流となっているが，メカニカルアロイングなどの固相反応法によっても作製の報告例がある．

ガスアトマイズ法における粉末粒子径とその冷却速度の関係について，400 μm の粉末粒子では約 10^3 K/s であり，10 μm の粉末粒子では約 10^5 K/s であることが報告されている[68]．最近の研究では 10^3 K/s 以下の冷却速度でもガラス固体として得られる合金系が数多く報告されており，比較的容易に金属ガラス粉末を作製することができる．

金属ガラス粉末の固化成形は，主として過冷却液体状態でのホットプレス，型鍛造，SPS 法などの加圧焼結法が多く用いられている．特に，SPS 法は従来のホットプレスや熱間等方圧成形法（HIP）に比べてきわめて短時間に低温度で焼結できる特徴をもっており，多くの報告例がある．

例えば，Ni-Nb-Zr-Ti-Pt 系金属ガラス粉末の SPS 焼結により相対密度が 100％に近いほぼ完全ち密化に成功し，その焼結体の機械的特性が銅鋳型鋳造法で作製したバルク材とほぼ同等であることが報告されている[69]．また Cu-Ni-Zr-Ti 系金属ガラスにおいても，粉末を用いて SPS により焼結・固化が可能であることが報告されている[70]．

Fe 基金属ガラスや Fe ナノ結晶合金粉については，ホットプレスにより組織制御を行いながら固化成形し，軟磁性材料として実用化されている．また，所定の混合割合でマトリックス樹脂と混合し，磁性材料としての板材もしくはシート材として製品化した例もあり，高機能材料としての金属ガラスを安価に工業的に用いるために，粉末冶金プロセスを採用する場合が多い．

一方，ガラス粉末をビレットに充てんし，粉末が外部雰囲気に暴露されない加工条件下で，熱間押出し法などの大きなせん断変形を加えて，圧密と同時に粉末粒子界面の酸化膜を挟まない接合状態を達成する，クローズドプロセスを用いた固化成形法も有用である[71),72]．

〔3〕 金属ガラスのち密化挙動[73]

　金属ガラスは特定の温度域で過冷却液体状態となり，この領域では粘性率が急激に低下するため，粘性流動加工が可能となる．粉末成形においてもこの領域を積極的に利用した圧密成形が行われているが，過冷却液体の粘性率や結晶化挙動は温度に大きく依存し，高温になるほど粘性抵抗が小さくなり成形しやすくなるが，同時に結晶化の潜伏時間も短くなる．したがって，なるべく短時間で固化できる成形法および成形条件を採用する必要があるが，経験的に最適固化成形条件は $T_g+20〜30$ K で保持時間3分程度であるとされている．

　図3.47は，SPS焼結法により作製した相対密度99％を超える焼結体内部の気孔を示したものであるが，相対密度99％以上においても，依然としてカスプ形状をしており，自由表面の表面張力による凹面化は観察されない．これは，金属ガラス粉末の焼結固化の場合にはガラス状態を保つ必要性からなるべく短時間でち密化させる必要があり，空隙表面が表面張力による緩和を受けないうちに圧密が進行するためである．

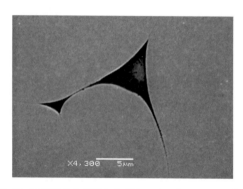

図3.47　SPSにより作製した$[(Fe_{0.5}Co_{0.5})_{0.75}Si_{0.05}B_{0.2}]_{96}Nb_4$金属ガラス粉末の固化成形体内部に残るカスプ形状気孔のSEM観察像

　また，ち密化挙動を予測するための金属ガラス粉末のち密化モデルとして，全圧密過程においてランダム密充てんモデルの初期段階のち密化速度式を基にした，以下の粘性流動機構によるち密化理論式（3.4）が提案されている．導出過程の詳細は参考文献を参照されたい[73]．

$$\frac{dD}{dt} = \frac{0.183}{D^{\frac{4}{3}}(D-0.64)^{\frac{1}{2}}} \frac{P}{\eta} \tag{3.4}$$

ただし，D は固化成形体の相対密度（$0.64<D<1$），P は焼結圧力，η は過冷却液体の粘性率を示している．この式により，粘性流動変形により変形ち密化していく粉末充てん体の相対密度に対するち密化速度が表される．また，時間 t に対して積分を行うことにより，焼結時間に対する相対密度の変化を記述することができる．

本式において相対密度は粘性係数を一定（すなわち温度一定）とすれば焼結圧力および時間の関数として表される．また，相対密度と時間の関係式の中に粉末粒径が一切入ってこないことも一つの特徴といえる．

なお，本モデルにおいては，ランダム密充てんは単一サイズの球形粒子よりなることを最初に仮定しているが，実際の金属ガラス粉末の粒サイズは一定ではない．Kumer は充てん体が異なるサイズの粒子からなっているとしても，粒子間接触部に働く有効圧力は粒子サイズに依存しないことを経験的に見出している[74]．

3.5.2 磁 性 材 料

〔1〕 磁性材料の種類

全世界的な環境問題への関心の高まりから，自動車分野では電気自動車やハイブリッド車などの省燃費車が普及し，エネルギー分野では太陽光や風力を用いた発電機が各所に設置されている．これらの機器には，モーターなどの電動機構やトランスなどの電源装置などが必要であり，その動作や駆動には磁性材料が非常に重要な役割を担っている．

一般的に，磁性材料は軟質磁性材料と硬質磁性材料に大別される．軟質磁性材料は，銅線を巻いたコイルに通電することで発生する外部磁界を受けて磁力を発生し，印加される磁界の強さや方向に従って発生する磁力の強さや方向を容易に変化させることが可能である．この性質上，コイルに通電される電流の方向の変化（周波数）によって磁気特性が変化する．その用途としては，モー

ターやトランスなどの磁心が多い.

軟質磁性材料としては,本項で取り上げる粉末を原料とした圧粉磁性体のほかに,薄い電磁軟鉄を多数積層した電磁鋼板や,酸化鉄の焼結体であるフェライトなどが代表的である[75].

軟質磁性材料に求められる特性は,上述の動作周波数や用途によって大きく異なり,単一の尺度で材料の優劣を比較することは難しいため,その目的・用途に応じて,B-H曲線(印加磁界と発生磁力の相関曲線)や電磁気変換時のエネルギー損失(コアロス)を評価し,最適な材料を決定する手法が取られる.図3.48に一般的な軟質磁性材料の使用周波数域と動作磁束密度の関係の概念図を示す.図中には軟質磁性材料がおもに用いられる用途を,使用周波数や動作磁束密度で大別したうえで楕円部に記載した.

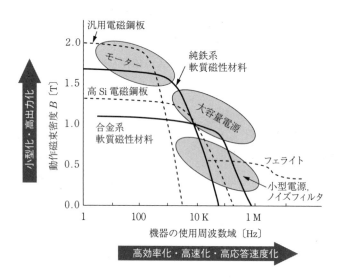

図3.48 一般的な軟質磁性材料の使用周波数域と動作磁束密度

硬質磁性材料は,一度外部から磁界を印加され磁化すると,磁場の印加を止めてもその磁力を保持し続ける材料であり,一般的には永久磁石という呼称が親しまれている.

硬質磁性材料は,材質の分類としては,最も磁力が高くモーターやコンプ

レッサなど多くの機器で使用されるネオジム系 (Nd-Fe-B) 磁石, 磁力の温度安定性に優れおもにセンサや計測機器で使用されるサマリウム系 (Sm-Co, Sm-Fe-N) 磁石やアルニコ (Al-Ni-Co) 磁石, 低磁力だが安価であり大パワーを必要としない機器で使用されるフェライト磁石などがあげられる.

また, 製造方法の分類としては, 鋳型への溶湯注入により製造される鋳造磁石, 磁石粉末をプレス後に焼結しち密化した高磁力の焼結磁石, 樹脂と混練してプレス成形または射出成型した中磁力のボンド磁石がある. また成形時に磁場を印加し配向をそろえた高磁力の異方性磁石と, 配向をそろえず低磁力であるが着磁方向の自由度のある等方性磁石に分けられる[76].

図3.49に, 一般的な硬質磁性材料の最高使用温度と残留磁化 (磁力) の関係の概念図を示す.

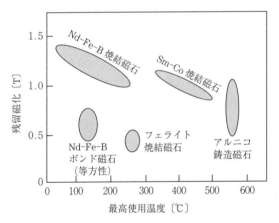

図3.49 硬質磁性材料の最高使用温度と
残留磁化 (磁力) の関係

〔2〕 **軟質磁性材料**

軟質磁性材料の中で, 粉末を原料とした材料を一般的に圧粉磁心や圧粉鉄心 (心は芯と記載される場合もある) と呼称する. 原料粉末には純鉄, Fe-Si 合金, Fe-Si-Al 合金, Fe-Ni 合金, Fe-P 合金, アモルファス合金 (Fe 基合金, Co 基合金) などが用いられる.

前記粉末原料に絶縁被覆処理を行い,被覆粉末を金型に充てんした後にプレス成形を行い,磁心形状に造形する.その後,プレス時に導入された残留ひずみ除去を目的として熱処理を行い,圧粉磁心は完成する[77].なお,必要に応じて機械加工などの後加工を行う場合もある.

絶縁被覆処理には,一般的にリン酸塩やシリコーン樹脂,シリカ系のガラス,セラミックスなどが用いられる.絶縁膜には,プレス成形時に損傷しない強度と密着力,熱処理時に損傷しない耐熱性が求められる.以下,純鉄粉をベースとした圧粉磁心のプレス成形特性について説明する.

圧粉磁心は交流磁界で良好な磁気特性が求められるが,一般的に磁気特性はプレス成形体の密度と強く相関する.したがって,プレス成形時の到達密度が重要であり,プレス成形時に原料粉末に配合する脱型用の潤滑剤は少ないほうが望ましい.一方で,プレス成形体を金型から抜き出す(脱型)際のしゅう動抵抗によって,プレス体外周面の絶縁膜は損傷するため,絶縁膜保護の観点からは潤滑剤は多いほうが望ましいというトレードオフの関係がある.

図 3.50 に一般的な純鉄系軟質磁性原料粉末で,潤滑剤を 0.3〜0.6 mass％ 配合した軟磁性粉末(Somaloy® 700)のプレス成形後の密度と抜出し圧力の関係を示す[78].潤滑剤配合量が少ないと最高到達密度は高くなる一方で抜出し

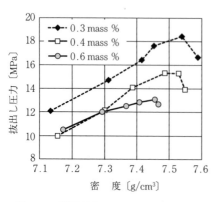
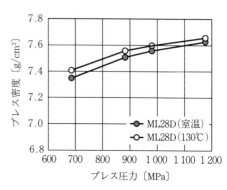

図 3.50 潤滑剤を 0.3〜0.6 mass％ 配合した純鉄系軟質磁性材料のプレス特性

図 3.51 金型潤滑法を用いた純鉄系軟質磁性材料のプレス特性

圧力が増大し，潤滑剤配合量が増えると最高到達密度は低くなる一方で抜出し圧力が減少する傾向がわかる．

また，図3.51に潤滑剤を配合せず金型潤滑成形法を用いて測定した，軟磁性粉末（マグメル® ML28D）のプレス圧力と到達密度の関係を示す．プレス圧力の増大やプレス成形時の金型温度の上昇に伴い，プレス体の密度が向上していることがわかる．以上より，目的の用途，形状，磁気特性に応じて最適な軟磁性原料粉末や潤滑剤配合量を決定することが望ましい．

〔3〕 **硬質磁性材料**

硬質磁性材料の中で広く使用されている希土類磁石（Nd-Fe-B，Sm-Co），およびフェライト磁石の粉末は硬質であり，プレス成形時に塑性変形を伴う粉末粒子どうしの絡み合いによる保形力が低い．このため，一般的には，低密度にプレス成形した後に焼結によってち密な磁石を作製する焼結法で製造され，形状の自由度が低く加工が必須であるが高い磁力を有する利点がある．一方，磁石粉末にバインダー樹脂を配合することで射出成型やプレス成形を可能としたボンド磁石も開発されており，到達密度は低いがさまざまな形状に造形可能なことから市場に普及している．

ここでは，エポキシ樹脂でコーティングしたボンド磁石粉末（MQEP-14，MQEP-15）をプレス成形した結果を図3.52に示す．成形圧の増大に伴い密度が上昇しており，さらに成形温度を100℃に上げることでバインダー樹脂の軟

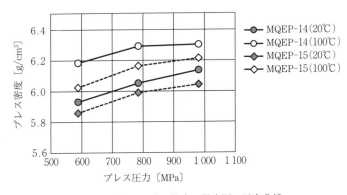

図3.52 ボンド磁石粉末の温度別の圧密曲線

化に伴う変形抵抗減少によって，より密度を高めることが可能である．

3.5.3 熱電変換材料
〔1〕 熱電変換材料の概略

一般的な熱電変換素子の概念図を図3.53に示す．実用的な変換効率は金属では望めないので，高い効率を目指せる半導体を用いる．

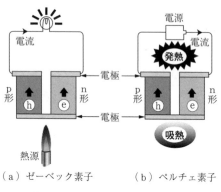

(a) ゼーベック素子　　(b) ペルチェ素子

図3.53 熱電変換素子の概念図

図（a）はゼーベック効果を利用した熱電発電素子の構成例を示しており，電極を介してn形とp形の半導体を接続したπ型構造である．上下の電極（各素子の両端）の間に温度差を与えれば（図では下方を加熱すれば），両者間に電位差が生じる．n形では電子（electron）がキャリヤとなり，p形では正孔（hole）がキャリヤとなって，回路に電流が流れる．高温・低温の位置関係を逆転させると，電流の向きも逆転する．

他方，図（b）はペルチェ効果を利用した熱電冷却素子の構成例を示しており，ゼーベック素子同様にn形とp形を接合したπ型構造をなしている．回路に電流を流すと，一方の接合部では吸熱を生じ（すなわち冷却され），もう一方の接合部では放熱が生じる（ジュール熱とは異なる発熱が起こる）．電流の向きを逆転させると，吸熱・発熱の関係も逆転する．そして，これらゼーベック効果とペルチェ効果は互いに可逆関係にある．

熱電素子をモジュール化した市販品の概略図を図3.54に示す．p形およびn形の各焼結体をπ型にpn接合して並べ，上下両面からセラミックス基板で挟み込んだ構造となっている．

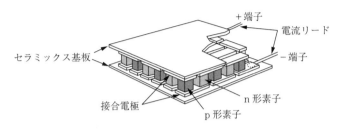

図3.54 熱電モジュールの概念図（株式会社KELK提供）

ペルチェ素子は，1960年代にはすでに汎用品が市販されているなど，広範囲への応用が進んでいる[79]．レーザダイオードや各種半導体検出器の冷却のみならず，医療機器や工作機械にも利用されている．かつて液体窒素を要した分析機器がそれを要しない新機種に移行してきたのも，ペルチェ素子の利用による．ペルチェ素子の材料としては，Bi-Te系の独壇場である．

他方，発電用途の実用例は狭い範囲に限られているが，実用化に向けた研究は活発になされている．材料系で分類すると，Bi-Te系のほかに，シリサイド，スクッテルダイト，クラスレート，ホイスラー，ハーフホイスラー，ホウ化物，硫化物などがあり，使用温度域ごとに候補材料が幾種類も存在する．

発電素子としても，200℃以下の温度域における実用はBi-Te系が独占している．しかし，希少かつ毒性の高い元素を主成分とすることから，特に大型素子向けには代替材料が望まれる．また，Bi-Te系は200℃以上で性能が低下することに加えて耐熱温度が低いため，中温域・高温域では他の材料が必要である．

Si-Ge系が宇宙用電源として1970年代には実用化されている[80]．放射性同位体の崩壊熱を熱源とした熱電発電機が，宇宙探査機の電源として活躍している．しかし，Geが希少・高価なため，民生用には適していない．

〔2〕 **熱電変換材料の製造法**

（**a**）　**溶解法による熱電変換材料の成形**　　ここでは，数ある熱電変換材料の中から遷移金属シリサイド系熱電変換材料の成形法を取り上げる．Fe-Si 系，Mg-Si 系，Mn-Si 系が有望視されており，1960 年代には研究が始まっている．これらは，原料が安価で豊富に存在し毒性元素を含まないことで共通している．なかでも Fe-Si 系は最も低コストで耐酸化性が高く，1980 年代に実用化された実績をもつ．その一つにファンヒーター（ストーブ）の電源がある[81]．ストーブ自体を熱源として自家発電することで，ファンの外部電源を不要とするものである．

　Fe-Si 系では，β-FeSi$_2$ 金属間化合物相が熱電変換材料として使える．ただし，二元系の β-FeSi$_2$ は真性半導体であり，p 形化・n 形化のためにそれぞれ必要な元素を添加（ドーピング）する．状態図を見ると，溶解法では液相から室温に至る過程で共晶反応（L→α-Fe$_2$Si$_5$＋ε-FeSi）と包析反応（α-Fe$_2$Si$_5$＋ε-FeSi→β-FeSi$_2$）を経る．その結果，現実には鋳塊は大きな偏析をもつ「α-Fe$_2$Si$_5$＋ε-FeSi」組織となる．これを平衡相である β-FeSi$_2$ 組織とするためには，包析温度以下での熱処理を"長時間"施す必要がある．

　初期の熱電素子作製例[82),83)] では，高周波真空溶解で得た鋳塊をスタンプミルで粉砕した後にボールミルで粉末化し，PVA 水溶液をバインダーとして加えて冷間プレスで圧粉成形し，脱バインダー後に真空焼結している．そして，焼結後も依然として「α-Fe$_2$Si$_5$＋β-FeSi」組織であるので，β-FeSi$_2$ 化のために 1073 K で"5 日間"の熱処理を施している．

（**b**）　**MA・MG の有効性**　　β-FeSi$_2$ 化に長時間を要する問題の解決策として，メカニカルアロイング（Mechanical Alloying, MA）[84),85)]，もしくはメカニカルグラインディング（Mechanical Grinding, MG）の適用[86),87)] が有効であることが，ほぼ同時期（1993 年）に報告された．なお，MA および MG についての技術解説は 3.5.4 項に述べられている．

　MA 法によれば，共晶反応も包析反応も経ることなしに，均質で超微細なほぼ β-FeSi$_2$ 単相組織の粉末が得られる．すなわち，Fe 粉末および Si 粉末に

3.5 機能性材料粉末の成形特性　173

ドーピング元素粉末を微量添加した異種粉末混合体をボールミリングすることで，均質超微細組織の β-FeSi$_2$ 粉末を容易に得られる．これを焼結すれば，均質超微細組織の β-FeSi$_2$ 焼結体が得られる．また MM によっても，均質超微細組織の粉末が得られ，それを焼結すれば均質超微細組織 β-FeSi$_2$ 焼結体が容易に得られる点で，MA と同様である．

MA および MG の有効性が報告されたことが発端となり，MA を活用した遷移金属シリサイド系熱電変換材料の研究が 1990 年代に活発化した．一旦は Fe-Si 系の研究例が増したが，Fe-Si 系では高い変換効率が望めないことから，Mg-Si 系および Mn-Si 系へと注目が移った．Mg-Si 系は Mg$_2$Si 金属間化合物相が n 形であり，Mn-Si 系は HMS（高マンガンシリサイド，MnSi$_{1.73}$）相が p 形である．そのため，現在では Mg$_2$Si（n 形）と HMS（p 形）の組合せが最有力候補とされている．Mg-Si 系においても低融点の Mg 蒸発の問題など溶製のハードルが高く，Mn-Si 系においても溶製材が難加工であることなど問題があり，それらを容易に克服できる MA のメリットは大きい．

ところで，熱電変換材料においては，電気伝導率が大きく熱伝導率が小さいほど変換効率が大きくなる．通常，この両者はトレードオフの関係にある．しかし細かく見れば，熱伝導率は電子もしくはホールがキャリヤとなる電子熱伝導率と，フォノンで伝わる格子熱伝導率の二者の和である．電気伝導率と比例関係にあるのは電子熱伝導率であり，格子熱伝導率は独立に低減することが可能である．すなわち，電気伝導率をそれほど下げることなく熱伝導率のみを大幅に低減する方法が存在する．その一つが結晶粒の超微細化である．

素子の結晶粒を超微細化すれば，フォノン散乱が増大することで格子熱伝導率が低減され，変換効率が増す．そのため，結晶粒超微細化の手段として，各タイプの熱電変換材料において MA を活用した研究が盛んに行われるようになった．

（**c**）　**アトマイズの有効性**　さて，遷移金属シリサイド系の中では Mg-Si 系と Mn-Si 系の組合せが最も期待されており，多くの応用先に対して Mg-Si 系・Mn-Si 系の適用が適切といえる．一方で Fe-Si 系には，原料資源の豊富さ

および無害性や，高い耐酸化性に加えて，p形・n形ともに同系であることから同一の焼結条件が適用できる利点がある．粉末から直接，pn素子への一体成形が可能である．単位体積当たりの発電量が小さくても，単位発電量当たりの素子コストが低ければ，体積・重量が問題とならない排熱利用の用途や，例えば石油やガス・ファンヒーターにおいてファン稼働に必要な電力を製品自らの発電量で完結するといった自立型用途に対して，実用化の価値が見込まれる．

　Fe-Si系熱電変換材料の製造にMAを活用すれば，溶解法における粗大偏析を回避でき，長時間の熱処理を要せずにβ-FeSi$_2$素子が得られることを述べた．この効果は，アトマイズ法をはじめとする急冷凝固技術によっても得られる[88]．FeSi$_2$組成は耐酸化性が高いので，水アトマイズ粉末を還元処理することなく焼結原料とすることができる．水アトマイズ粉末は微細な「α-Fe$_2$Si$_5$＋ε-FeSi」組織となっており，これを焼結すれば，ほぼβ-FeSi$_2$単相組織が焼結昇温中に得られる．

　Mn-Si系において，溶製法ではHMS単相は得られず，熱電性能に有害なMnSi相が板状に顕著に析出する[89]．ところが，アトマイズ粉末はHMS単相組織となる[90]．HMS単相はMA粉末のパルス通電焼結体[91]や気相法薄膜[92]においても得られている．いずれにせよ，アトマイズ法は量産向きで低コストでありながら，性能向上にも有利な点を持ち合わせていることがうかがえる．

　図3.55に，Fe-Si系熱電素子の実用品例を示す．FeSi$_2$組成（真性半導体組

図3.55 Fe-Si系熱電素子の実用品例
（東京窯業株式会社提供）

成）の水アトマイズ粉末にp形もしくはn形化元素粉末を添加した2種類の混合粉末を焼結原料としている．U字型に開孔した金型内に，p形化用元素粉末を添加した混合粉末と，n形化用元素粉末を添加した混合粉末を，左右にそれぞれ充てんして圧粉する．U字型に一体成形されたこの圧粉体を炉に入れて無加圧焼結するプロセスで製造された素子である．

3.5.4 MM 粉末

粉体と加工媒体を容器内に封入し，容器に転動や撹拌などの機械的エネルギーを加えることによって，粉体に加工を加える手法をメカニカルミリング（Mechanical Milling, MM）と呼ぶ．MM法は単なる混合とは異なり，粉体に一定以上の大きな運動エネルギーを長時間与えることで，ボールとボール，あるいは，ボールと容器内壁との衝突によって生じる圧縮応力やせん断応力を利用して加工する．このような加工により，粉体は多方面から繰返し変形や破壊を受けることから，MM法は，一般的な圧延加工や曲げ・ねじり加工と比較して，きわめて大きなひずみを付与することができる加工法である．

MM法は，粉体に機械的エネルギーを与える方法によって，遊星型，振動型，回転型などに分類できる．図3.56に，MM法の中で最も加工効率が高く，かつ一般的な遊星型MM法の模式図を示す．粉体と，ステンレスボールなどの加工媒体をともに容器に入れ，つぎに容器に自転と公転の回転運動を与え，粉体を加工する．このとき，容器内の雰囲気を種々に調整することができる．

MM法とは，加工媒体を利用して，運動エネルギーにより粉体を加工する手

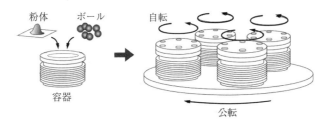

図3.56 遊星型MM法の模式図

法の総称であり，狭義には，二種以上の異種粉末の固相反応による合金化を目的としたメカニカルアロイング（MA）[93]，粉末の粉砕を主目的とした渦流ミル法などがある．

〔1〕 **MA法によるTi-Al系金属間化合物の作製**

MA法[94),95)]は，1970年にBenjamin[96)]により酸化物分散強化型Ni基超合金の製造のために開発された．さらに1981年に，MA法によってCo-Y合金をアモルファス化することがYermakov[97)]らによって発表されてからは，MA法によるアモルファス合金や準安定相の生成実験も盛んに行われるようになった．MA法の原理は，密閉容器に粉砕媒体であるボールとともに入れられたいくつかの異なる種類の原料粉末の混合物に対して，転動や撹拌といった機械的エネルギーを与え，固相のまま合金化することである．

図3.57に，MA法による合金化の原理図を示す．まずMA加工中には，図（a）～図（c）のように，ボールどうしの衝突によりボールの間に挟まれた原料粉末は，塑性変形による練合せや，粉砕と圧接の繰返しによって層状組織となる．MA処理時間の経過に伴い層状組織は微細化され，原子オーダーまでの超微細混合が進む．混合により新しい合金相が形成されるが，低温度での処理であることや原子易動度が小さいことなどが，溶解・凝固によるこれまでの方

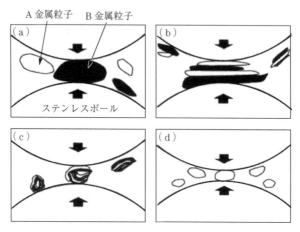

図3.57 MA法による合金化の原理図

法とは異なった合金相の形成を可能にしている．

従来からの液相や気相からの急冷凝固により形成されるアモルファス合金や準安定相は，液相や気相状態の激しく運動している原子の運動エネルギーを急に取り去り，乱れた原子配列の準安定状態を凍結することにより得ていたため，技術的にリボン状や薄膜状試料しか作製できなかった．これに対して，MA 法では安定な平衡状態にある原子に機械的にエネルギーを与え固相のままで非平衡状態にしているため，MA 処理後に真空ホットプレスや HIP により固化成形し，アモルファス相や準安定相からなるバルク材の作製や，相変態を利用した固化成形なども可能である．MA 法は，粉末冶金における加工熱処理技術の新手法といえよう．

Ti-Al 系金属間化合物は，耐食性と高温強度特性に優れた軽量耐熱材料として近年非常に注目されている．その用途は，ジェットエンジンのタービンブレードおよびその関連部品などの航空宇宙機器用各種素材である．しかし，Ti-Al 系金属間化合物は融点が 1 500 ℃以上と高温であることや，溶融した Ti-Al は湯流れ性が悪いために鋳造による製造が困難な材料である．また，加工性にも乏しい．このような難鋳造性，難加工性を解決するための方法として，MA 法は非常に有用な方法である．以下に Ti-Al 系（Ti-45％Al）金属間化合物の MA 法を用いた作製についての研究例を示す[98)~103)]．

図 3.58 は，純 Ti および純 Al の粉末を原子比で 55：45 の割合で混合し，MA 処理を行った粉末と，その後に真空ホットプレス焼結を行ったときの X 線回折図形の変化である．

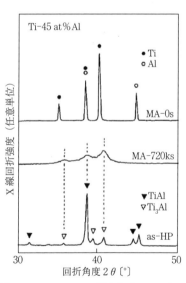

図 3.58 Ti-45at％Al 混合粉末の MA 処理と，その後の真空ホットプレス焼結における X 線回折図形の変化[100)]

MA720ks 粉末の X 線回折ピークは，焼結体の TiAl および Ti_3Al のピーク位置とほぼ同じ位置にあることがわかる．すなわち，MA 処理によって，Ti との Al の合金化ならびに Ti_3Al や TiAl の生成が起こった可能性が考えられる[100]．MA 処理粉末を 1 000 ℃，200 MPa，5 時間の HIP 処理により焼結して得られた組織は，結晶粒径 1 μm 前後の等軸粒組織であり，鋳造法により作製した場合と比較してきわめて微細である．

この材料の高温下での引張試験を行った結果，405 % もの伸びが得られた．このような大きな伸びは，等軸で微細な組織を有する材料で起こることが知られている超塑性変形による伸びである．このことから，加工性に乏しい Ti-Al 系金属間化合物においても超塑性変形を利用した加工が可能であることがわかる．

〔2〕 **MM 法を利用した調和組織制御**

MM 法の利点の一つは，通常の曲げ加工や圧延加工などではとうてい実現できない巨大ひずみを材料に付与できる点にある．梅本らの概算によると，ボールとの衝突で粉末に与えられるひずみは 1 程度，昇温は最大 300 K，衝突時間は 10^{-5} s，応力は 1 GPa，ひずみ速度は 10^4 s^{-1} 程度である．すなわち，遊星型ボールミルは 1 回の衝突エネルギーは小さいが，試料が粉末で非常に小さいためにひずみやひずみ速度が非常に大きいといえる[104]．このような巨大ひずみ加工を利用した，ヘテロ組織制御による材料の高強度・高延性化が近年注目されている．

従来の材料強化法は，合金化や熱処理によって，その内部組織をできるだけ均一に，均質に調質することが重視されてきた．組織を均一化することにより，材料内部の応力集中が緩和され，機械的特性が向上することが一般に知られている．ところが，ヘテロ（不均一）構造組織を積極的に利用し制御することによって，不均一組織が均一組織を上回る機械的特性を示したり，新しい機能を発現したりすることが近年明らかになってきている[105],[106]．

図 3.59 は，MM 処理により表面に超強加工を施した Ti 粉末を焼結して作製した，純 Ti 調和組織である．調和組織とは，微細結晶粒領域が連結したネッ

トワークを構築し,粗大結晶粒領域が島状に分散するよう配置された組織である.微視的視点においては結晶粒径が不均一なヘテロ構造組織でありながら,巨視的視点では一定の周期性を有している均一組織とみなせる高度に構造制御された組織である[107),108)].図3.59に示した純Tiの例においても,平均結晶粒径40.5μmの粗大結晶粒領域を取り囲むように,平均結晶粒径5.6μmの微細結晶粒領域が連結

図3.59 純Ti調和組織[108)]

したネットワークを形成していることがわかる.

調和組織制御は,MM法により作製した粉末を焼結することにより作製できる.原料となるTi粉末に,遊星型ボールミル用いて巨大ひずみ加工を施す.一般的にMM法は,高い運動エネルギーにより粉末の粉砕や凝集を伴うが,調和組織制御では,粉末の粉砕や変形,凝集を生じさせないように綿密に加工条件(回転数,加工時間,加工媒体との重量比など)を調整する.それにより,粉末の表層領域のみに加工が集中し,表層部の結晶粒径がサブミクロンサイズまで微細化する一方で,粉末内部は粗大結晶粒のままとなるバイモーダルな粉末を作製することができる.得られた粉末を型に充てんして焼結を行うと,粉末粒子界面に沿って微細結晶粒領域が連結した組織,すなわち調和組織を得ることができる.

図3.60は,MM処理粉末焼結体(調和組織)ならびに未処理粉末焼結体の応力-ひずみ線図である.MM処理粉末焼結体は,未処理粉末焼結体と比較して,延性を保ったまま強度が飛躍的に上昇していることがわかる.調和組織に代表されるヘテロ構造制御によって,従来はレアメタルなどの稀少元素を用いた合金化に頼っていた金属材料の特性改善が,レアメタルを添加することなく,豊富にある資源(ユビキタス元素)の単純な組成の組合せで達成できると

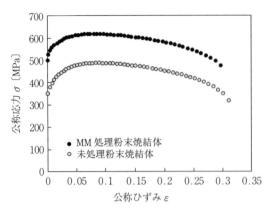

図 3.60 純 Ti MM 処理粉末ならびに未処理粉末焼結体の応力-ひずみ線図 [108]

いったことが今後期待される.

本項では，Ti-Al 系金属間化合物と調和組織制御を例に，MA 法による合金作製ならびに MM 法を利用した三次元の組織傾斜機能を付与した新しい組織制御法について示した．MM 法という新しい粉末の加工熱処理法により，今後，新材料の開発や難加工性材料加工などがさらに発展することが期待される．

3.5.5 ポーラス材料

「ポーラス金属用語」の JIS 規格 [109] (JIS H 7009) によれば，ポーラス金属とは「多数の気孔を含み，その気孔を積極的に有効利用する金属である．多孔質金属ともいう．一般に数 μm から数 cm の気孔径をもつ．」と定義されている．

ポーラス金属（材料）にはさまざまな構造・形態の材料が含まれ，微細な気孔を多数含有した粉末焼結金属もポーラス金属（多孔質金属）の一種である．この多様なポーラス材料はさまざまな観点から分類されており，気孔（セル）の形態からは，気孔と気孔の境界面が開いている"連通気孔（オープンセル）型"，気孔どうしが互いに分離されている"独立気孔（クローズドセル）型"，連通気孔と独立気孔の両方を有する"複合気孔型"の三つに分類される．

一方，気孔の生成過程からは次のように大別できる．一つは，焼結金属や積層造形体のように金属粉末の集合体として材料が構成され，それらの間に気孔を残存させたポーラス金属である．それに対して，金属内に気孔を積極的に導入あるいは生成する方法によって作製されるポーラス金属があり，発泡金属，金属フォーム，金属スポンジと呼ばれている．いずれの場合も金属粉末を素材

とする製造プロセスが開発利用されているが，以下では後者，気孔を導入・生成する成形法を述べる．

〔1〕 プリカーサ法

独立気孔型のポーラス金属を作製する代表的成形法であり，発泡助剤から放出されるガスによって金属内に気孔を生成する[110)～112)]．図3.61にプリカーサ法の概略を示す．金属粉末と発泡助剤粉末を混合した後に固化成形する．この成形体をポーラス金属の前駆体という意味でプリカーサと呼ぶ．このプリカーサを加熱すると，金属が溶融状態になると同時に発泡助剤は分解してガスを放出し気孔が生成する．この方法では，金属（合金）の半溶融温度範囲と発泡助剤の分解温度範囲との関係が重要となり，おもにポーラスアルミニウムやポーラスマグネシウムの製造に利用される．

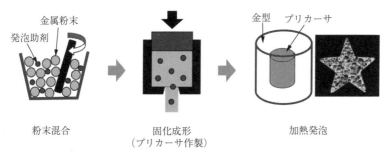

図3.61 プリカーサ法の概略

発泡助剤として一般に利用されるのは水素化チタン（TiH_2）であるが，水素化ジルコニウム（ZrH_2），炭酸カルシウム（$CaCO_3$）を用いた例も報告されている．これらの発泡助剤の分解温度域と発生ガスを表3.10に示す．

表3.10 おもな発泡助剤の分解温度と発生ガス

発泡助剤種類	分解温度域〔℃〕	発生ガス
TiH_2	470～580	H_2
ZrH_2	620～750	H_2
$CaCO_3$	630～800	CO_2

プリカーサ法では，金属粉末と発泡助剤粉末の均一混合やその後の十分な固化成形が，加熱発泡時の気孔の均質生成に大きく影響する[113]．また，プリカーサは複雑形状の金型や中空型材の中で発泡させることが可能であり[114]，型転写性に優れているので，複雑形状のポーラス金属部品を製造することが可能である．また，押出しなどにより棒状のプリカーサを作製し，中空パイプ内で連続的に加熱発泡させれば，長尺中空部材への充てんも比較的簡単である[115]．

プリカーサ法は比較的大きな（数mm）独立気孔を有する発泡金属の製造に適しており，軽金属を素材とする気孔率80％以上の超軽量構造材料としての利用が期待されている．

〔2〕 スペーサー法

連通気孔型のポーラス金属を製造する代表的成形法であり，金属内にあらかじめ導入したスペーサー物質を除去して連通気孔を生成する[116],[117]．

図3.62にスペーサー法の概略を示す．金属粉末にスペーサーとなる粒子（NaClなど水溶性物質）を混合して圧粉・焼結する．その後，水中でスペーサー物質を溶解除去して多孔質体（ポーラス金属）を作製する．使用するスペーサーは単独粒子であるが，金属粉末の焼結部分に存在する微細な気孔を通して水が浸透し，焼結体内部のスペーサー粒子も除去することが可能である．また，スペーサー粒子のみをあらかじめ焼結して連通気孔を有する多孔質体を作製し，この連通気孔部分に溶融金属を含侵して凝固した後に，スペーサー部分を水中で溶解除去してポーラス金属を作製する方法もある．

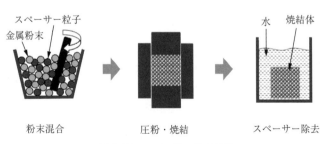

図3.62 スペーサー法の概略

スペーサー法の大きな特徴は，スペーサー粒子の寸法や混合量によって，気孔寸法や相対密度を精度よく制御できることであり，気孔率は最大98%，気孔径は最小10 μm 程度まで制御が可能である．また，部分的なポーラス化や気孔構造の傾斜化など，気孔構造をさまざまにデザインすることも可能である．そのため，力学特性に及ぼすセル構造の影響を調査するためのモデル材料として使用されることもあり，均質構造と流体透過性を利用したフィルターや熱交換器への適用も提案されている．

〔3〕 **燃焼合成法**

燃焼合成法は一般にセラミック粉末の合成などに利用される反応プロセスで，元素間の高い発熱反応を利用して無機化合物を合成する方法である[118),119)]．この燃焼合成法によってポーラス金属を作製する方法の概略を**図3.63**に示す．

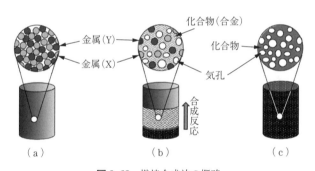

図3.63 燃焼合成法の概略

異なる金属粉末（例えばAlとTi，AlとNiなど）を混合した後，圧粉成形体を作製する（図(a)）．この成形体の一部または全体を加熱すると，原料粉末間の燃焼合成反応によって気孔を有する化合物（例えばAl-Ti化合物，Al-Ni化合物など）が生成する（図(b)）．反応途中の生成物（化合物あるいは合金）は溶融状態にあり，原料粉末表面の吸着ガスや粉末内部に固溶していたガス成分が，溶融状態の生成物中に放出されて独立気孔を形成する．このときの反応生成熱（反応温度）など製造条件を適切に制御すると，気孔率が90%

程度に達する発泡化合物の作製が可能となる（図（c））[120].

この方法では，圧粉成形体の一部分の反応が開始すると，その反応熱によって反応部近傍が加熱されて新たな反応が誘起されるため，合成反応が自己伝播する．したがって，大きな成形体でも全体を加熱する必要はなく，少ない外部熱の投入によって一部で合成反応が開始すれば，自己伝播反応により成形体全体をポーラス金属とすることが可能である．また，プリカーサ法と同様，金型内や中空型材内でのポーラス金属の作製も可能である[121].さらに，スペーサー法と組み合わせることによって，連通気孔を有するポーラス金属間化合物の作製も可能である[122].

〔4〕　スラリー発泡法

バインダー溶液に金属粉末を分散したスラリーを発泡させ，その状態を乾燥して固定した後に焼結して，気孔率の高い連通気孔型ポーラス金属を作製する．原理は同じであるが，バインダーの種類やスラリーの発泡方法が異なるさまざまなプロセスが開発されている．一般には水溶性バインダーが用いられ，スラリーの発泡方法としては直接撹拌によるほか，発泡剤（LPG，ペンタン，ヘキサンなど）を利用する方法がある．スラリー発泡法の特徴は，ほとんどの金属粉末が利用可能であり，90％以上の高気孔率発泡金属が比較的簡単なプロセスで作製できることである．

具体例として，セルロース系の水溶液バインダーと金属粉末のスラリーに発泡剤と界面活性剤を添加し，ドクターブレードで引き伸ばすと同時に加熱発泡させて，気孔率97％以上，気孔径100 µm以下の発泡金属が作製されている[123].また，凍結・解凍によってゲル化するPVA水溶液をバインダーにした金属粉末スラリーに発泡剤を添加し，ゲル化したスラリーを加熱発泡後に乾燥し焼結して，独立気孔型に近いポーラス金属を作製している[124].さらに，このゲル化法とスペーサー法を組み合わせて，高気孔率のステンレス鋼発泡体も作製されている[125].

3.5.6 傾斜機能材料

傾斜機能材料は Functionally Graded Materials の略で FGMs と表記される（以前は FGM としていたが現在 FGMs へ変更統一された）．1984年世界に先駆け日本で FGMs コンセプトが創案され，1987年「熱応力緩和の傾斜機能材料開発の研究プロジェクト」が科学技術庁の支援で始まり，さらにその後，文部省・経済産業省・県プロジェクトが実施され全世界へ広まった．今日では"夢の新素材"ともいわれている[126)〜129)]．本項は FGMs の基本概念，特徴と応用について述べる．

〔1〕 **傾斜機能材料とは**

傾斜機能材料は「材料の組成や組織，物性などを連続的あるいは段階的に厚さ方向または広がり方向に一体化させたもの」と定義されている．米国スペースシャトル外壁タイル材脱落事故の問題解決に向け，日本の研究者ら（東北大学，JAXA など）の発案で，セラミックス-金属系「熱応力緩和型超耐熱材料」の開発が提案されたことがその発端である．

図3.64 に，代表的なセラミックス-金属系傾斜機能材料の基本概念の例を示す．傾斜構造には，中間層に界面のない無段階傾斜（連続）と階段状傾斜の二通りがある．図は基本の無段階連続傾斜の例である．セラミックスの耐熱性と金属の機械的強度を併せもつ熱応力緩和型新機能性材料の創製が可能となる．

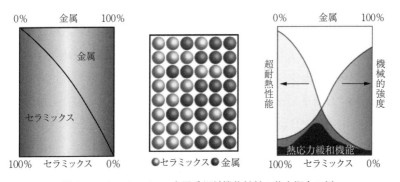

図3.64 セラミックス-金属系傾斜機能材料の基本概念の例

〔2〕 **粉末プロセスによる傾斜機能材料の作製**

傾斜機能材料（FGMs）の作製方法には，原料から直接 FGMs を作製する方法として PVD 法，CVD 法，プラズマ溶射法，複合電鋳法，共晶接合法，ガス雰囲気熱処理法などがある．

一方，粉末プロセスでは主として粉末原料から 2 段あるいは 3 段処理を行う．まず，1）混合・造粒など原料粉末の前処理を行い，2）傾斜構造のグリーン体原料（型充てん，圧粉体や仮成形体）を作り，次に 3）別工程の焼成（焼結）処理を加えることにより，ち密で健全な傾斜機能材料を作製する．

前段階の傾斜構造仮成形体の作製には，スラリー段階添加法，遠心法，粒子配列法，粒子噴射法，薄膜積層法，粉体積層充てん法などの方法がある．焼成（焼結）方法には放電プラズマ焼結法（SPS 法），自己発熱反応合成法（燃焼合成法，SHS 法），ホットプレス法（HP 法），熱間等方圧成形法（HIP 法），常圧焼結法（無加圧焼結法：PLS 法，NS 法）などがある．

この中でバルク状傾斜機能材料を製造するうえでは型充てん―圧粉―焼結までを同一工程で行え，かつ「温度傾斜焼結」が容易な SPS 法による多重積層粉末焼結法が，最も簡便で優位性が高いと考えられている．したがって，ここでは SPS 法を用いた FGMs 作製方法などを紹介する．

〔3〕 **SPS 法よる WC / Co 超硬系傾斜機能材料の作製**

傾斜機能化のコンセプトはアイデアひとつで新しい機能を付与できることにあり，幅広い産業へ適用が可能である．周知のとおり WC/Co 系超硬合金は精密プレス金型，切削工具，耐摩耗材料として，広く産業用に利用されている．超硬合金は鋼材料と比べ硬さでは優れているが，じん性に劣る欠点がある．より硬い材料ではセラミックス，サーメット材工具などがあるが，もろく，じん性に劣る．じん性では高速度鋼が優れている．

サブミクロンオーダーの超微粒 WC 粒子を焼結すれば，従来の超硬よりも硬さ・じん性に優れた材料が得られる．**図 3.65** に示すように，これらの改良品として FGMs 化することで，硬さとじん性を兼ね備えた新しい機能性超硬材料を創製できる．

3.5 機能性材料粉末の成形特性　　187

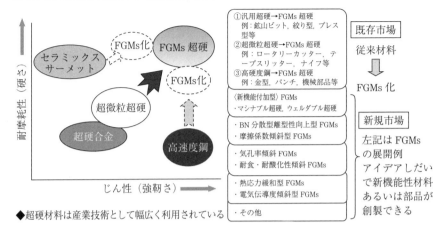

図 3.65　産業応用と FGMs 化による新しい硬質材料創製・改良

　また，超硬材料は溶接が困難であるが，組成傾斜化することで溶接可能なウェルダブル FGMs 超硬を生み出せる．機械切削やねじ切り加工が可能なマシナブル超硬材，セラミックスと金属の熱応力緩和型 FGMs，表面多孔体で裏面ち密体の気孔率傾斜型 FGMs，絶縁性材料（ガラス，プラスチック）と導電性材料（銅，アルミニウム，ステンレス鋼材）との電気・熱伝導度傾斜型 FGMs など，SPS 法を用いることで多様な複合機能性材料の作製を行うことが可能となる．また，焼結型の断面形状を変化させることで上下方向に，すなわち積層部位により温度勾配をつける温度傾斜（温度勾配場）焼結法は，SPS 法独特の焼結方法であり，FGMs 作製方法としてきわめて効果が大きい（図 3.67 参照）．

〔4〕　傾斜機能材料創製の実施例

　現在までに SPS 法を用いて多種多様な材料を組み合わせた FGMs 研究・作製報告がされている[130)～137)]．例えば，ZrO_2/SUS 系[128),130),131)]，ZrO_2/Ni 系，Al_2O_3/SUS 系，Al_2O_3/Ti 系[137)]，TiB_2/Ti 系，SiC/$MoSi_2$ 系，WC/Co 系，WC/Co/SUS 系，WC/Ni 系，Cu/SUS 系，SiO_2/SUS 系，アパタイト/Ti 系[133)]，ポリイミド樹脂/Al 系，ポリイミド樹脂/Cu 系，フェノール樹脂/Cu 系[129)]など，各種バルク状傾斜機能材料の創製に成功している．近年では SPS 法による Al_2O/Ti/Ti-6Al-4V 系 FGMs が人工関節バイオ材料用として，また Si_3N_4 系

無段階傾斜材料の創製[134)]などの報告があり，実用化への試みが進んでいる．

図3.66は，SPS法によって作製された直径20 mm程度の小片の積層構造をもつ各種バルク状傾斜機能材料の創製例である．

（左）は（a）ZrO_2/SUS系 FGMs,（b）ZrO_2/Ni系 FGMs,（c）Cu/SUS系 FGMs,（d）Al/ポリミイド樹脂系 FGMs,（e）Al_2O_3/Ti系 FGMs．（右）は（d）Al/ポリミイド樹脂系5層構造 FGMsの断面拡大写真

図3.66 SPS法により作製されたバルク状傾斜機能材料の創製例

図3.67に，温度傾斜焼結法で作製した，ZrO_2(3Y)/SUS410Lステンレス鋼系（8層構造）傾斜機能材料の作製例を示す．左図は，作製に用いた異形グラファイト型の寸法例である．右図は，試作したZrO_2(3Y)/SUS410Lステンレス鋼系傾斜機能材料の断面の光学顕微鏡写真である．

金属粉末として平均粒径3 μmのステンレス鋼（SUS410L）粉末と，セラミック粉末として3 mol%Yを添加したサブミクロンのZrO_2粉末，その間にZrO_2(3Y)を90，80，70，50，40，30 vol%含む中間混合組成粉末6種類を順次

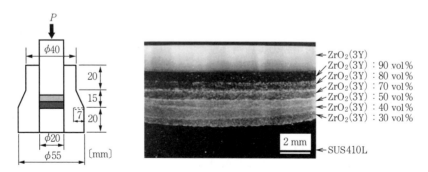

図3.67 ZrO_2(3Y)/SUS410Lステンレス鋼系（8層構造）傾斜機能材料の作製例

積層充てんし，表裏の金属あるいはセラミックス100％層を合せて合計8層からなる傾斜層を創製したものである．5～12Vの直流パルス電圧を印加し，昇温7分，1000℃で7分間保持した後，通電を停止し冷却する方法で創製している．

この方法で得られた直径20 mm，厚さ7.5 mmの円盤状焼結体における各層の接合界面には微小気孔やクラックは認められず，100％ZrO_2層の硬さは14 GPaと強固に焼結できていた．低い温度条件で，かつ温度傾斜焼結法を利用した短時間焼結により，傾斜焼結体中に発生する残留応力を著しく軽減できる．このϕ20 mmの小片FGMsの場合，SPS焼結は加工開始から昇温・保持時間合せて（冷却時間除く）約15～20分程度で終了する．ラマン分光法を用いた残留応力の詳細調査検討も行われている[135]．

図3.68はトップコートに100％Al_2O_3層，中間混合組成8層，ボトム層に

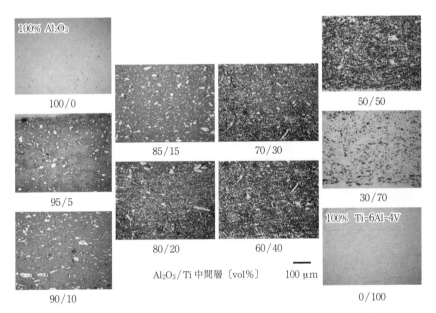

図3.68　100％ Al_2O_3 /中間層/100％ Ti系FGMsをSPS法で作製した焼結体各層の光学顕微鏡写真（各写真下に記載の数字はAl_2O_3/Ti-6AL-4Vの体積分率（含有率））

100%Ti-6Al-4V を配し φ20 mm, 厚さ 10.5 mm に SPS 法で作製した FGMs 焼結体各層の光学顕微鏡写真である. 所定の体積分率の複合材料がち密に, マイクロクラック・割れ・剥離なく一体焼結できている.

また, **図 3.69** に 4 層構造 100×100×50 mm WC/Co 系大型バルク状傾斜機能性超硬合金 (品名: FGMs 超硬) の外観写真, 各層の硬さ分布および EPMA 分析結果を示す. バインダーである Co の液相が他層へ拡散することなく健全に保持, 焼結されており, 階層状 WC/Co 濃度の違いは明瞭である.

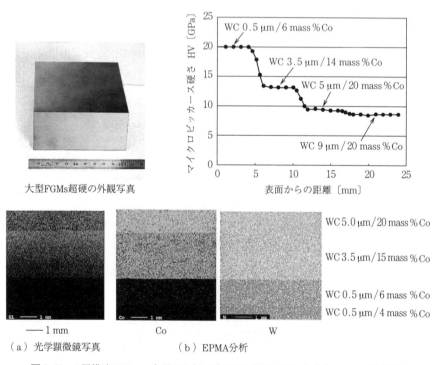

図 3.69 4 層構造 100 mm 大型 WC/Co 系 FGMs 超硬の硬さ分布と EPMA 分析結果

〔5〕 **傾斜機能材料の実用化例**

現在までに SPS 法を用いて多様な材種の組合せで実用製品が製造されてきている.

3.5 機能性材料粉末の成形特性

（a） プレス金型への応用　WC/Co系大型FGMs超硬用途の一つはプレス打抜き型（スタンピングダイ）のパンチ・ダイ金型材料である．図3.70は，この大型FGMs超硬母材ブロックから切抜き作製された各種プレス打抜き金型（パンチ・ダイ）の応用例である．

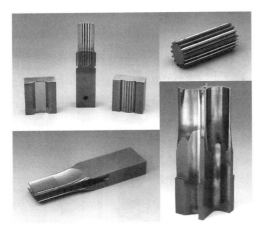

図3.70　大型FGMs超硬から作製されたプレス打抜き
　　　　金型（パンチ・ダイ）への応用例

（b） ウェルダブルFGMs超硬　図3.71は，溶接可能な「ウェルダブルFGMs超硬」が押出し成形機用長寿命・高耐摩耗スクリューに応用された実用例である．石炭火力発電所でできた石炭灰と石灰を混練し，押出し成形して脱硝剤ペレットをリサイクル製造する用途に実用化された．スクリュー先端部分には大形FGMsタイル，らせんエッジ部分に扇状FGMsタイルを溶接し耐久

図3.71　TIG溶接中のFGMs超硬タイル（右）とFGMsスクリュー製品（左）[136]

性の向上を図った. その結果, 従来品で約 800～1 000 時間のサイクル寿命をおよそ3倍以上の 3 000 時間超へと改善し, 実用化に成功した[136]. この FGM 超硬は各種耐摩耗部品への応用が可能であり, 新超硬材料として幅広い市場で耐摩耗部品への採用が期待されている.

（c） **超音波ホモジナイザー装置用ホーン先端チップ工具への応用** ZrO_2-Ti 合金系 FGMs が, 超音波ホモジナイザー先端のホーンチップに応用された. 図 3.72 は, その装置および使用した FGMs 粉末の外観写真である. Ti 製ではキャビテーションによる損耗が大きく, 総セラミック製では破損しやすい問題点があった. FGMs チップは摩耗がきわめて少なく, 撹拌時の不純物混入がなくかつ長寿命で, 超音波ホモジナイザー装置の用途拡大に成果をあげた.

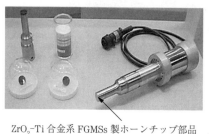

ZrO_2-Ti 合金系 FGMSs 製ホーンチップ部品

超音波ホモジナイザー装置（本体）

FGMs 粉末

図 3.72 超音波ホモジナイザー装置への応用例（三井電気精機株式会社提供）

FGMs は前述例のほか, 三次元形状ニヤネットシェイプ成形 ZrO_2/Ti/Ti-Al/Al 合金系 FGMs, 同心円状 FGMs, 気孔率傾斜型 FGMs, 熱・電気伝導度傾斜型 FGMs など, SPS 法による応用事例がある. エネルギー関連分野での熱電発電, 医学的生態的機能分野での人工骨, 人工関節および人工歯根, 光学的機能分野での光ファイバ, センサ・アクチュエータ, その他, 電気的・磁気的機能, 化学的機能など, 多岐にわたり各種製法の開発提案がなされている. SPS 法による FGMs 製造は硬度傾斜の超硬材料のみならず, 耐熱性傾斜, 耐酸化性傾斜, 生体適合性傾斜など, 各種機能性材料の開発が進み産業界の期待を受け実用化へ向かっている[137],[138].

3.5.7 生体材料
〔1〕 生体材料の種類

長寿命国家になっても，人々は平均寿命と健康寿命（無障害平均寿命）の差（要支援・要介護年数）の期間はなんらかの支援や介護を必要とする．要支援・要介護に至る原因には，脳卒中，認知症，衰弱などに加えて，骨折・転倒，関節疾患，脊椎損傷など運動器の疾患があり[†]，行動する機能が衰え，寝たきりに至ることがある．これを防ぐには運動器の早期治療を行うことが必要である．

運動器の治療に使用される医療機器（インプラントとも呼ぶ）は，セラミックス材料[139]，金属材料[140]および高分子材料[141]の単独または組合せでできており，一例として人工股関節の構造と生体材料を**図3.73**に示す[142]．インプラントは生物学的安全性と力学的安全性を具備しなければならない．骨と代表的生体材料の力学的特性の比較を**表3.11**に示す[143]．

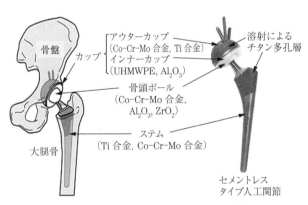

図3.73 人工股関節の構成と生体材料[142]

〔2〕 セラミックス系生体材料
（a） 非生体活性型セラミックス材料 生体内に埋入しても害はないが生体組織と結合しないセラミックス（非活性型と呼ぶ）にはアルミナ，ジルコ

---

† 内閣府高齢社会白書：http://www8.cao.go.jp/kourei/whitepaper/w-2016/html/zenbun/s1_2_3.html （2018年9月現在）

表3.11 骨と各種生体材料の力学的特性の比較 [143]

材料名称	作製条件	引張強度〔MPa〕	弾性率〔GPa〕	曲げ強度〔MPa〕	伸び〔%〕	用　　途
ち密骨	–	–	15-20	50～150		
海綿骨		–	0.05-0.5			
水酸アパタイト	圧粉/焼結	–	80-110	200		人工骨
AW結晶化ガラス	圧粉/焼結	–	118	220	–	人工骨（椎間スペーサー）
Al$_2$O$_3$	HIP	–	400	550	–	人工関節（骨頭ボール,カップ）
ZrO$_2$	HIP	–	220	900	–	人工関節（骨頭ボール）
超高分子量ポリエ		39-48	0.8-1.6	–	450	人工股関節カップ,
チレン	圧粉成形					人工膝関節トレイ
PMMA骨セメント		2-5	2.7	110	–	人工関節の固定
SUS316L	溶体化	481	200	–	40	手術器具, 骨固定具
Co-Cr-Mo	鍛造	1 000	230	–	≧12	人工関節（ステム,骨頭など）
純チタン2種		≧345	110	–	≧20	ワイヤ, プレートなど
Ti-6Al-4V	鍛造/焼鈍	≧860	106	–	≧10	人工関節(ステムなど),内固定具
Ti-6Al-7Nb		≧900	105	–	≧10	人工股関節, プレート
Ti-15Mo-5Zr-3Al		1 000	85	–	≧10	人工股関節（ステム）

文献143）の表3を改変して作成

ニア，ジルコニア強化型アルミナなどがある．アルミナは1970年初頭に人工股関節の骨頭に使用された [139]．耐摩耗性に優れるが，破損するなどの問題があるので，高純度化と結晶粒の微細化（1μm以下）が進められ，破損率は低減した．

　ジルコニアは高じん性であるが，湿潤下や応力下で変態する問題を有する．高強度のセラミックスとしてジルコニア強化型アルミナ（ZTA）が開発され [144]，人工関節のしゅう動面部材として使用されている．

　（b）　生体活性型セラミックス材料　　1971年に発表されたNa$_2$O-CaO-SiO$_2$-P$_2$O$_5$系ガラス（Bioglass$^®$）は骨と結合することが示され，水酸アパタイト（(Ca$_{10}$PO$_4$)$_6$(OH)$_2$）や結晶化ガラスなどが誕生する礎になった [145]．生体骨はコラーゲン（タンパク質）繊維と水酸アパタイトのナノ結晶の複合材であり，骨欠損部位に生体活性セラミックスを補てんすれば，骨と結合し一体化する．また，生体内で分解吸収される生体吸収性セラミックス（例えばβリン酸3カルシウム（Ca$_3$(PO$_4$)$_2$）を骨欠損部に補てんすると，骨に置き換わる．臨床では塊状，顆粒状あるいは多孔状のものが用途に応じて選択される．

3.5 機能性材料粉末の成形特性 195

生体活性型セラミックスは，強度の点から荷重を支える部位には使いにくい．これを改善するために生体活性結晶化ガラスが開発された[139]．特にアパタイトとウォラストナイトを析出させた結晶化ガラス A-W（$MgO-CaO-SiO_2-P_2O_5-CaF$）は皮質骨（ち密骨）の力学特性を上回る曲げ強度を示し，脊椎スペーサーとして臨床使用されている（表3.11）．

（**c**）　**セラミックス系生体材料の成形法**　セラミックスの原材料は粉体であるので，粉体の圧縮成形—CIP—焼成—機械加工法や泥しょうを型に入れて成形する方法が採用される（3.3節参照）．

〔**3**〕　**高分子系生体材料**

点滴チューブ，薬液バッグ，人工透析器，コンタクトレンズなど各種の高分子材料が医療に用いられる．また，生分解性高分子材料（例えばポリ乳酸）製人工骨も骨補てん材などに使用される．

分子量の大きな超高分子量ポリエチレン（UHMWPE）は，粉末を圧縮成形して人工関節のしゅう動部品として使用される．UHMWPE の耐摩耗性を高めるために，γ線照射による架橋，ビタミンEの添加による生体内劣化の防止[146]などの手段が講じられる．

〔**4**〕　**金属系生体材料**

（**a**）　**骨と金属材料を結合させる処理法**　金属系生体材料には高い強度が求められ，316L ステンレス鋼，Co-Cr-Mo 合金，純チタンおよびチタン合金が使用される．これらの材料でできたインプラントは，溶解—熱間鍛錬—熱間/冷間素形材加工—機械加工により仕上げられるが，インプラントに骨結合機能を付与する場合に粉末材料が併用される．

金属材料はもともと骨と結合しないが，孔径 $100 \sim 1\,000\,\mu m$ の多孔部には骨が侵入し，骨とインプラントは結合する．1970 年代は，インプラント表面を単に粗面にすれば骨は固着すると考えられていたが，1980 年代にチタン合金や Co-Cr-Mo 合金製のビーズやファイバをインプラント表面に焼結した多孔構造が採用され，骨とインプラントの固着は確実なものになった．

その後，純チタン粉末のアークデポジションやプラズマスプレーによる多孔

構造の形成，水酸アパタイト粉末をインプラントの表面に溶射する方法が開発され，骨との早期結合が実現した．さらに2000年代に入って，多孔構造チタン層をNaOH溶液に浸漬後，大気中で600℃×1時間加熱して骨結合力を高める処理法[147]が実用化された．

（b）**多孔構造による弾性率の低減**　金属材料の弾性率はち密骨のそれの7～10倍であるので，インプラントと周囲骨との間に変形の不適合が生じ，骨吸収†を起こす．これを避けるため多孔構造をもつインプラントが用いられる．純チタンの場合，40%以上の気孔率でち密骨より低い弾性率になるものの，チタン多孔体の強度は気孔率の増加とともに低くなるので，基材表層および荷重の小さい部位に限定した使い方，あるいは高強度材との複合が必要である．

（c）**金属製多孔体の例**　基材上に多孔層を設ける場合，粉末やファイバーの焼結法あるいは溶射法が使用される．塊状の多孔体を作製する場合，気孔形成材と金属粉末を混合して焼結する方法（3.5.5項参照）が有用であり，**図3.74**にその方法で作製した純チタン製焼結多孔椎間スペーサーを示す[148]．この種の多孔体では骨侵入に好ましい気孔径（200～400 μm），気孔率

多孔部の拡大　　　　複合人工骨の外観（椎間スペーサー）

図3.74　純チタン製焼結多孔体とち密材の複合人工骨

---

† 骨吸収は一般的には古くなった骨が生理的に，または炎症などにより病的に骨組織が溶解されて失われること．ここでは弾性率の高いインプラントが負荷の多くを負担し，骨に負荷が働きにくくなった場合に生じる骨溶解のこと．

（40〜80％）にすることが重要で，それらは気孔形成材の大きさと量で制御される．

図3.75は焼結法で作製された純チタン多孔体の強度と気孔率の関係を示す．チタン粉末A（JIS 2種）と粉末B（JIS 3種相当）に強度差がみられ，両者の強度は気孔率の上昇とともに低下する[148]．

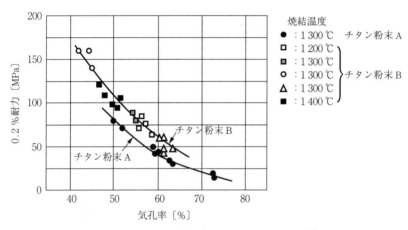

図3.75 純チタン多孔体強度と気孔率の関係[148]

一方，粉末積層造形法（2.7節参照）を用いると，複雑な外形および内部構造をもったインプラントの作製が可能になる．例えば，表面に多孔層を有する人工股関節用臼蓋(きゅうがい)メタルカップを，Ti-6Al-4V合金粉（粒径約60 μm））を用いた積層造形法により作製し，その後部分的な機械加工仕上げを行い，大幅な工程省略が実現されている[149]．

患者のCT画像情報をもとに患部の形状に適合するインプラントで，各種の内部構造をもつものも今後の発展が期待される．図3.76に，一例として椎間スペーサーの形状設計から粉末積層造形に至る流れを示す．CTデータをもとにコンピュータ上で患部に適合するインプラントを設計した後，FEMによる力学的特性評価を行う．臨床使用できると医師が判断すれば，粉末積層造形法によりインプラントが作製される．

図3.77はこのようにして造形した歯槽骨造骨用（Guided Bone Regeneration,

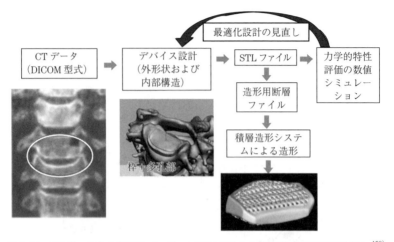

図 3.76 CT データから椎間スペーサーの形状設計から粉末積層造形に至る流れ[150]

(a) コンピュータシミュレーションによる完成予想図
(b) 積層造形法により作製した GBR デバイス
(c) GBR デバイスの設置状況

図 3.77 歯槽骨欠損の GBR 用デバイスによる治療[150]

GBR) デバイスの例である[150]. あらかじめ造形したものを使用することにより手術が短時間ですみ, 患者および医師の負担が低減される.

引用・参考文献

1) ヘガネスハンドブックシリーズ 2, 焼結部品の製造, (1997), 4-13, Höganäs AB.
2) ヘガネス社カタログ, Hipaloy™, (2016), Höganäs AB.

引 用・参 考 文 献　　　199

3) ヘガネスハンドブックシリーズ2, 焼結部品の製造, (1997), 4-27, Höganäs AB.
4) 竹本恵英：粉体および粉末冶金, **56**-6 (2009), 306-312.
5) 近藤幹夫・竹本恵英・浦田勇：粉体および粉末冶金, **45**-5 (1998), 412-416.
6) Larsson, M. & Vidarsson, H.：Advances in Powder Metallurgy & Particulate Materials **2**, (2000), 41-53, MPIF.
7) Larsson, M. & Edman, D.：Proceedings of PM2004 Vienna, (2004), 196-202, EPMA.
8) ヘガネスハンドブックシリーズ4, 温間成形, (1997), Höganäs AB.
9) Zenger, D.C. & Cai H.：Handbook of The Common Cracks in Green PM Compacts, (1997) Metal Powder Industries Federation Powder Metallurgy Research Center, WPI.
10) 大同特殊鋼粉末製品部編：大同特殊鋼合金粉末カタログ, (2015), 5-8.
11) 西口勝ほか：住友金属, **42**-11 (1991), 353.
12) 田端強・眞崎才次・矢部智宏：塑性と加工, **27**-309 (1986), 1173-1177.
13) 川鉄の粉末冶金用鉄粉 KIP 技術資料 (2), (1970).
14) 日本粉末冶金工業会：日本粉末冶金工業会規格 JPMA P 11-1992, 金属粉末体のラトラ値の測定方法, (1992).
15) 木村尚：粉末冶金—その歴史と発展, (1999), 58-59, アグネ技術センター.
16) ASM Handbook Committee：Powder Metal Technologies and Application ASM Handbook, 7 (1998), 786, ASM International.
17) 渡辺力蔵：超耐熱合金を中心としたオーステナイト系耐熱合金, (2000), 日本鉄鋼協会.
18) 例えば, 日本金属学会編：金属便覧, (2000), 丸善.
19) 例えば, 日本金属学会編：金属データブック, (2004), 丸善.
20) 大野丈博：特殊鋼, **60**-6 (2011), 26-30.
21) 中野渡功・竹川光弘：特殊鋼, **60**-6 (2011), 17-21.
22) 三浦信祐：電気製鋼, **83**-1 (2012), 35-42.
23) 有我誠芳：JRCM NEWS, 245 (2007), 2-5.
24) 藤岡順三・谷月峰・崔傳勇・横川忠晴・小林敏治・原田広史・福田正・三橋章：日本ガスタービン学会誌, **40**-2 (2012), 107-112.
25) Muzyka, D.R.：Mat. Eng. Q., **11**-4 (1971), 12-20.
26) Bhowal, P.R. & Schirra, J.J.：Superalloys 718, 625, 706 and Various Derivatives, Ed. by Loria, F.A., (2001), 193-201, TMA.
27) 池田光・長田稔子・姜賢求・津守不二夫・三浦秀士：粉体および粉末冶金, **58**-11 (2011), 679-685.
28) Morinaka, S., Osada, T., Kang, H.G., Tsumori, F. & Miura, H.：Proc. of the 2012 Powder Metallurgy World Congress & Exhibition, (2012), P–T–61.

29) 池田修治・佐藤茂征・津野展廉・吉野内敬史・佐竹雅之：IHI 技報，**53**-4 (2013)，50-54.
30) 金属系材料研究開発センター：平成 27 年度製造基盤技術実態調査，マテリアルズ・インフォマティクスを前提とした三次元金属積層造形技術の適用可能性に関する調査報告書，(2016).
31) 藤井秀樹・高橋一浩・山下義人：新日鉄技報，378 (2003)，62-67.
32) 守屋惇郎・金井章：資源と素材，**109**-12 (1993)，1164-1169.
33) 三菱マテリアル技術資料.
34) 萩原益夫・海江田義也・阿部義邦：鉄と鋼，**72**-6 (1986)，685-692.
35) 磯西和夫・時実正治：鉄と鋼，**76**-12 (1990)，2108-2115.
36) Petersen, V. C., Chandhok, V. K. & Kelto, C. A.：Powder Metallurgy of Titanium Alloys, Froes, F. H. & Smugeresky, J. E. Eds, The Metallurgical Society of AIME, (1980)，243-254.
37) 濱永康太：チタン，**61**-4 (2013)，272-273.
38) 伊藤芳典：塑性と加工，**56**-651 (2015)，280-284.
39) 大久保健児：塑性と加工，**56**-651 (2015)，261-264.
40) 清水透・中野禅・佐藤直子・萩原正：塑性と加工，**56**-649 (2015)，97-101.
41) 前田寿彦：塑性と加工，**56**-651 (2015)，275-279.
42) 斎藤勝義：ファインセラミックス・金属粉体成形用バインダ類の基礎と応用技術，(1988)，アイピーシー.
43) ファインセラミックス成形・加工と接合技術編集委員会編：ファインセラミックス成形・加工と接合技術，(1989)，工業調査会.
44) Handwerker, C. A., Morris, P. A. & Coble, R. L.：J. Am. Ceram. Soc., **72**-1 (1989), 130-136.
45) Song, H. & Coble, R. L.：J. Am. Ceram. Soc., **73**-7 (1990), 2077-2085.
46) Bae, S. I. & Baik, S.：J. Am. Ceram. Soc., **76**-4 (1993), 1065-1067.
47) 植松敬三：粉体工学会誌，**50**-2 (2013)，108-120.
48) 植松敬三：セラミックス，**48**-1 (2013)，4-12.
49) Uematsu, K.: Powder Tech., **88**-3 (1996), 291-298.
50) 田島俊造・鈴木裕之・黒木英憲：粉体および粉末冶金，**40**-1 (1993)，3-7.
51) 日本セラミックス協会編：窯業操作第 5 版，(1990)，106，日本セラミックス協会.
52) 水田博之・小田喜一・芝崎靖雄：ニューセラミックス，7 (1990)，87-94.
53) 鈴木達・打越哲郎・目義雄：セラミックス，**47**-4 (2012)，243-248.
54) 鈴木達・打越哲郎・目義雄：まてりあ，**48**-6 (2009)，321-326.
55) 加藤悦郎：名古屋工業大学窯業研究施設年報，**9** (1982)，45.
56) Lange, F. F.：J. Am. Ceram. Soc., **72**-1 (1989), 3-15.
57) 鈴木裕之：セラミックス，**40**-3，(2005)，189-193.

58) 鈴木裕之・篠崎賢二・田島俊造・黒木英憲：粉体および粉末冶金，**51**-6 (2004)，423-434.

59) 尾崎勝彦・赤澤浩一・永濱睦久：神戸製鋼技報，**61**-1，(2011)，84-88.

60) 鈴木壽・椙山正孝・梅田高照：日本金属学会誌，**28**-2，(1964)，55-58.

61) 鈴木壽・林宏爾：日本金属学会誌，**38**-11，(1974)，1013-1019.

62) Kuwahara, Y., Suzuki, K. & Ma, N.A.：Advanced Powder Technology，**1**-1，(1990)，51-60.

63) Inoue, A.：Materials Transactions，**36**-7 (1995)，866-875.

64) Inoue, A.：Acta Materialia.，**48**-1 (2000)，279-306.

65) Inoue, A.：Bulk Amorphous Alloys, Preparation and Fundamental Characteristics，(1998)，1-116，Trans Tech Publications.

66) 日本化学会：非平衡状態と緩和過程，**5**，(1974)，225-254，学会出版センター．

67) Watanabe, R., Kimura, H., Kato, H. & Inoue, A.：Journal of the Japan Society of Powder and Powder Metallurgy，**54**-11 (2007)，761-767.

68) Duflos, F. & Stohr, J.F.：Journal of Materials Science，**17**-12 (1982)，3641-3652.

69) Xie, G., Louzguine-Luzgin, D.V., Kimura, H. & Inoue, A.：Applied Physics Letters，**90**-24 (2007)，241902. (Artn 241902 10.1063/1.2748102)

70) Kim, T.S., Lee, J.K., Kim, H.J., & Bae, J.C.：Materials Science and Engineering: A，**402**-1-2 (2005)，228-233.

71) Kawamura, Y., Inoue, A., Sasamori, K. & Masumoto, T.：Scripta Metallurgica et Materialia，**29**-2 (1993)，275-280.

72) Kawamura, Y., Inoue, A. & Masumoto, T.：Scripta Metallurgica et Materialia，**29**-1 (1993)，25-30.

73) Watanabe, R., Yodoshi, N., Kato, H. & Kawasaki, A.：Journal of the Japan Society of Powder and Powder Metallurgy，**55**-10 (2008)，709-714.

74) Kumar, J.V.：Sintered Metal-Ceramic Composites, ed. by Upadhyaya, G.S.，(1984)，87-88，Elsevier.

75) Shimada, Y., Nishioka, T. & Ikegaya, A.：J.Jpn.Soc.Powder Metallurgy，**53**-8 (2006)，686-695.

76) 佐川眞人・浜野正昭・平林眞 編：永久磁石材料，(2007)，3-47，アグネ技術センター．

77) Ishimine, T., Watanabe, A., Ueno, T., Maeda, T. & Tokuoka, T.：SEI Technical Review, 72 (2011)，117-123.

78) Watanabe, A., Ueno, T. & Yamada, K.：Proc. Euro PM2015 (2015)．

79) 上村欣一・西田勲夫：熱電半導体とその応用，(1988)，61-94，日刊工業新聞社．

80) 伊藤孝至：熱電変換材料，(2014)，54-55，情報機構．

81) 西田勲夫：工業材料，**33**-4 (1985)，108-112.

82) Nishida, I. : Phys. Rev., **B7**-6 (1973), 2710-2713.

83) 西田勲夫：鉄と鋼，**81**-10 (1995), 454-460.

84) Umemoto, M., Shiga, S., Zenimoto, Y. & Okane, I. : Proc. 1993 Powder Met. World Cong., (1993), 167-170.

85) 梅本実：粉体および粉末冶金，**42**-2 (1995), 135-140.

86) 永井宏・飯田純夫・前田純志・勝山茂・真島一彦：粉体および粉末冶金，**40**-3 (1993), 332-336.

87) 永井宏：まてりあ，**35**-9 (1996), 952-955.

88) 橋井光弥・和田仁・新睦・金武直幸：粉体および粉末冶金，**47**-11 (2000), 1179-1183.

89) 増本剛・川澄岩雄・坂田亮：日本金属学会誌，**43**-11 (1979), 1013-1019.

90) 橋井光弥・金武直幸：粉体および粉末冶金，**52**-12 (2005), 869-873.

91) Kojima, T. & Nishida, I. : Japan. J. Appl. Phsy., **14**-1 (1975), 141-142.

92) Umemoto, M., Liu, Z. G., Omatsuzawa, R. & Tsuchiya, K. : Mater. Sci. Forum, 343-346 (2000), 918-923.

93) 粉体粉末冶金協会編：粉体粉末冶金便覧，(2010), 27-28, 内田老鶴圃．

94) Koch, C.C., Cavin, O.B., McKamey, C.G. & Scarbrough, J.O. : Appl. Phys. Lett., **43**-11 (1983), 1017-1019.

95) Schwaltz R.B., Petrich, R.R. & Saw, C.K. : J. Non-Cryst. Solids, **76**-2-3 (1985), 281-301.

96) Benjamin, J.S. : Met. Trans., **1**-10 (1970), 2943-2951.

97) Yermakov, A.Y., Yurchikov, Y.Y. & Barinov, V.A. : Phys. Met. Metall., **52**-6 (1981), 1184-1193.

98) 杉本春彦・飴山惠・稲葉輝彦・時実正治：日本金属学会，**53**-6 (1989), 628-634.

99) 江崎宏樹・杉本春彦・飴山惠・時實正治：粉体および粉末冶金，**36**-6 (1989), 693-698.

100) 飴山惠・岡田治・時實正治・仲田清智・菱沼章道：粉体および粉末冶金，**40**-3 (1993), 341-344.

101) Tokizane, M., Ameyama, K. & Sugimoto, H. : Solid State Powder Processing, Ed. by Clauer, A.H. & Debarbadillo, J.J., (1990), 67-75, TMS.

102) Ameyama, K., Miyazaki, A. & Tokizane, M. : Proc. Superplasticity in Advanced Materials, JSRS, (1991), 317-322.

103) Tokizane, M., Takaki, Y. & Ameyama, K. : Novel Powder Processing, Proc. Advances in Powder Metallurgy & Particulate Materials, ed. by Capus, J.M. & German, R.M., MPIF, **7** (1992), 315-323.

104) 梅本実・劉志光・土谷浩一：粉体および粉末冶金，**48**-10 (2001), 929-934.

引 用 ・ 参 考 文 献　　　203

105) Sekiguchi, T., Ono, K., Fujiwara, H. & Ameyama, K. : Mater. Trans, **51**-1 (2010), 39-45.
106) 飴山惠・太田美絵 : 粉体および粉末冶金, **64**-1 (2017), 3-10.
107) 飴山惠 : 山陽特殊製鋼技報, **20**-1 (2013), 2-10.
108) 太田美絵・飴山惠 : 粉体および粉末冶金, **62**-6 (2017), 297-301.
109) 日本規格協会 : ポーラス金属用語, JIS H 7009 (2008).
110) Baumeister, J. : US Patent (1992), No. 5,151,246.
111) Baumeister, J. : German Patent (1997), No. 4426627.
112) Baumgärtner, F., Duarte, I. & Banhart, J. : J. Adv Eng. Mat., **2**-4 (2000), 168-174.
113) 小橋眞・棚橋伸也・金武直幸 : 軽金属, **53**-10 (2003), 427-432.
114) Kobashi, M., Sato, R. & Kanetake, N. : Mater. Trans., **47**-9 (2006), 2178-2182.
115) Mizutani, E., Kobashi, M. & Kanetake, N. : Adv. Mater. Res., **26**-28 (2007), 909-912.
116) Hakamada, M., Yamada, Y., Nomura, T., Chen, Y., Kusuda, H. & Mabuchi, M. : Mater. Trans., **46**-12 (2005), 2624-2628.
117) Handbook of Cellular Metals -Production, Processing, Applications-, (ed. by Degischer, H.P. & Kriszt, B.), (2002), 43-55, 313-319, Wiley-VCH.
118) Wrzesinski, W.R. & Rawers, J.C. : J. Mater. Sci. Let., **9**-4 (1990), 432-435.
119) Advani, A.H. Thadhani, N.N., Grebe, H.A., Heaps, R., Coffin, C. & Kottke, T. : J. Mat. Sci., **27**-12 (1992), 3309-3317.
120) Kobashi, M. & Kanetake, N. : Adv. Eng. Mater., **4**-10 (2002), 745-747.
121) 小橋眞・金武直幸 : 高温学会誌, **34**-2 (2008), 79-84.
122) Kobashi, M., Miyake, S. & Kanetake, N. : Intermetallics, **42**-11 (2013), 32-34.
123) 和田正弘 : 化学と工業, **54**-7 (2001), 811-813.
124) 清水透 : 材料の科学と工学, **43**-1 (2006), 2-7.
125) 清水透・松崎邦男・菊池薫・金武直幸 : 粉体および粉末冶金, **55**-11 (2008), 770-775.
126) 未踏科学技術協会・傾斜機能材料研究会編 : 傾斜機能材料, (1993), 工業調査会.
127) 平井敏雄 : 傾斜機能材料の物理・化学, 平成8・9・10年度文部省重点研究報告書 (1996-1998).
128) 新エネルギー・産業技術総合開発機構 (NEDO) : 産業基盤技術共同研究開発/傾斜機能材料の開発, 平成8・9・10・11年度国際研究協力事業成果報告書 (1997-2000).
129) 福岡県産業・科学技術振興財団 : 放電プラズマ焼結法による自動車用機能性金属/樹脂複合材の開発, 産学官協同研究開発事業, 平成20～21年度成果報告書 (2010).

130) Tokita, M. : Mat. Sci. Forum, 308-311 (1999), 83-88.

131) 鴇田正雄・川原正和・園田雅之・大森守・大久保昭・平井敏雄：粉体および粉末冶金, **46**-3 (1999), 269-276.

132) 川崎亮：日本材料科学会誌, **40**-4 (2003), 7-12.

133) Tokita, M. : Mat.Sci.Forum, 492-493 (2005), 711-718.

134) Belmonte, M., Gonzales-Julian, J., Miranzo, P. & Osendi, M.I. : Acta Materialia, **57**-9 (2009), 2607-2612.

135) Tokita, M., Kawahara, M., Mizuuchi, K. & Makino, Y. : J. Jpn. Soc. Pow. Met, **56**-6 (2009), 383-388.

136) 鴨田秀一・中嶋快雄・田中大之・宮腰康樹・高橋英徳・嶋村健二・佐藤健一・牧孝司・安藤秀雄：傾斜機能材料論文集 FGM2003, (2004), 199-204.

137) Tokita, M. : CIMTEC2009, Advances in Science and Technology, **63** (2010), 322-331.

138) 上村誠一・渡辺義見編著：図解 傾斜機能材料の基礎と応用, (2014), 36-75, コロナ社.

139) Kokubo, T., Ed. : Bioceramics and Their Clinical Applications, (2008), Woodhead Publications in Materials.

140) 塙隆夫・米山隆之：金属バイオマテリアル―バイオマテリアルシーズ 1, (2007), コロナ社.

141) 吉川秀樹・中野貴由・松岡厚子・中島義雄編：未来型人工関節を目指して―その歴史から将来展望まで, (2013), 187, 日本医学館.

142) 松下富春・小久保正：塑性と加工, **51**-590 (2010), 182-186.

143) 松下富春：塑性と加工, **42**-486 (2001), 659-664.

144) Ben-Nissan, B., Choi, A.H. & Cordingley, R., Kokubo, T.,Ed. : Bioceramics and Their Clinical Applications, (2008), 223-242, Woodhead Publications in Materials.

145) 田中順三・角田方衛・立石哲也編：バイオマテリアル―材料と生体の相互作用, (2008), 85, 内田老鶴圃.

146) Turner, A., Okubo, Y., Teramura, S., Niwa, Y., Ibaraki, K., Kawasaki,T., Hamada, D., Uetsuki, K. & Tomita, N. : J. Mech. Behav. Biomed. Mater., **31** (2014), 21-30.

147) Kokubo, T., Miyaji, F., Kim, H.M., & Nakamura, T. : J. Am. Ceram. Soc., **79**-4 (1996), 1127-1129.

148) 松下富春・山口誠二・小久保正・中村孝志・竹本充・藤林俊介・土井研児：素形材, **54**-3 (2013), 16-21.

149) Martin, E., Fusi, S.,Pressacco, M., Paussa, L. & Fedrizzi, L. : J. Mech. Behav. Biomed. Mater., **3**-5 (2010), 373-381.

150) 松下富春・藤林俊介・佐々木清幸：塑性と加工, **56**-649 (2015), 112-117.

4 粉体成形の力学

4.1 粉体成形の力学的取扱い

4.1.1 基　　　礎

　粉体が成形される際，どのようにして密度上昇が生じ，どのような密度分布となるか，あるいはどのような形状の成形体が得られるかということは，製品の品質・形状および寸法精度，材料の歩留まりなどに直接関係があり，これらを予測することはニアネットシェイプ成形における重要な課題である．そのためには粉体成形過程の力学的解析が必要不可欠である．

〔1〕　三次元圧縮試験

　粉体が外力を受けたときの挙動を記述するには大きく分けて二通りの方法がある．すなわち，成形中における個々の粒子の運動を力学的に追跡し，それに基づいて粉体全体の挙動を記述する方法[1]~[5]と，いま一つは，粉体を連続体としてとらえ，その連続体が変形するときの応力やひずみに関する「構成式」を用いる方法とがある[6]~[8]．近年，前者の考え方に基づく研究も盛んになってきているが，粉体成形における現象を十分説明するまでにはまだ至っていない．ここでは後者の考え方に基づいたアプローチについて述べる．

　粉体の構成式を構築するには，任意の応力比で粉体を成形して，応力と密度比との関係（これは通常の固体の降伏条件に対応して成形条件と呼ばれている）を調べる必要がある．材料が粉体であるために試験方法には特別の工夫を要するが，原理的には**図 4.1**のような工具で粉体を圧縮すればよい．これは

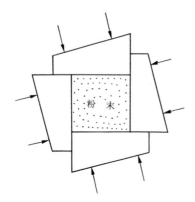

図 4.1 三次元圧縮の原理
(二次元表示)[6),7)]

三次元圧縮試験装置[6),7)]の工具の部分を示したものである．図には簡単のため二次元で表示してある．工具の変位を適当に組み合わせることによって，粉体を任意のひずみ比あるいは応力比で圧縮成形することができる．粉体と接触する工具面には潤滑剤を施し，工具と粉体との間の摩擦は小さくしておく必要がある．粉体にかかる圧力は工具に埋め込まれた測圧ピンによって測定される．

塑性加工において工具にかかる圧力を測定するために測圧ピンがしばしば利用される．測圧ピンではピンの剛性と工具の剛性とが異なるなどから再現性が問題となる場合が多い．しかし，材料が粉体の場合には加圧初期において粉体がピンおよび工具になじむため，再現性は一般に非常に良好である．

図 4.1 のような工具を組み込んだ試験装置は，工具を動かすためのプランジャーの移動方向と，粉体にかかる圧力（主応力）の方向とが一致しないといったことがあり，その構造，操作ともに複雑なので，**図 4.2** に示す比較的簡便な装置も開発されている[7)]．この図に示す装置では，初期の粉体の量および形状が同一であれば，成形は 1 組の工具で 1 種類の応力比またはひずみ速度比のもとで行われることになる．したがって，応力比を変えるためには，異なる斜面角度（図では θ_2）を有する工具を用いる必要がある．

図 4.1 では工具は矢印の方向に負荷されるが，これは工具相互の接触面の間から粉体が流出することを防ぐことを目的としている．一方，図 4.2 に示す装置では，そのようにはなっていないが，成形に用いられるような粉体は成形中

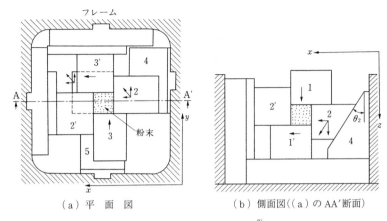

(a) 平 面 図　　　　(b) 側面図((a)のAA'断面)

図4.2　三次元圧縮試験装置[7]

に密度の上昇によって強度が上がるので，必ずしも図4.1のようにしなくても粉体が押し出されて流出することはない．

〔2〕 塑 性 構 成 式

〔1〕で説明した装置を用いた圧縮試験によって得られた成形条件の例を図4.3〜図4.5[6)〜8)]に示す．この図は実験によって求められた応力（主応力）から八面体せん断応力（τ_{oct}）および平均応力（σ_m）を計算して描いたものである．いずれの粉体においても実験点は応力比にかかわらず，ほぼ1本の楕円状の等密度比曲線上にある．このことから，主応力空間では成形曲面（降伏曲面に対応する）は回転楕円体の一部であることがわかる．これを式で表すと降伏関数Fは式（4.1）のようになる．

$$F = \frac{3}{2}\sigma_{ij}'\sigma_{ij}' + \left(\frac{\sigma_m}{f}\right)^2 - (\bar{\sigma}\rho^n)^2 \qquad (4.1)$$

ここにfは密度比ρの関数であり

$$f = \frac{1}{a(1-\rho)^m} \qquad (4.2)$$

のように表すと実験結果とよく合う．式中の$\bar{\sigma}$, a, m, nは材料定数であり粉体の種類によって異なる．例えば同一の粉体でも焼結助剤などの添加剤が添

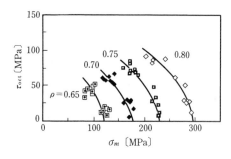

図4.3 電解銅粉の降伏曲面[6]

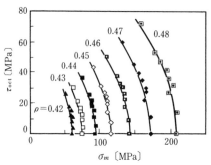

図4.4 窒化ケイ素粉(焼結助剤なし)の降伏曲面[7]

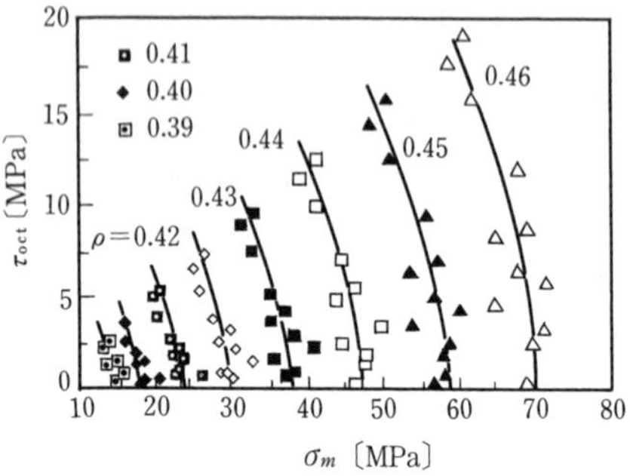

図4.5 窒化ケイ素粉(焼結助剤あり)の降伏曲面[8]

加されると,その特性が大きく変化する(図4.4,図4.5参照).すなわちこれらの値は,対象とする粉体個々について圧縮成形試験を行って決定する必要がある.

いま一つ必要な式は応力とひずみの関係式である.これは塑性論からの類推によって法線則が成り立つとの仮定のもとに得られる.すなわち,ひずみ速度成分は式(4.1)の F を応力で偏微分することによって式(4.3)のようになる.

$$\dot{\varepsilon}_{ij}=\frac{3}{2}\frac{\dot{\bar{\varepsilon}}}{\rho^{2n-1}\bar{\sigma}}\left\{\sigma_{ij}-\delta_{ij}\left(1-\frac{2}{9f^2}\right)\sigma_m\right\} \tag{4.3}$$

ここに $\dot{\bar{\varepsilon}}$ は相当ひずみ速度で,式(4.4)のように表されている.

$$\dot{\bar{\varepsilon}}=\rho^{n-1}\left\{\frac{2}{3}\dot{\varepsilon}_{ij}'\dot{\varepsilon}_{ij}'+(f\dot{\varepsilon}_v)^2\right\} \tag{4.4}$$

式(4.3)から,体積ひずみ速度 $\dot{\varepsilon}_v$ は式(4.5)のように σ_m に依存することに

なる.

$$\dot{\varepsilon}_v = \frac{\dot{\bar{\varepsilon}}}{\rho^{2n-1}\bar{\sigma}} \frac{\sigma_m}{f^2} \tag{4.5}$$

なお,法線則の妥当性については実験的に確かめられている[6),7)].

以上で,基礎となる構成式が決められた.しかしながらこれらの式は成形中応力比がほぼ一定の条件下で求められたものであり,成形途中で応力比が変化する場合にも上式がそのまま適用できるかどうかについてはあまり調べられていない.粉体が成形されると,応力比に応じて異方性が発達することが報告されており[9),10)],異方性が顕著であると,等方性を仮定した構成式は妥当ではなくなる.これについては次項で説明する.

ここで等方圧成形(静水圧成形)と密閉型成形(金型成形)の場合を成形曲面上で比較しておこう.図 4.3〜図 4.5 の降伏曲面を主応力空間 (σ_1, σ_2, σ_3) において $\sigma_2 = \sigma_3$ の平面で切った断面を模式的に示したものが**図 4.6** である.

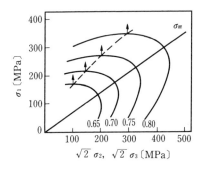

図 4.6 降伏曲面の模式図

図において等方加圧成形は曲線と σ_m 軸との交点に対応する.そしてその縦座標 (σ_1) の値が加圧力を表す.一方密閉型成形の場合には,σ_2 および σ_3 方向にはひずみはゼロであるから,この場合のひずみ速度(増分)は図に示す矢印の方向を向き,その矢印の始点の縦座標が成形圧力を表し,横座標の $1/\sqrt{2}$ が横方向(σ_2 および σ_3 の方向)の圧力を表す.このことから同一の密度の成形体を得るには,密閉型成形よりも等方圧成形のほうが圧力が低くなることが理解できる.

〔3〕 粉体の特性と材料定数

さきに述べたように式 (4.1)，(4.2) に含まれる材料定数 $\bar{\sigma}$, a, m および n は粉末の種類によって異なる．ここで粉末の種類によってこれらがどのように異なるかを見ておくことは有用であろう．以下は，銅粉末が成形中に式 (4.1) 以下の構成式に従って挙動すると仮定し，三次元圧縮成形を行う代わりに，金型成形を利用し，加圧力 p_c と側壁に作用する圧力 q とを測定して，式 (4.1) の中の f および $S=\rho^n\bar{\sigma}$ を計算して求めたものである．

球状（ガスアトマイズ粉），涙滴状（水アトマイズ粉）および樹枝状（電解粉）の銅粉末を用いて，実験が行われている [11]．これらの粉末はタップ密度で約 $2.5\,\mathrm{g/cm^3}(\rho=0.28)$ から $6.1\,\mathrm{g/cm^3}(\rho=0.68)$，また粒度は -20 メッシュから -350 メッシュである．これらの粉末をふるい分けし，粒度分布の幅の狭いほぼ均一な各種の粒度のものと，それらを混合した粒度分布に幅のあるものが実験に供せられた．その結果，粒子形状，粒度分布にかかわらずタップ密度を用いると比較的よく整理できることが示されている [11]．このことからタップ密度がわかると構成式中の f および $S=\rho^n\bar{\sigma}$ がわかることになる．また f あるいは $S=\rho^n\bar{\sigma}$ を求めるための基礎となる $\sigma_1=p_c$ および $\sigma_2=\sigma_3=q$ の値はその粒子の強度と密度に関係があることも確かめられている [11]．

しかしながら，潤滑剤としてステアリン酸亜鉛を混合すると同じタップ密度でも，f および $S=\rho^n\bar{\sigma}$ の傾向が変化することもわかっている [11]．潤滑剤を混合すると粒子相互の摩擦が減少するはずであり，そのため粉体の挙動が変化するのは当然であろう．言い換えるとタップ密度で粉体のすべての特性を代表させることはできない．

以上のように粉体の特性と構成式の中の材料定数との関連については不明な点が多い．また上の結果は銅粉末に対するものであるが，金属以外のセラミックス粉末についてはこれらの関連はほとんどわかっていない．今後さらに調べていく必要がある．

〔4〕 速度依存性構成式

〔3〕までに説明した構成式には速度依存性が含まれていない．粉体の室温

における変形挙動に対して，速度依存性の構成式は現在までのところ展開されていない．一方，HIP（熱間等方圧成形）などのように高温で成形が行われる場合には，材料は明らかに速度依存性を示すので，それを考慮した構成式が必要である．ここでは速度依存性の構成式について触れておく．

HIP解析を目的として，温度も考慮に入れた圧縮性粘塑性構成式が提案されている[12]．降伏関数Fとしては式（4.1）の形式を考え，$\bar{\sigma}$は温度と密度比ρに依存するとしている．また全ひずみ速度$\dot{\varepsilon}_{ij}$は

$$\dot{\varepsilon}_{ij} = \dot{\varepsilon}_{ij}^{th} + \dot{\varepsilon}_{ij}^{p} + \dot{\varepsilon}_{ij}^{c} \tag{4.6}$$

と表されている．ここに，$\dot{\varepsilon}_{ij}^{th}$：熱弾性ひずみ速度，$\dot{\varepsilon}_{ij}^{p}$：塑性ひずみ速度，$\dot{\varepsilon}_{ij}^{c}$：クリープひずみ速度，である．$\dot{\varepsilon}_{ij}^{c}$も$\dot{\varepsilon}_{ij}^{p}$と同様に$F$を粘塑性ポテンシャルとみなして導かれている．また相当塑性ひずみ速度に対応する$\dot{\bar{\varepsilon}}^{c}$を1軸クリープ試験によって

$$\dot{\bar{\varepsilon}}^{c} = \dot{\bar{\varepsilon}}^{c}(\bar{\sigma}, \theta) \tag{4.7}$$

のように決定されている．ここにθは温度である．熱弾性ひずみ速度は，ヤング率E，ポアソン比ν，線膨張率μがρとθの関数であるとして求め，またE，ν，μは実験によって求められている．

4.1.2 粉体の弾性変形

粉体は成形前は弾性係数はほとんど0で，弾性変形も問題とならないが，成形が進み密度が上昇してくると弾性係数もしだいに大きくなる．したがって除荷によって成形体はスプリングバックする．ニアネット成形の観点からは粉体の弾性特性を把握することも重要な課題となる．セラミックス粉末を成形する場合その初期充てん密度は非常に低く，そして低密度での弾性係数の把握は難し

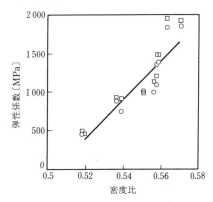

図 4.7 圧粉体の弾性係数[9]

い．現在，ほとんどの弾塑性有限要素解析では，初期充てん密度比が0.5程度であり，また弾性係数は定数として取り扱われているようである．

粉体の弾性係数は密度比により大きく変化し（図4.7参照）[9]，さらに弾性係数には異方性が存在する[9]．粉体の弾性係数，その密度比による変化，異方性の発達等についてはほとんど研究がなされていない．弾塑性解析が精度よくなされるためにはこのような方面での研究が不可欠である．

4.1.3 異方性の発達を考慮した構成式

粉末材料では成形によって異方性が生じることが報告されている[9],[10]．したがって，例えば密閉型成形の後にCIP成形を行うような成形経路が顕著に異なる二段階の成形方法では，4.1.1項で説明した等方性の構成式ではその挙動を記述できない．したがって異方性構成式の展開が必要となる．

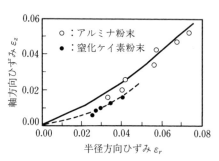

図4.8 金型成形後のCIPした際のひずみ[10]

図4.8には金型成形後の圧粉体の寸法を基準とした半径方向（r方向）のひずみ ε_r と軸方向（z方向）のひずみ ε_z との関係を示す[10]．CIP初期で ε_r と ε_z は大きく異なり，その後両者は同じ割合で増加していることがわかる．材料が等方性であるならばCIP成形では $\varepsilon_r = \varepsilon_z$ となるはずであるが，両者にかなり大きな違いが現れている．その理由は成形中の粉体の微視構造の変化で定性的に説明できる．すなわち，粒子の集合体を圧縮した場合，荷重の大きさに応じてその力を支える粒子の"柱（column）"[13]ができる．逆に"柱"ができることによって，それに応じた大きさの力を支えうる．

本実験の場合，金型成形中に最大圧縮応力がかかる z 方向により多くの"柱"ができるため，z 方向に比べて r 方向は変形しやすくなり，圧縮を正とすれば $\varepsilon_r > \varepsilon_z$ となる．これは粉体の弾性係数に関する考察[10]からも推測できる．

図4.8のような現象は等方性の構成式[6)~8)]では記述できないものである。このような現象を記述するために，多結晶金属に対して提案された移動硬化の考え方を修正した構成式が提案されている[10)]．すなわち応力空間における降伏曲面の中心を α_{ij} とし，式（4.1）の F の代りに式（4.8）のように表す．

$$F = F(\sigma_{ij} - \alpha_{ij}, \rho) \tag{4.8}$$

このようにすれば，降伏曲面は成形の進行，すなわち密度比 ρ の変化とともにその大きさが変化し，α の変化とともに中心が移動することになる．α_{ij} の変化が塑性ひずみ速度 $\dot{\varepsilon}_{ij}^p$ に比例するとしたPragerに基づく考え方と，中心の移動が中心 α_{ij} と応力 σ_{ij} を結ぶ方向に生じるとするZieglerに基づく考え方の二通りが提案されている[10)]．

例として金型成形→CIPというプロセスでの降伏曲面と，静水圧応力状態（σ_m 軸上）でのひずみ速度の方向を図4.9に示す．この図の実線は移動効果（Prager型）を考慮したときの曲面で，破線は等方性としたときの曲面である．曲線（I）は $\rho=0.51$ で金型成形直後のCIP初期の曲面を表し，曲線（II）はCIPによって ρ が0.51

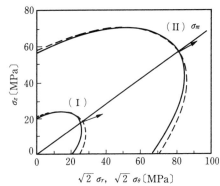

図4.9 金型成形後のCIPプロセスにおける降伏曲面とひずみ速度の方向[10)]

から0.55に上昇したときの曲面を表す．CIP初期（$\rho=0.51$）にひずみ速度は σ_r（図では σ_2, σ_3）方向に傾き，その後 $\rho=0.55$ ではほぼ σ_m 軸と平行になっている．これは実験の結果と定性的に一致する．

上のような応力経路が変化するプロセスにおける実際の成形特性を理解するために，このような考え方は非常に有効であると考えられる．応力経路が見かけ上一定であるプロセスにおいても，摩擦の影響等によって不均一な圧密が進行する場合には，有効であると予想される．

4.1.4 力学的な解析

粉体はもともと不連続体であるが，ここでは連続体として扱っているので，前述のように圧縮性材料の塑性構成式が確立されると，塑性力学に応用することが可能となり，従来塑性加工プロセスの解析のために開発された各種の手法が応用できる．成形体の密度分布や成形体の形状などを求めるには，有限要素法が適している．本節では有限要素法を中心に述べる．その他の手法については4.2節で述べる．

金型成形では摩擦の影響を受けるため応力分布，密度分布は一般に不均一になる．一方，等方圧成形のように周囲から完全な等方圧が加えられた場合，初期の粉体の充てん状態（初期密度比）が均一ならば，粉体はいたるところで均一に圧縮され，したがって成形体の密度は均一に分布することになる．また成形体の形状はカプセル内の初期形状と相似形になる．実際のプロセスでも金型成形等と比べて均一になるとされているが，厳密には密度分布は均一にはならないようである[14]．この理由は，カプセルの影響もあろうが，粉体は粒子の集合体であり，本質的に連続体とは異なることによるのであろう．上に述べたように解析には各種の手法が利用可能であるが，有限要素法以外では上界法的な手法で粉末圧延の解析[15]が行われている．上界法については4.2節で述べる．

有限要素法の原理についてはほかに多くの成書があるのでここでは省略する．粉体成形プロセスの有限要素解析法には粉体を剛塑性材料として取り扱う1）剛塑性有限要素法，弾塑性材料とする2）弾塑性有限要素法，粘塑性材料とする3）粘塑性有限要素法，粘弾塑性材料とする4）粘弾塑性有限要素法が開発されている．1）および2）は主として室温における成形，3）および4）はHIPの解析に利用されている．いずれにせよ一般には図4.10のよ

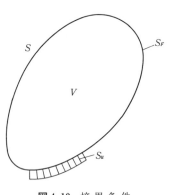

図4.10 境界条件

うに物体 V の表面 S の一部 S_u で変位または速度が与えられ，残りの部 S_F で力が与えられるいわゆる境界値問題を解くことになる．

非圧縮性材料の塑性加工過程のシミュレーションを目的として，圧縮性の構成式を利用した剛塑性有限要素法がよく用いられている．この場合には式 (4.1) の密度比 ρ を 1 に近い値に設定し，非圧縮性材料を，ごくわずかな体積変化を伴う圧縮性材料で近似して解析がなされる．解析に際しては，この場合のように体積変化がごくわずかであるか，あるいは粉体や多孔質材料のように体積変化が顕著であるかの相違はあっても，手法としてはなんら変るところはない．すなわち，求めるべき節点速度は体積一定の条件を満足することは不要で，境界条件のみを満足すればよく，このことは体積変化の大小に関係がない．

粉体成形過程も，すでに確立された有限要素法によって同様に解析が可能である．言い換えると解析において固体の構成式を粉体のそれに書き換え，各要素の密度比 ρ の変化の計算を組込むだけでよい．しかしながら剛塑性有限要素法の場合，それだけでは解が得られないことがある．それは境界条件の相違に帰因する．このことについては〔1〕で説明する．

4.1.3 項で述べた異方性を取り入れた構成式も以下で述べる各種有限要素法の中に組込んでシミュレーションを行うことができる [10] ことはいうまでもない．

〔1〕 剛塑性有限要素法

剛塑性有限要素法は，式 (4.9) のように表される変分原理を応用した手法である．

$$\left.\begin{array}{l} \Phi = \int_V \sigma_{ij} \dot{\varepsilon}_{ij} dV - \int_S F_i u_i dS \\[2mm] \Phi \rightarrow 停留 \end{array}\right\} \tag{4.9}$$

ここで，F_i は S_F 上で与えられた表面力，u_i は残りの表面 S_u で与えられた速度，V は考えている物体の体積である．この変分原理は考えている材料が体積変化をするか否かには無関係に成立する．

この方法はつぎの弾塑性有限要素法と比べて，繰り返し計算の際の変形の1ステップの大きさが比較的大きくできる等の利点があり，大きい変形に対しては便利な方法であり，塑性加工プロセスのシミュレーションによく用いられている．粉末成形過程の解析には式（4.9）に式（4.1）以下の塑性構成式を組込めばよい．この境界条件に起因する問題点について述べる．

金型成形や押出し成形などのように物体の一部に速度または変位が与えられている面 S_u が存在する場合は問題がない．静水圧成形のように物体の表面 S がすべて S_F であり，S_u が存在しない場合（図 4.11 参照）につぎのような問題が生じる．剛塑性有限要素法において解を得るプロセスは，くり返し計算によって初期節点速度から収束させる方法をとる．図 4.11 のような境界条件のもとでは，このプロセスでは式（4.9）の右辺第一項および第二項がともに0に近づい

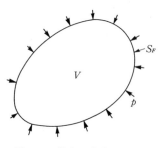

図 4.11 静水圧成形における境界条件

てしまう．詳細については文献 16) あるいは 17) を参照されたい．

このように，微小変形理論に基づく従来と同じ定式化では剛塑性有限要素法に粉体の構成式を用いても，静水圧成形過程の解析はできない．そこで，圧縮性の構成式では，応力とひずみ速度の関係が逆転できることに着目した定式化による剛塑性有限要素法[16),17)]が提案された．以上のようにして CIP，金型成形のシミュレーションがなされている．

（a）静水圧成形過程の解析　静水圧成形の場合，物体全体における未知節点速度に対する剛性方程式は式（4.10）のように表される．

$$[\kappa]\{u\}=\{c\} \qquad (4.10)$$

ここで，$[\kappa]$：全体の剛性マトリックス，$\{u\}$ は変位場に対応するベクトル，$\{c\}$：定数値（静水圧 p の一次関数）である．このように式（4.10）は $\{u\}$ に関して弾性変形の場合と同じ形式の一次関数であるが，応力・ひずみマトリックス $[D]$ の中に $\{u\}$ の関数である $\bar{\varepsilon}$ が含まれているので実際には非線形であ

る.

さて，静水圧成形の場合には，先に述べたように材料の外表面では速度の境界条件ではなく力の境界条件が与えられる．ただし通常の S_F 上におけるように既知の外力が与えられているわけではない．静水圧成形の場合には成形が進行する適当な静水圧 p を与えることが必要となる．そこで正解の場合には式 (4.9) の $\Phi=0$ が成り立つことを利用して，$\Phi=0$ を満足するような静水圧 p を与えるようにすればよい．

以上のような定式化によって解を求める手順は，図 4.12 の流れ図のとおりである．まず初期節点速度を与える代りに各要素の相当ひずみ速度 $\bar{\varepsilon}$ および p に適当な初期値を与え，それに対する $[\kappa]_1$, $\{c\}_1$ を求め式 (4.10) を解く．そして第 $(n-1)$ 次解 $\{u\}_{n-1}$ より $\Phi=0$ が成立するように p を修正し，第 $(n-1)$ 次剛性マトリックス $[\kappa]_{n-1}$ と $\{c\}_{n-1}$ を求め，式 (4.10) より第 n 次解を求める．解の収束判定は，第 $(n-1)$ 次と第 n 次の相当ひずみ速度の差，$\Delta\bar{\varepsilon}=\bar{\varepsilon}_n-\bar{\varepsilon}_{n-1}$ の値で行えばよい．

初期の密度が均一でカプセルの強さを無視した場合の静水圧成形の過程を計算すると，密度，応力とも当然均一になるはずである．図 4.13 は，セラミッ

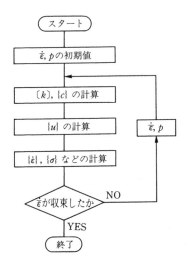

図 4.12 静水圧成形解析の流れ図 [16]

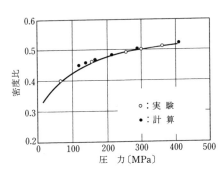

図 4.13 静水圧成形における密度比と圧力の関係 [16]

クス粉末（Si$_3$N$_4$）に対する計算結果と実験結果とをプロットしたもの[7]である．これより，実験結果と計算結果がよく一致していることがわかる．

初期形状が（高さ/直径）＝1の円柱形のカプセルにセラミックス粉末を充てんして静水圧成形した後の密度比分布を**図4.14**（a）に示す．図（b）は銅粉末に対する結果[6]である．初期密度比はともに0.40である．これより，成形体の形状が初期カプセルの形状と異なってくることがわかる．なお，カプセルの材料も剛塑性材料としてある．また変形は体積ひずみε_vでコントロールし，全体として1ステップでの値は$\varepsilon_v = -0.01$である．

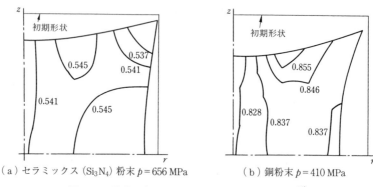

（a）セラミックス（Si$_3$N$_4$）粉末 $p=656$ MPa　　（b）銅粉末 $p=410$ MPa

図4.14 静水圧成形による成形体の密度比の分布[16]

相当ひずみ速度と静水圧pの初期値は，収束時の静水圧pや相当ひずみ速度に影響を及ぼさないことが確かめられている[16]．

これ以外の考え方で静水圧成形プロセスの解析を行う方法として，式（4.10）の剛性マトリックス$[\kappa]$に含まれるひずみ-変位マトリックスを1ステップ後の座標，すなわちその1ステップにおける変位（未知数）で表す方法も提案されている[18]．

（b）**金型成形プロセスの解析例**　　金型と粉体との摩擦を考えない場合には当然のことであるが，密度分布は均一となる．摩擦を考慮にいれた場合の解析結果[10]を次に示す．ここではクーロン摩擦$\mu=0.2$が働くものとしてある．**図4.15**（a）初期密度比が0.3のアルミナ粉末，図（b）は初期密度比が0.36

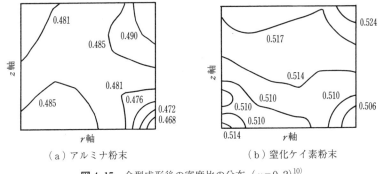

図4.15 金型成形後の密度比の分布 ($\mu=0.2$)[10]

の窒化ケイ素粉末の結果である．図中の線は密度比の分布を示している．このように，摩擦があるとかなり大きな密度の不均一がみられ，また粉末の種類によって分布の仕方が異なっているのがわかる．また図4.16は銅粉末の成形例で図（a）片押し成形，図（b）フローティングダイ方式の場合である[19]．成形の様式によって密度分布の様子が異なることがよくわかる．このシミュレーション結果は実験結果とおおむね合っていることも示されている．

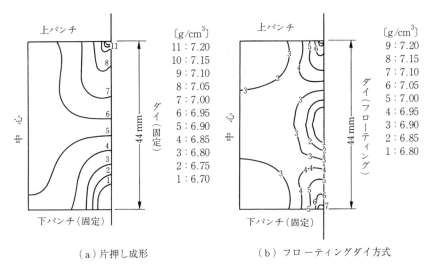

図4.16 銅粉末の金型成形における密度分布[19]

いま一つの例として，図4.17に示すような円筒容器形状体の成形の場合を示す．上パンチと下パンチがそれぞれ下方に移動する．また，側壁部も下方に動かしている．この際の密度分布を図4.18に示す[19]．図4.17のようにパン

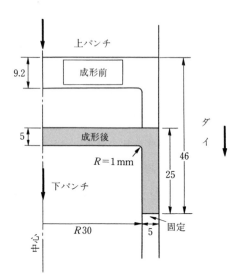

図4.17 円筒容器形状体の成形[19]

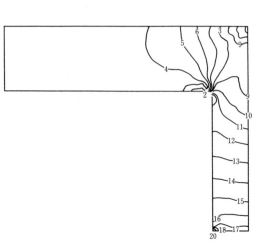

図4.18 成形体の密度分布[19]（図4.17に対応）

〔g/cm³〕
20：6.80
19：6.60
18：6.40
17：6.20
15：5.80
14：5.60
13：5.40
12：5.20
11：5.00
10：4.80
9：4.60
8：4.40
7：4.20
6：4.00
5：3.80
4：3.60
3：3.40
2：3.20
1：3.00
最高：6.83
最低：3.07

チが移動すると成形体容器の上部（底部）も側壁部の圧縮率は同じになり，密度分布は均一になるはずであるが，図4.18に示すように側壁上端部（図では下端部）で最も密度が高くなっている．これは粉末と金型との摩擦が影響していると考えられる．

〔2〕 **弾塑性有限要素法**

粉体が成形されて密度が上昇してくると，材料には弾性的な性質が現れる．特にセラミックスの場合には金属の場合よりも弾性変形が大きい．またCIPでは通常カプセルとしてゴムが用いられる．ゴムはもちろん弾性体である．このような弾性変形をシミュレーションの中に取り入れるためには弾塑性有限要素法を用いなければならない．CIPについては中川ら[20),21]，松本ら[22]，島[16),17]による解析例がある．

〔3〕 **粘塑性有限要素法および粘弾塑性有限要素法**

野原ら[23]は粘塑性有限要素法によって，Abouafら[12]は粘弾塑性有限要素法によってそれぞれHIP過程の解析を行った．弾塑性解析においては，節点速度が0に漸近すれば，応力（速度）も0に漸近してしまう．したがって，外力すなわち静水圧 p の増加速度が0でない限り，節点速度が0に漸近することはない．すなわち，弾塑性解析あるいは粘弾塑性解析では，4.1.4項〔1〕で述べたような境界条件の特殊性による問題は起こらない．

これらの解析例を**図4.19**[23]，**図4.20**[12]に示す．図（a）に比較のための実験結果，図（b）に成形体内の密度分布の解析結果を示す．両者は比較的よ

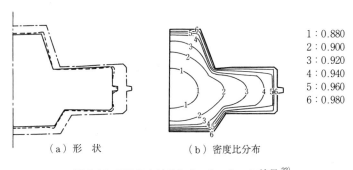

（a）形　状　　　　（b）密度比分布

図4.19 HIPにおけるシミュレーション結果[23]

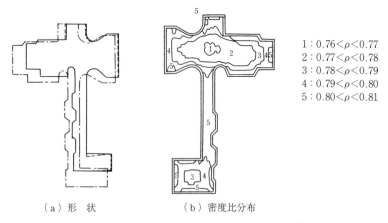

(a) 形　状　　　　(b) 密度比分布

図4.20 HIPにおけるシミュレーション結果[12]

く一致している．周囲ほど密度が高くなっているのがわかる．HIPの場合には，対象とする材料の種々の温度における特性，熱的な性質も把握しておかなければならず，シミュレーションのためには膨大なデータを必要とする．

　以上，本節では粉体の圧縮成形中における挙動について粉体を連続体としてとらえる立場から概説し，粉体成形過程，特に静水圧成形を対象として，その境界条件の特殊性とその問題点およびそのための定式化の考え方等について述べた．連続体としての力学的解析手法はほぼ確立されており，near net-shape成形，精度の向上，材料の歩留りといった点から粉体の構成式を用いた成形プロセスのシミュレーションは今後とも重要な位置を占めるであろう．しかし実験の複雑さもあって，粉体の構成式（弾性，塑性，粘性）に関する研究が遅れている．

　この分野での研究の進展が望まれる．また一方では粉体を連続体と考えることによる限界もある．そのため粉体を構成する個々の粒子の挙動のシミュレーションを行うことも近年盛んになってきており，今後の成果が期待される．

4.2 多孔質体の塑性変形の力学

4.2.1 塑性変形について

前節では粉体成形を力学的に取り扱うため，粉体を連続体としてとらえ，その塑性構成式を実験に基づいて展開した．粉体は当然のことながら見掛け上体積が変化する材料である．本節で取り扱う焼結体も内部に空隙（気孔）を含むため，塑性変形によって見掛け上体積変化を伴う．これらの材料は通常の塑性力学で取り扱われる材料が非圧縮性であるのに対して，「圧縮性材料」である．圧縮性材料の塑性変形における特徴をまとめると

① 降伏に平均応力 σ_m が関係する．

② 塑性変形に伴い体積が変化する．

の二点となる．これらの特徴を有する材料の塑性変形挙動は非圧縮性を前提とする Mises の降伏条件式，Prandtl-Reuss, Hencky 等の流れ則では記述することは不可能である．したがって，なんらかの形で σ_m および体積変化（ひずみ）ε_v を構成式の中に組み入れることが必要である．内部に空隙を含む材料の塑性構成式については 1970 年代初めにあいついで提案され[1),24)~26)]，その後多くの研究者によって発表された[27)~32)]．構成式の導出過程は個々の論文によって異なるが，結果はいずれも類似の式となっている．ここでは大矢根・島らによる式の展開[1)]を示し，後に他の研究者による式を比較して示すことにする．弾性変形はここでは考えない．

4.2.2 基礎となる構成式

〔1〕 ひ ず み

多孔質体の実質部が Mises および Levy-Mises の式に従うとして導くことが可能である．

多孔質体は**図 4.21** のようなユニットセルの集合体と考える．このユニットセルは立方体であって，その中央に立方体の空隙があるものとする．ユニット

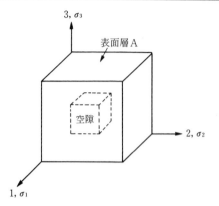

図 4.21 ユニットセル

セルの実質部の体積を v_0, 見掛けの体積を v とする.密度比 ρ および体積ひずみ ε_v は,式 (4.11), (4.12) のように定義できる.

$$\rho = \frac{v_0}{v} \tag{4.11}$$

$$\varepsilon_v = \ln\left(\frac{v_0}{v}\right) = -\ln \rho \tag{4.12}$$

体積ひずみとは式 (4.12) によれば,空隙のない場合に比べて見掛け上膨張した程度を表す体積対数ひずみである.すなわち,塑性変形前に空隙を含む材料 (多孔質体) はすでに体積ひずみをもっていることになる.式 (4.12) より

$$d\varepsilon_v = \frac{-d\rho}{\rho} \tag{4.13}$$

となる.

図 4.21 に示すように主応力 σ_1, σ_2, σ_3 の方向に座標軸 1, 2, 3 をとる.主ひずみ増分を $d\varepsilon_1$, $d\varepsilon_2$, $d\varepsilon_3$ とすると

$$d\varepsilon_1 + d\varepsilon_2 + d\varepsilon_3 = d\varepsilon_v \tag{4.14}$$

となる.ユニットセルの変形を考えるに当たり,これを**図 4.22** のように二つの成分に分け,第 1 成分は相似形への体積変化,第 2 成分は体積一定のもとでの形状変化とする.まず図 4.21 のユニットセルの実質部の表面層 A でのひずみ増分をみると,第 1 成分は主軸 1, 2 方向へはそれぞれ $d\varepsilon_v/3$, $d\varepsilon_v/3$ だけ

4.2 多孔質体の塑性変形の力学

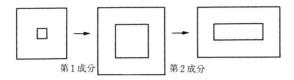

図4.22 ユニットセルの変形

の膨張であり,第1成分と第2成分の合計ひずみ増分は1,2の方向へそれぞれ $d\varepsilon_1$, $d\varepsilon_2$ であるから,第2成分は差し引きしてそれぞれ $d\varepsilon_1 - d\varepsilon_v/3$, $d\varepsilon_2 - d\varepsilon_v/3$ となる.主軸3方向のひずみ増分は,3方向のひずみ増分の和は実質部では0という条件から式 (4.14) を用いて決められる.それらをまとめたのが**表4.1**である.

表4.1 表面層Aのひずみ増分

方向	第1成分	第2成分	第1,第2合計
1	$d\varepsilon_v/3$	$d\varepsilon_1 - d\varepsilon_v/3$	$d\varepsilon_1$
2	$d\varepsilon_v/3$	$d\varepsilon_2 - d\varepsilon_v/3$	$d\varepsilon_2$
3	$-2d\varepsilon_v/3$	$d\varepsilon_3 - d\varepsilon_v/3$	$d\varepsilon_3 - d\varepsilon_v$

次に,ユニットセルの実質部の内部の座標 (a, b, c) でのひずみ増分を考える.まず第2成分は空隙内に体積不変で,変形抵抗0の媒体が充満しているとみなすと,一般の金属材料の均一変形と同様に考えられ,したがって表面層の第2成分と等しくなる (**表4.2**参照).第1成分は点の座標によって異なるので,これを de_a, de_b, de_c とする.

表4.2 点 (a, b, c) でのひずみ増分

方向	第1成分	第2成分	第1,第2合計
1	de_a	$d\varepsilon_1 - d\varepsilon_v/3$	$d\varepsilon_1 - d\varepsilon_v/3 + de_a$
2	de_b	$d\varepsilon_2 - d\varepsilon_v/3$	$d\varepsilon_2 - d\varepsilon_v/3 + de_b$
3	de_c	$d\varepsilon_3 - d\varepsilon_v/3$	$d\varepsilon_3 - d\varepsilon_v/3 + de_c$

〔2〕 **相当ひずみ増分**

点 (a, b, c) での実質部の相当ひずみ増分 $d\bar{\varepsilon}_{abc}$ は表4.2より式 (4.15) のようになる.

$$(d\bar{\varepsilon}_{abc})^2 = \frac{2}{9}\left[\left\{\left(d\varepsilon_1 - \frac{d\varepsilon_v}{3} + de_a\right) - \left(d\varepsilon_2 - \frac{d\varepsilon_v}{3} + de_b\right)\right\}^2\right.$$

$$+\left\{\left(d\varepsilon_2 - \frac{d\varepsilon_v}{3} + de_b\right) - \left(d\varepsilon_3 - \frac{d\varepsilon_v}{3} + d_c\right)\right\}^2$$

$$\left. +\left\{\left(d\varepsilon_3 - \frac{d\varepsilon_v}{3} + de_c\right) - \left(d\varepsilon_1 - \frac{d\varepsilon_v}{3} + de_a\right)\right\}^2\right]$$

$$=\frac{2}{9}\left[(d\varepsilon_1 - d\varepsilon_2)^2 + (d\varepsilon_2 - d\varepsilon_3)^2 + (d\varepsilon_3 - d\varepsilon_1)^2\right]$$

$$+\frac{2}{9}\left[(de_a - de_b)^2 + (de_b - de_c)^2 + (de_c - de_a)^2\right]$$

$$+\frac{4}{9}\left[(d\varepsilon_1 - d\varepsilon_2)(de_a - de_b) + (d\varepsilon_2 - d\varepsilon_3)(de_b - de_c)\right.$$

$$\left. + (d\varepsilon_3 - d\varepsilon_1)(de_c - de_a)\right] \tag{4.15}$$

ユニットセルの座標軸に関する対称性から，ユニットセルの実質部全体で相当ひずみ増分の平方を平均すると，式 (4.15) の最後の項 $(d\varepsilon_1 - d\varepsilon_2)(d\varepsilon_a - d\varepsilon_b) + \cdots$ は消滅する．したがって，ユニットセル実質部全体での相当ひずみ増分の平均値は

$$d\bar{\varepsilon}^2 = (d\bar{\varepsilon}_1)^2 + (d\bar{\varepsilon}_2)^2 \tag{4.16}$$

の形式を得る．ただし，$d\bar{\varepsilon}_1$，$d\bar{\varepsilon}_2$ はそれぞれ第 1 成分，第 2 成分による相当ひずみ増分である．そして，第 1 成分 $d\bar{\varepsilon}_1$ は体積ひずみ増分 $d\varepsilon_v$ に比例する項であるので

$$d\bar{\varepsilon}_1 = f\,d\varepsilon_v \tag{4.17}$$

とおくことができる．ここに f は密度比 ρ のみの関数である．

また

$$(d\bar{\varepsilon}_2)^2 = \frac{2}{9}\left[(d\varepsilon_1 - d\varepsilon_2)^2 + (d\varepsilon_2 - d\varepsilon_3)^2 + (d\varepsilon_3 - d\varepsilon_1)^2\right]$$

であるから，結局

$$d\bar{\varepsilon}^2 = \frac{2}{9}\left[(d\varepsilon_1 - d\varepsilon_2)^2 + (d\varepsilon_2 - d\varepsilon_3)^2 + (d\varepsilon_3 - d\varepsilon_1)^2\right] + (fd\varepsilon_v)^2 \qquad (4.18)$$

を得る.

〔3〕 応力とひずみ増分の関係

主応力 σ_1, σ_2, σ_3 はユニットセル表面に作用する見掛けの応力であって実質部に作用する実応力ではない. 空隙の体積率は $(1-\rho)$ であるが,空隙の分布を一様とすると任意の断面内の空隙の面積率もまた $(1-\rho)$ である. したがって,もし空隙の切欠き効果を考慮しなければ,実応力は平均的に σ_1/ρ, σ_2/ρ, σ_3/ρ と考えられる.

実質部の塑性変形は Levy-Mises の式に従うのだから,点 (a, b, c) について Levy-Mises の式を書くと式 (4.19) となる.

$$\frac{\left(\dfrac{d\varepsilon_1 - d\varepsilon_v}{3 + de_a}\right) - \left(\dfrac{d\varepsilon_2 - d\varepsilon_v}{3 + de_b}\right)}{(\sigma_1 - \sigma_2)/\rho} = \frac{\left(\dfrac{d\varepsilon_2 - d\varepsilon_v}{3 + de_b}\right) - \left(\dfrac{d\varepsilon_3 - d\varepsilon_v}{3 + de_c}\right)}{(\sigma_2 - \sigma_3)/\rho}$$

$$= \frac{\left(\dfrac{d\varepsilon_3 - d\varepsilon_v}{3 + de_c}\right) - \left(\dfrac{d\varepsilon_1 - d\varepsilon_v}{3 + de_a}\right)}{(\sigma_3 - \sigma_1)/\rho} = \frac{3}{2}\frac{d\bar{\varepsilon}_{abc}}{\bar{\sigma}} \qquad (4.19)$$

ここに $\bar{\sigma}$ は実質部での相当応力である. さて,この関係式についてもユニットセル実質部全体での平均を考えると de_a, de_b, de_c の項は消滅し,結局

$$\frac{d\varepsilon_1 - d\varepsilon_2}{\sigma_1 - \sigma_2} = \frac{d\varepsilon_2 - d\varepsilon_3}{\sigma_2 - \sigma_3} = \frac{d\varepsilon_3 - d\varepsilon_1}{\sigma_3 - \sigma_1} = \frac{3}{2}\frac{d\bar{\varepsilon}}{\rho\bar{\sigma}} \qquad (4.20)$$

となる.

ユニットセルでの単位体積当たりの平均仕事増分は

$$dW = \sigma_1 d\varepsilon_1 + \sigma_2 d\varepsilon_2 + \sigma_3 d\varepsilon_3$$

であり,これは実質部の変形仕事増分にも等しいから

$$dW = \sigma_1 d\varepsilon_1 + \sigma_2 d\varepsilon_2 + \sigma_3 d\varepsilon_3 = \rho\bar{\sigma}d\bar{\varepsilon} \qquad (4.21)$$

となる. さてここでつぎのように書き換える.

$$\frac{3}{2}\cdot\frac{d\bar{\varepsilon}}{\rho\bar{\sigma}}=\frac{\dfrac{9}{2}d\bar{\varepsilon}^{2}}{3\rho\bar{\sigma}d\bar{\varepsilon}}, \quad \frac{d\varepsilon_1-d\varepsilon_2}{\sigma_1-\sigma_2}=\frac{(d\varepsilon_1-d\varepsilon_2)^2}{(\sigma_1-\sigma_2)(d\varepsilon_1-d\varepsilon_2)}$$

$$\frac{d\varepsilon_2-d\varepsilon_3}{\sigma_2-\sigma_3}=\frac{(d\varepsilon_2-d\varepsilon_3)^2}{(\sigma_2-\sigma_3)(d\varepsilon_2-d\varepsilon_3)}, \quad \frac{d\varepsilon_3-d\varepsilon_1}{\sigma_3-\sigma_1}=\frac{(d\varepsilon_3-d\varepsilon_1)^2}{(\sigma_3-\sigma_1)(d\varepsilon_3-d\varepsilon_1)}$$

これを式 (4.20) に代入すると

$$\frac{3}{2}\cdot\frac{d\bar{\varepsilon}}{\rho\bar{\sigma}}=\frac{\dfrac{9}{2}d\bar{\varepsilon}^{2}}{3\rho\bar{\sigma}d\bar{\varepsilon}}=\frac{(d\varepsilon_1-d\varepsilon_2)^2}{(\sigma_1-\sigma_2)(d\varepsilon_1-d\varepsilon_2)}$$

$$=\frac{(d\varepsilon_2-d\varepsilon_3)^2}{(\sigma_2-\sigma_3)(d\varepsilon_2-d\varepsilon_3)}=\frac{(d\varepsilon_3-d\varepsilon_1)^2}{(\sigma_3-\sigma_1)(d\varepsilon_3-d\varepsilon_1)}$$

$$=\frac{\dfrac{9}{2}d\bar{\varepsilon}^{2}-(d\varepsilon_1-d\varepsilon_2)^2-(d\varepsilon_2-d\varepsilon_3)^2-(d\varepsilon_3-d\varepsilon_1)^2}{3\rho\bar{\sigma}d\bar{\varepsilon}-(\sigma_1-\sigma_2)(d\varepsilon_1-d\varepsilon_2)-(\sigma_2-\sigma_3)(d\varepsilon_2-d\varepsilon_3)-(\sigma_3-\sigma_1)(d\varepsilon_3-d\varepsilon_1)}$$

となる. 式 (4.18) を上式に代入し, さらに式 (4.21) を用いると

$$\frac{3}{2}\cdot\frac{d\bar{\varepsilon}}{\rho\bar{\sigma}}=\frac{\dfrac{9}{2}f^2d\varepsilon_v^2}{(\sigma_1+\sigma_2+\sigma_3)d\varepsilon_v}=\frac{3fd\varepsilon_v}{2\sigma_m/f}$$

となり, 式 (4.22) を得る.

$$\frac{d\bar{\varepsilon}}{\bar{\sigma}}=\frac{fd\varepsilon_v}{\sigma_m/\rho f} \tag{4.22}$$

式 (4.20), (4.22) から

$$\frac{d\varepsilon_1-d\varepsilon_2}{\sigma_1-\sigma_2}=\frac{d\varepsilon_2-d\varepsilon_3}{\sigma_2-\sigma_3}=\frac{d\varepsilon_3-d\varepsilon_1}{\sigma_3-\sigma_1}=\frac{fd\varepsilon_v}{\dfrac{2}{3}\left(\dfrac{\sigma_m}{f}\right)}=\frac{3}{2}\cdot\frac{d\bar{\varepsilon}}{\rho\bar{\sigma}}$$

あるいは

$$d\varepsilon_1=\frac{3}{2}\cdot\frac{d\bar{\varepsilon}}{\rho\bar{\sigma}}\left\{\sigma_1-\left(1-\frac{2}{9f^2}\right)\sigma_m\right\}, \quad d\varepsilon_2=\frac{3}{2}\cdot\frac{d\bar{\varepsilon}}{\rho\bar{\sigma}}\left\{\sigma_2-\left(1-\frac{2}{9f^2}\right)\sigma_m\right\}$$

$$d\varepsilon_3=\frac{3}{2}\cdot\frac{d\bar{\varepsilon}}{\rho\bar{\sigma}}\left\{\sigma_3-\left(1-\frac{2}{9f^2}\right)\sigma_m\right\}, \quad \frac{d\varepsilon_v}{3}=\frac{3}{2}\cdot\frac{d\bar{\varepsilon}}{\rho\bar{\sigma}}\left(\frac{2}{9f^2}\sigma_m\right) \tag{4.23}$$

さらに式 (4.23) より

$$\bar{\sigma} = \left(\frac{1}{\rho}\right)^2 \left[\frac{1}{2}\left\{(\sigma_1-\sigma_2)^2 + (\sigma_2-\sigma_3)^2 + (\sigma_3-\sigma_1)^2 + \left(\frac{\sigma_m}{f}\right)^2\right\}\right] \qquad (4.24)$$

と書ける. これは降伏条件にほかならない.

以上で必要な塑性構成式を導出することができた. ところで以上の式の実験検証を行ってみると, 必ずしも実験結果をうまく表現しえない. そこで上記の降伏条件式, 流れ則 (応力-ひずみ増分関係式), 相当ひずみ増分の式等の形式は上記の式を基本として, 実験とよく合うように式の詳細を決定する[28]. これを一般の応力成分で書き表すと以下のとおりである.

（1） 降伏条件式

$$F = \frac{3}{2}\sigma_{ij}'\sigma_{ij}' + \left(\frac{\sigma_m}{f}\right)^2 - (\bar{\sigma}\rho^n)^2 \qquad (4.25)$$

ここに n は定数, f は密度比 ρ のみの関数で

$$f = \frac{1}{a(1-\rho)^m} \qquad (4.26)$$

であり, a および m は定数である.

（2） 応力-ひずみ（増分）関係式

$$d\varepsilon_{ij} = \frac{3}{2}\frac{d\bar{\varepsilon}}{\rho\bar{\sigma}}\left\{\sigma_{ij} - \delta_{ij}\left(1-\frac{2}{9f^2}\right)\sigma_m\right\} \qquad (4.27)$$

これより体積ひずみ増分は

$$d\varepsilon_v = \frac{d\bar{\varepsilon}}{\rho\bar{\sigma}}\frac{1}{f^2}\sigma_m \qquad (4.28)$$

のようになる.

（3） 相当ひずみ増分

$$d\bar{\varepsilon} = \rho^{n-1}\left\{\frac{2}{3}d\varepsilon_{ij}'d\varepsilon_{ij}' + (fd\varepsilon_v)^2\right\}^{\frac{1}{2}} \qquad (4.29)$$

以上のようにすると式 (4.21) が満足される. また式 (4.27) は式 (4.25) の F を応力で偏微分することによっても導くことができる. 言い換えると F

を塑性ポテンシャルとして式 (4.27) が導かれる．すなわち塑性ひずみ増分ベクトルは降伏曲面に垂直である．

上式中の定数 a, m および n は実験によって決められ，例えば銅を用いた場合，次のようにすると実験とよく合う．

$$a=2.5, \quad m=0.5, \quad n=2.5 \qquad (4.30)$$

これらの式を 4.1 節に示した粉体の構成式と比べてみると定数は異なるが，形式的にはまったく同じであることがわかる．

これらの式についてもう少し詳しく検討してみる．式 (4.25) の降伏条件式と Mises のそれとの相違は，右辺に $(\sigma_m/f)^2$ の項があることと，$\bar{\sigma}$ の係数に $1/\rho^n$ があることである．したがって，例えば等方圧 p のみが作用する場合でも $p/f\rho^n$ が $\bar{\sigma}$ に達すれば材料は降伏することになる．

$\rho=1$ の場合には材料内には空隙がなく $f=\infty$ となるので，Mises の式と一致する．式 (4.25) の降伏条件を主応力空間に表すと，4.1 節の場合と同様にその曲面は σ_m 軸を軸とする回転楕円体となる．これを主応力 σ_1 と σ_m 軸とを含む面で切った断面を図 4.23 に示す．ρ が大きいほど楕円体は大きくなり，$\rho=1$ のときは円筒面となる．これはもちろん Mises の降伏曲面である．

また $\rho=1$ のときは，式 (4.29) で表される相当ひずみ増分が通常の非圧縮性材料に対するそれと一致し，かつ式 (4.27) の $2/9f^2$ が 0 となるので，こ

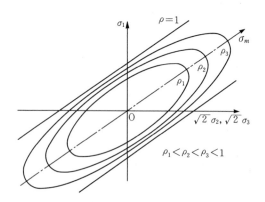

図 4.23　降伏曲面

の式は Levy-Mises の式と一致する．

以上，密度比 ρ を導入することによって，通常の非圧縮性塑性構成式が圧縮性塑性構成式へ一般化ができたといえる．

ところで多孔質材料の挙動を力学的に取り扱うに際して，圧縮性のパラメータとして密度比 ρ のみを考えている．しかし実際には，ρ が同一でも空隙の形状や大きさが異なれば圧縮性の度合も異なるのであろう．また見掛け上均一に変形していても，空隙の存在によって，実質部が受ける相当ひずみは不均一な分布をしているであろう．さらに，たとえ実質部が等方性であっても，空隙の形状によっては異方性も生じるであろう．変形に伴う異方性についてはほとんど研究がなされていない[32]．

〔4〕 **構成式の妥当性**

(**a**) **ねじりの場合**　この場合には $\sigma_m = 0$ であるから式 (4.28) より $d\varepsilon_v = 0$，すなわち体積変化は 0 となる．**図 4.24** は，焼結した銅をねじり試験したときの密度比の変化率をせん断ひずみに対してプロットしたものである[25]．少しばらつきはあるが，式 (4.28) が妥当であることを示している．

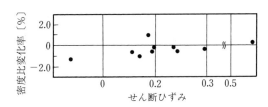

図 4.24　ねじりにおける密度変化

(**b**) **単軸圧縮，単軸引張りの場合**　図 4.25 に種々の密度比の焼結銅を単軸圧縮した場合の密度変化を示す[27]．曲線は，各初期密度比について，式 (4.25)〜(4.30) を用いて計算された結果を示す．実験結果と計算結果とはよく合っているといえる．

さらに，降伏応力を調べてみると，**図 4.26**[27] に示すように圧縮，引張両試験において等しく，等方性を仮定した式 (4.25) と矛盾しない．実線は $\bar{\sigma} = 59$ MPa として計算した結果である．注意しなければならないことは，降伏応力が引張側と圧縮側とで同じであっても，降伏以後の変形挙動は異なってくる

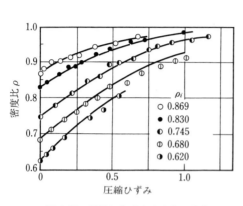

図 4.25 圧縮における密度比の変化   図 4.26 降伏応力と密度比の関係

ことである.すなわち,引張りの場合は $\sigma_m>0$ であるから,式 (4.28) より体積は膨張し,圧縮の場合には逆に体積は減少していくことになる.

さて,式 (4.25)〜(4.29) の構成式には,実質部材料に対する相当応力 $\bar{\sigma}$ および相当ひずみ $\bar{\varepsilon}$ が含まれている.ここで実験から直接得られる応力,ひずみおよび密度比をもとにして,$\bar{\sigma}$ および $\bar{\varepsilon}$ を計算によって求めておく.

図 4.27 は,種々の初期密度比 ρ_i の焼結銅を圧縮あるいは引張試験したときの応力-ひずみ曲線を示す[27].この図から明らかなように,得られた応力-ひ

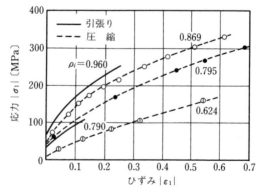

図 4.27 多孔質体の応力 ($|\sigma_1|$) -ひずみ ($|\varepsilon_1|$) 曲線

ずみ曲線 $|\sigma_1|-|\varepsilon_1|$ は初期密度比 ρ_i によって異なったものとなる。つぎに式 (4.25)～(4.30) を用いかつ単軸変形の場合には

$$d\rho = -\left\{\frac{3\rho}{(1+9f^2)}\right\}d\varepsilon_1 \tag{4.31}$$

であることを考慮して，$\bar{\sigma}$ および $\bar{\varepsilon}$ をそれぞれ

$$\bar{\sigma} = \frac{1}{\rho^n}\left(1-\frac{1}{9f^2}\right)^{\frac{1}{2}}|\sigma_1| \tag{4.32}$$

および

$$d\bar{\varepsilon} = \left\{\frac{\rho^{n-1}}{\left(1-\frac{1}{9f^2}\right)^{\frac{1}{2}}}\right\}|d\varepsilon_1| \tag{4.33}$$

によって計算して図示すると，**図 4.28** のような曲線が得られる[27]。この図からわかるように，ρ_i が異なっても，実質部材料が同じであれば，計算によって得られる $\bar{\sigma}$-$\bar{\varepsilon}$ 曲線はほぼ同じものとなり，式 (4.25)～(4.29) が妥当であることがこの点においても示されているといえる。

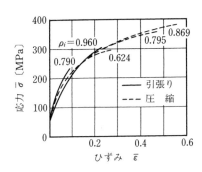

図 4.28 実質部の応力 ($\bar{\sigma}$) - ひずみ ($\bar{\varepsilon}$) 曲線

さて上記構成式の妥当性を焼結銅を用いて示したが，他の材料についても見ておこう。Kuhn らによる焼結銅およびアルミニウムの実験結果[25]を式 (4.25)～(4.29) による計算結果と比較したのが，**図 4.29** である。また**図 4.30** に，黒木ら[33]による焼結鉄の降伏応力の実験値を上式から計算して比較してある。いずれも計算と実験とはよく合っていることを示している。以上のように焼結

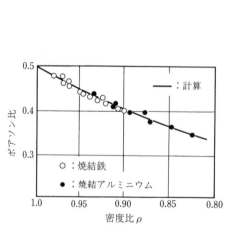

図4.29 焼結鉄とアルミニウムの塑性変形（圧縮）におけるポアソン比[25]

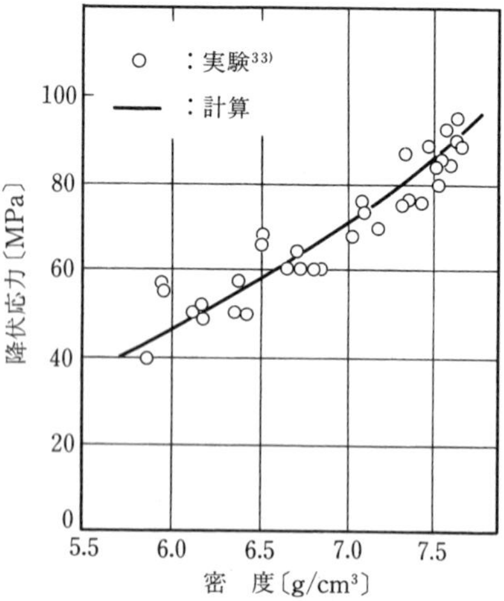

図4.30 焼結鉄の降伏応力と密度の関係

銅を用いて求めた定数（式（4.30））は，他の材料に対してもよく合うことがわかる．

〔5〕 提案された他の構成式

これまでに述べたもの以外にも多くの研究者によって構成式が提案されている．そのうちの代表的ないくつかを以下に示す．

(a) 降伏関数

$$F = \frac{3}{2}\sigma_{ij}'\sigma_{ij}' + 2(1-\rho)\bar{\sigma}^2\cosh(\sigma_m/2\bar{\sigma}) - \{1+(1-\rho)^2\}\bar{\sigma}^2 \tag{4.34}$$

$$F = \frac{3}{2}\sigma_{ij}'\sigma_{ij}' + 3|b(1-\rho)^c\sigma_m| - (\rho^k\bar{\sigma}) \tag{4.35}$$

式（4.34）はGursonら[28]，式（4.35）は田端ら[29]によって提案されたものである．式（4.34）は多孔質体の降伏関数というよりも，通常の金属材料が塑性変形に伴ってボイドが増えていく過程を表すことを目的として提案された．類似の現象なので結果はもちろん同様である．式（4.34）には平均応力が双曲線関数の変数となっているので，解析手法によっては使いにくい場合がある．式（4.35）は右辺第1項に対して第2項が平均応力の一次で加え合されて

いるので，式 (4.25) で表される降伏曲面が回転楕円体であるのに対して，図 4.31 のように二つの円錐を合せた形状となる．このほかに Tresca 型の降伏条件に対応して六角錐の降伏曲面も提案されている[26]．

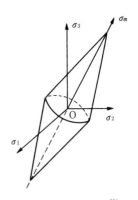

図 4.31 降伏曲面[29]

降伏関数の中には密度比 ρ あるいはボイド率 v ($=1-\rho$) がなんらかの関数として含まれているが，共通していえることは，$\rho \to 1$ すなわちボイドの体積率 v が 0 になったとき，F は Mises（または Tresca）の降伏関数に一致するようになっていることである．したがって，非圧縮性材料内にわずかなボイドが発生したような場合でも，粉体を素材としてつくられた密度比の低い多孔質材料に対してもその関数を適当に選ぶことができれば，降伏条件をよく表すことができる．

降伏関数としていずれがよく，また密度比の関数としていずれがよいかは，結局はいずれが対象とする材料の挙動をよく表しうるかということで判断すればよい．提案されたいくつかの降伏関数について比較した論文[34]もあるので，興味ある読者は原論文を参照されたい．

(b) 流 れ 則 いずれも降伏関数を応力で偏微分することによって導かれる．式 (4.35) の場合には，ひずみ速度の方向は σ_m の大きさが変っても変化しない．相当ひずみ増分は式 (4.21) が満たされるように定義される．ただし，式 (4.34) は式 (4.21) の代りに

$$\sigma_{ij} d\varepsilon_{ij} = \bar{\sigma} d\bar{\varepsilon} \tag{4.36}$$

とし，$d\bar{\varepsilon}$ としては通常の場合と同様に

$$d\bar{\varepsilon}^2 = \frac{2}{3} d\varepsilon_{ij}' d\varepsilon_{ij}' \tag{4.37}$$

と表されている．したがって，相当ひずみ増分の中には体積ひずみ増分が含まれていない．また式 (4.36) には ρ は含まれていない（式 (4.21) 参照）．おそらく Gurson はボイドの体積率がごく小さい場合を想定しているので，$\rho \cong 1$

とし，また相当ひずみ増分への体積ひずみ増分の寄与は小さいとしたのであろう．応力-ひずみ増分関係式の具体形は，式 (4.35) に対しては

$$d\varepsilon_{ij} = d\bar{\varepsilon}\left\{\frac{3}{2}\frac{\sigma_{ij}{}'}{\sqrt{J}} \pm \delta_{ij}b(1-\rho)^c\right\} \tag{4.38}$$

（複号は $\sigma_m \geqq 0$ のとき "＋"，$\sigma_m < 0$ のとき "－" に対応，J は $J = \dfrac{3}{2}\sigma_{ij}{}'\sigma_{ij}{}'$）

と表されている．したがって体積ひずみ増分は

$$d\varepsilon_v = \pm b(1-\rho)^c d\bar{\varepsilon} \tag{4.39}$$

となる．

非圧縮性の場合と異なり，応力-ひずみ増分関係式は逆転が可能で，例えば，式 (4.27) に対しては式 (4.40) のようになる．

$$\sigma_{ij} = \frac{2}{3}\frac{\rho\bar{\sigma}}{d\bar{\varepsilon}}\left\{d\varepsilon_{ij} + \frac{3}{2}\delta_{ij}\left(1 - \frac{1}{9f^2}\right)f^2 d\varepsilon_v\right\}$$

$$= \frac{2}{3}\frac{\rho\bar{\sigma}}{d\bar{\varepsilon}}\left(d\varepsilon_{ij}{}' + \frac{3}{2}\delta_{ij}f^2 d\varepsilon_v\right) \tag{4.40}$$

先に述べたように，非圧縮性材料の内部に空隙・ボイドを含むような材料に対する塑性構成式は，4.1 節に示した粉体に対するそれとまったく同じ形式である．両者の違いは，多孔質材料の場合には $\bar{\sigma}$ および $d\bar{\varepsilon}$ がそれぞれ実質部の相当応力（変形対抗）および相当ひずみ増分であるのに対して，粒子相互間のすべりが存在する粉体の場合にはそのようにはいえないことである．

粉体の場合には，$\bar{\sigma}$ は変形抵抗ではなく粉末によって異なる定数であり，$\rho^n\bar{\sigma}$ が密度比とともに変化する．しかしいずれにせよ構成式の形が同一なので，これを応用する際には，多孔質材料，粉体の区別なく使うことになる．その応用については次項以下で述べる．

4.2.3 構成式の応用

本項では，前項までに示した圧縮性材料に対する塑性構成式の応用について述べるが，通常の非圧縮性塑性構成式と異なり，降伏条件式に σ_m や密度比 ρ

が含まれていることが取扱いを困難にすることがある．以下各種の解法につい
てその考え方と解法の例を示す．

〔1〕 初 等 解 法

初等解法のように，力の釣合い条件式を用いて解く場合には，降伏条件式
(4.25)，(4.34)，(4.35) の中に σ_m が含まれていることが取扱いを困難にす
る．Mises の降伏条件を用いる場合には，平面ひずみ問題あるいは軸対称問題
でも例えば二つの主応力が等しい場合には，釣合い条件式が簡単になり，比較
的容易に解が得られることがある．しかし，σ_m が含まれている場合には，例
えば式 (4.25) において $\sigma_r = \sigma_\theta$ の軸対称変形のとき

$$\bar{\sigma} = \frac{1}{\rho^2} \left\{ (\sigma_r - \sigma_z)^2 + \left(\frac{2\sigma_r + \sigma_z}{f} \right)^2 \right\}^{\frac{1}{2}} \tag{4.41}$$

となり，Mises の降伏条件の場合のように簡単ではない．また，仮に実質部材
料が，非加工硬化性であっても，応力が不均一である場合には，変形とともに
ρ が不均一になり，材料内の着目する部分によって降伏条件が異なってくる．
このように初等解法による場合には圧縮性材料では問題が複雑になったり，あ
るいは密度比 ρ がつねに均一であるとするような別の仮定がさらに必要になる．

一方，非圧縮性の場合にはひずみ増分が既知であっても，Levy-Mises の式
から明らかなように偏差応力成分が求められるだけであるが，圧縮性材料の場
合には，式 (4.40) を用いて応力成分が直接求められる．ここでは式 (4.35)
を応用した初等解法の例 [29] を示す．

（**a**）　**円板の圧縮**　図 4.32 に示すように，半径 R，高さ H の円板の端面
にクーロン摩擦あるいは付着摩擦が働いている場合を考える．焼結体の場合に
も通常の非圧縮性材料の場合と同様に $\sigma_r = \sigma_\theta$ が近似的に成り立つとすると，
図 4.32 の微小要素における半径方向の力の釣合い式は，降伏条件式 (4.35)
を考慮して式 (4.42) のように表される．

$$\frac{d\sigma_z}{dr} - \frac{1 - 2\eta}{1 + \eta} \cdot \frac{2\tau_f}{H} = 0 \tag{4.42}$$

ただし $\eta = b(1 - \rho)^c$ とおいている．ここで r_c を付着摩擦境界半径とすると，

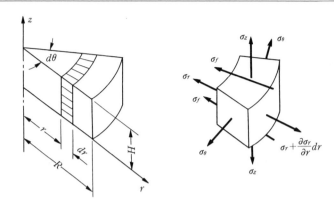

図4.32 円板の微小要素と応力状態

クーロン摩擦域 ($r_c < r \leqq R$) で摩擦応力 τ_f は

$$\tau_f = -\mu \sigma_z \tag{4.43}$$

で表される.μ は摩擦係数である.境界条件 $r=R$ で $\sigma_r=0$ を考慮して式 (4.42) を解くと,クーロン摩擦域の応力 σ_z を導くことができる.

一方,付着摩擦領域 ($0 \leqq r \leqq r_c$) では

$$\tau_f = \tau_z \tag{4.44}$$

である.ここで τ_z は焼結体のせん断降伏応力である.非圧縮性材料では $\tau_z = \sigma_z/\sqrt{3}$:一定であるが,焼結体の場合は応力の静水圧成分 σ_m によって変り,**図 4.33** に示した大きさとなる.すなわち式 (4.45) のように表される.σ_0 は定数である.

$$\tau_z = \frac{\sqrt{1-\eta^2}+\sqrt{3}\eta}{\sqrt{3(1-4\eta^2)(1-\eta^2)}}(\rho^k \sigma_0 + 3\eta\sigma_z) \tag{4.45}$$

付着摩擦境界半径 r_c は,クーロン摩擦域の応力 σ_z と τ_z が $-\mu\sigma_z = \tau_z$ なる関係を満足するときの r である.$r=r_c$ における τ_z を τ_{zc} とし,式 (4.42) を解くと付着摩擦域の応力 σ_z^* を導くことができる.ゆえに平均圧縮圧力を p とすると

$$p = \frac{-1}{\pi R^2}\left\{\int_{r_c}^{R} 2\pi r \sigma_z dr + \int_0^{r_c} 2\pi r \sigma_z^* dr\right\} \tag{4.46}$$

4.2 多孔質体の塑性変形の力学　　239

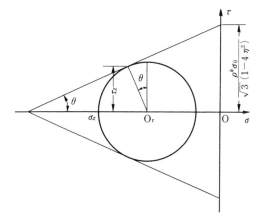

図 4.33　せん断降伏応力 τ_z

となる．計算結果を示すと図 4.34 のようになる．ただし，p は焼結体の圧縮降伏応力 σ_0' で無次元化されている．密度比 ρ が高いほど p/σ_0' は大きくなっている．また図 4.35 に全面付着摩擦の場合の結果を示す．σ_0' は式 (4.35) より式 (4.47) のように表される．

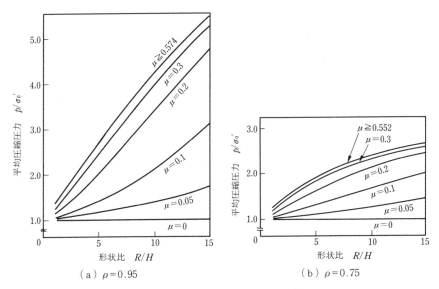

図 4.34　摩擦を考慮した円板圧縮解析例

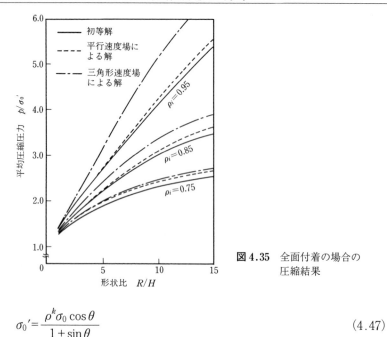

図 4.35 全面付着の場合の圧縮結果

$$\sigma_0' = \frac{\rho^k \sigma_0 \cos\theta}{1+\sin\theta} \tag{4.47}$$

(b) **リングの圧縮**[34]　摩擦係数の測定法としてリングの圧縮があるが,溶製材と同様に初等解法で解くことができる.

〔2〕 **すべり線場法**[26]

非圧縮性材料におけるすべり線場では α-すべり線と β-すべり線とは互いに直交する. しかし圧縮性の構成式に基づくすべり線場では両すべり線は直交しない. 式 (4.35) の降伏関数をもとに, すべり線場法[30]が展開されている.

図 4.36 に $\sigma = (\sigma_1 + \sigma_2)/2 > 0$ の場合のモールの応力円を示す. 直線 1 および 2 は降伏曲面に対応する. モールの応力円と降伏曲面とが接する点 A, B が降伏条件を満足し, A と B がそれぞれ α-すべり線と β-すべり線の方向に対応する. このようにすべり線の方向は最大せん断応力の作用する方向 I, II とは一致せず, 角度 θ (物理面上では $\theta/2$) だけ傾いている (式 (4.25)〜(4.29) を用いると, この角度 θ が σ_m によって異なるので複雑になる). 換言すれば, 物理面上では, α-すべり線と β-すべり線は直交せず, $\pi/2 - \theta$ の角度で交わっ

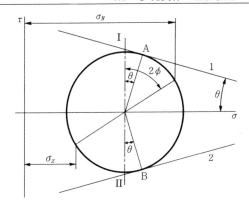

図4.36 モールの応力円

ている．また角度 θ は密度比の関数であるから，結局，両すべり線は密度比 ρ によってその交角が変化することになる．

ヘンキーの式に相当する式として

α-すべり線に沿って

$$(\rho^k \sigma_0 \pm 2\sigma \tan\theta) \exp(\mp 2\phi \tan\theta) = \text{const.} \tag{4.48}$$

β-すべり線に沿って

$$(\rho^k \sigma_0 \pm 2\sigma \tan\theta) \exp(\pm 2\phi \tan\theta) = \text{const.} \tag{4.49}$$

が導かれている．また速度不連続線はすべり線と一致し，接線方向の Δv_s のほかに法線方向の不連続速度 Δv_n も存在し，両者の間には

$$\begin{aligned}\Delta v_n/\Delta v_s &= \mp \tan\theta \quad (\alpha \text{ 線がすべり線のとき}) \\ \Delta v_n/\Delta v_s &= \pm \tan\theta \quad (\beta \text{ 線がすべり線のとき})\end{aligned} \tag{4.50}$$

なる関係がある．すなわち不連続速度は不連続線に対して角度 θ だけ傾いており，ここで体積が変化することを意味している．

すべり線場法の応用例を次に示す．

（a）摩擦のない平らなパンチの押込み　変形域において平均垂直応力 σ_m は負であるから，図4.37のように最大主応力方向に対し $\pi/4 - \theta/2$ の角度をもつすべり線場が描ける．領域（I）と（III）は，α-すべり線，β-すべり線がともに直線，領域（II）は α-すべり線が直線で β-すべり線が対数ら線からなっている．一定応力場（I）において AD は自由表面であるから $\sigma_x = \tau_{xy} = 0$

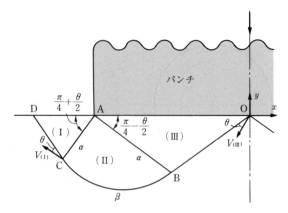

図4.37 摩擦のない平らなパンチの押込み

である.β-すべり線CDに沿ってBまでπ/2進んだときの平均垂直応力 $\sigma_{(B)}$ は式(4.41)より求まる.領域(III)は一定応力場であるから,パンチ圧力 p はAO上の y 方向の垂直応力として式(4.51)で与えられる.

$$p = \frac{\rho^k \sigma_0}{2\tan\theta}\left(1 - \frac{1-\sin\theta}{1+\sin\theta}e^{-\pi\tan\theta}\right) \quad (4.51)$$

図4.38はパンチ圧力 p と密度比 ρ との関係を示す.

次に速度場について述べる.材料は速度不連続線OBCDに対して角度 θ だ

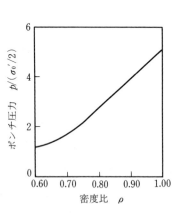

図4.38 パンチ圧力と密度比との関係

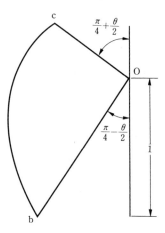

図4.39 ホドグラフ①

4.2 多孔質体の塑性変形の力学

け傾いている．初期流れが始まったときのパンチ降下速度を1にすると，領域（Ⅲ）の速度 $V_{(\text{Ⅲ})}$ は $\sec(\pi/4-\theta/2)$ であるから，領域（Ⅰ）の速度 $V_{(\text{Ⅰ})}$ は $\sec(\pi/4-\theta/2)\cdot\exp(-\pi/2\cdot\tan\theta)$ であり，その方向は y 軸に対し $\pi/4+\theta/2$ の方向である．以上の関係をホドグラフ①に表すと**図4.39**のようになる．

（b）粗い平行板間におけるブロックの圧縮 最大主応力に対して $\pi/4-\theta/2$ の角度をなし，かつ平行板上で板に接するようなすべり線網を作図すると**図4.40**（a）のようになる．ブロックの長さ $2W$ と高さ $2H$ の比が 5.22 以上のものについて，中央より左半分のみを示している．上半分に着目すると，AGG_3 は直線と対数ら線よりなっており，他の部分は直線で近似している．AOG および $CML_1K_2J_3$ はデッドメタルである．y 軸方向応力分布を示すと，図（b）の（1）のようになり，その平均値の大きさは同図の（2）で示したとおりである．

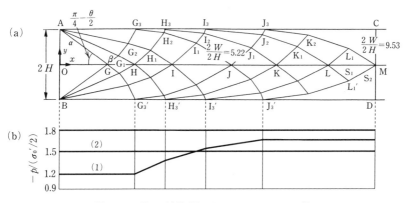

図4.40 粗い平行板間におけるブロックの圧縮

また速度不連続面に対して角度 θ だけ傾いた速度場を描くと，**図4.41** のようなホドグラフ②が得られる．

（c）なめらかなダイスによる押出し ダイス半角 α とするとき，押出し比 R が

$$R=\frac{L_0}{L_1}=1+2\sin\alpha\cot\left(\frac{\pi}{4}-\frac{\theta}{2}\right)\cdot e^{\alpha\tan\theta} \tag{4.52}$$

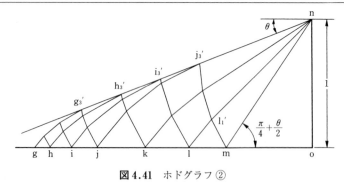

図 4.41 ホドグラフ②

で表されるときには，すべり線は最も簡単となり，**図 4.42** のように対数ら線場である領域（Ⅰ）と，直線場である領域（Ⅱ）よりなっている．押出し圧力 p は式 (4.53) のように表される．

$$p = \frac{\rho^k \sigma_0}{2\tan\theta}\left(1 - \frac{1-\sin\theta}{1+\sin\theta}e^{-2\alpha\tan\theta}\right)\cdot\left(1 - \frac{1}{R}\right) \tag{4.53}$$

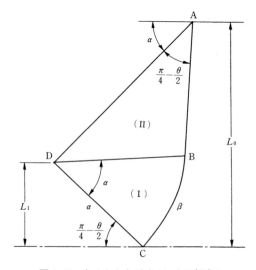

図 4.42 なめらかなダイスによる押出し

次に速度場について述べる．図 4.42 において AB に到達した材料は，AB に対して θ だけ傾いた方向の不連続速度が加わる．AB を通過後 AD に平行に流れなければならないから，速度ベクトルは**図 4.43** のベクトル ob で表される．

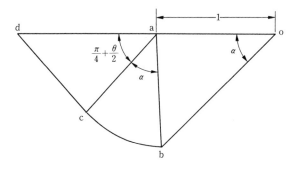

図 4.43 ホドグラフ ③

BD に達すると再び θ だけ傾いた方向の不連続速度が加わる.ホドグラフを求めると図 4.43 のようになる.弧 bc は対数ら線である.押し出された後の材料の速度は od で表されるから,押し出された後と押し出される前の材料の密度比を ν とすると,ν は R と od の比になり式 (4.54) のようになる.

$$\nu = \frac{1 + 2\sin\alpha \cot(\pi/4 - \theta/2) e^{\alpha\tan\theta}}{1 + 2\sin\alpha \cot(\pi/4 - \theta/2) e^{-\alpha\tan\theta}} \tag{4.54}$$

〔3〕**上　界　法**

上界法では上界定理を応用して,仮定した可容速度場から解が求められる.可容速度とは,非圧縮性材料の場合には,速度の境界条件と,体積一定の条件とを同時に満足する速度のことであるが,圧縮性材料の場合には体積が一定ではない.これが圧縮性材料の場合の可容速度場の大きな特徴である.式 (4.25)～(4.29) に基づく可容速度場では体積変化に対してなんら拘束条件がない.一方,式 (4.35) の場合には密度比が与えられたとき,ひずみ速度ベクトルの方向が一定であるから,体積変化はある拘束条件を満足しなければならない.これについては具体例のところで示す.

塑性変形している非圧縮性材料からなる物体 V 内で,変位増分に不連続がない場合の上界定理は,よく知られているように式 (4.55) のように表される.

$$\int_v (\bar{\sigma} d\bar{\varepsilon}^*) dV - \int_{S_F} (F_i du_i^*) dS \geq \int_v (\bar{\sigma} d\bar{\varepsilon}) dV - \int_{S_F} (F_i du_i) dS$$
$$= \int_{S_U} (F_i du_i) dS \tag{4.55}$$

ここに，du_i：真の変位増分（SのうちS_Uで既知），$d\bar{\varepsilon}$：du_iから導かれる相当ひずみ増分，F_i：表面Sに働く表面力（SのうちS_Fで既知），$du_i{}^*$：可容変位増分，$d\bar{\varepsilon}{}^*$：$du_i{}^*$から導かれる相当ひずみ増分，$\bar{\sigma}$：相当応力（＝降伏応力Y），である．

物体の内部に変位増分の急変するいわゆる不連続面が存在する場合には，上界定理は式（4.56）のようになる．

$$\int_v (\bar{\sigma} d\bar{\varepsilon}{}^*) dV - \int_{S_F}(F_i du_i{}^*) dS + \Sigma(F_i{}^T(du_{1i}{}^* - du_{2i}{}^*) dT$$

$$\geqq \int_{S_U}(F_i du_i) dS \tag{4.56}$$

式（4.56）左辺第3項のΣは不連続面が複数個ある場合，その総和を表す．非圧縮性材料では体積が一定でなければならないから，$du_{1i}{}^* - du_{2i}{}^*$は不連続面に沿う変位増分の不連続を表す．

ところで，上界定理を導く際の基礎になった仮想仕事の原理は構成式には無関係に成り立つ．また最大塑性仕事の原理は降伏曲面が外側に凸で，法線則が成り立つ限り成立するから，圧縮性構成式に対しても式（4.55）の上界定理はそのまま成立する[26),35)]．ただし塑性仕事増分dWは式（4.21）より

$$dW = d\varepsilon_{ij}\sigma_{ij} = \rho\bar{\sigma}\bar{\varepsilon} \tag{4.57}$$

であるから，式（4.55）は

$$\int_v (\rho\bar{\sigma} d\bar{\varepsilon}{}^*) dV - \int_{S_F}(F_i du_i{}^*) dS \geqq \int_{S_U}(F_i du_i) dS \tag{4.58}$$

となる．

物体内部の変位増分に不連続面が存在する場合にも，同様に式（4.55）が成立する．ただし，その場合には式（4.56）の左辺第3項に関して少し別の考慮が必要である．そこで，この項について以下に述べる．簡単のため平面ひずみで考える．

図4.44に示すように，領域1と領域2との境界で変位増分が急激に変化する厚さbの領域を考え，その中心線をTとする．そして図のように座標軸t-n

4.2 多孔質体の塑性変形の力学

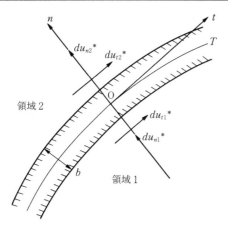

図4.44 速度の不連続領域

をとる．b の両側での変位増分をそれぞれ $(du_{t1}{}^*, du_{n1}{}^*)$, $(du_{t2}{}^*, du_{n2}{}^*)$ とし，この領域内では変位は線形に変化するとする．式 (4.56) の左辺第3項は厚さ b の領域に対する外力のなす仕事増分であるが，仮想仕事の原理からこれはその領域の内部変形エネルギー増分である．そこで領域 b を挟んで領域1と領域2の間の変位増分の不連続について，法線方向の成分を $\Delta u_n{}^*$，接続方向のそれを $\Delta u_t{}^*$ とすると，この領域でのひずみ増分は式 (4.59) のようになる．

$$d\gamma_{tn}{}^* = \frac{\Delta u_n{}^*}{b} = \frac{du_{n2}{}^* - du_{n1}{}^*}{b}$$

$$d\varepsilon_t{}^* = \frac{\partial(du_t{}^*)}{\partial t} \tag{4.59}$$

$$d\gamma_{tn}{}^* = \frac{\Delta u_t{}^*}{b} + \frac{\partial(du_n{}^*)}{\partial t} = \frac{du_{t2}{}^* - du_{t1}{}^*}{b} + \frac{\partial(du_n{}^*)}{\partial t}$$

ここで，$d\varepsilon_n{}^*$, $d\varepsilon_t{}^*$ は，n-方向，t-方向のひずみ増分であり，$d\gamma_{tn}{}^*$ は，せん断ひずみ増分である．平面ひずみを考えているので，他の成分は0である．

T に沿ったこの領域での単位体積当たりのエネルギー増分から，不連続面での単位面積当たりのエネルギー増分は最大塑性仕事の原理を考慮して，式 (4.60) となる．

$$\delta W^* = \lim_{b \to 0}(b\sigma_{ij}\,d\varepsilon_{ij}{}^*)\delta T \leqq \lim_{b \to 0}(b\sigma_{ij}{}^*\,d\varepsilon_{ij}{}^*)\delta T$$
$$= \lim_{b \to 0}(b\rho\bar{\sigma}\,d\bar{\varepsilon}{}^*)\delta T = \lim_{b \to 0}(b\rho Y\,d\bar{\varepsilon}{}^*)\delta T \qquad (4.60)$$

相当ひずみ増分は,式(4.29)に式(4.59)を代入し,さらに式(4.60)を考慮すると,式(4.61)のようになる.

$$d\bar{\varepsilon}{}^* = \rho^{n-1}[\{(4/9+f^2)(\Delta u_n{}^*)^2+(\Delta u_t{}^*)^2/3\}/b^2]^{\frac{1}{2}} \qquad (4.61)$$

式(4.61)を式(4.60)に代入し,Tに沿って積分することにより,式(4.56)の第3項が求められ,結局,式(4.56)は式(4.62)で表される.

$$\int_V (\bar{\sigma}\,d\bar{\varepsilon}{}^*)\,dV - \int_{S_F}(F_i\,du_i{}^*)\,dS + Y\Sigma\int_T \rho^n[(4/9+f^2)(\Delta u_n{}^*)^2+(\Delta u_t{}^*)^2/3]^{\frac{1}{2}}\,dT$$
$$\geqq \int_{S_U}(F_i\,du_i)\,dS \qquad (4.62)$$

これが非圧縮性材料に対する上界定理である.ここで,$\rho=1$ならば,法線方向の変位増分の不連続は考えられないため$\Delta u_n{}^*=0$となる.このとき式(4.62)は,非圧縮性材料に対する式(4.56)と一致する.

以下解析例をいくつか示す.

(a) 円板の圧縮　　まず式(4.35)に基づいて考える[27),30)].

図4.45(a)に示したように上面工具の降下速度を-1とし,材料の半径方向速度成分をu_r,軸方向速度成分u_zとする.円板が一様に変形しているとして,u_rとu_zを式(4.63)のように仮定する.

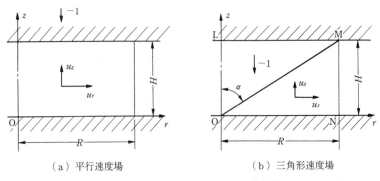

（a）平行速度場　　　　　　　　　（b）三角形速度場

図4.45　円板の圧縮における速度場

4.2 多孔質体の塑性変形の力学

$$u_r = Ar, \quad u_z = -Bz \tag{4.63}$$

ただし A は初期密度比によって異なる値である. B は $z=H$ で $u_z = -1$ より $B=1/H$ となるので, 各方向のひずみ速度は

$$\dot{\varepsilon}_r = \dot{\varepsilon}_\theta = A, \quad \dot{\varepsilon}_z = -\frac{1}{H} \tag{4.64}$$

となる. ところで各ひずみ速度間には, 体積変化の条件として式 (4.65) で表される関係が満足されなければならない.

$$\dot{\varepsilon}_r + \dot{\varepsilon}_\theta + \dot{\varepsilon}_z = -\sqrt{2}\,\eta \sqrt{(\dot{\varepsilon}_r - \dot{\varepsilon}_\theta)^2 + (\dot{\varepsilon}_\theta - \dot{\varepsilon}_z)^2 + (\dot{\varepsilon}_z - \dot{\varepsilon}_r)^2} \tag{4.65}$$

式 (4.64) を式 (4.65) に代入して A を求めると式 (4.66) のようになる.

$$A = \frac{1 - 2\eta}{2(1 + \eta)H} \tag{4.66}$$

円板内部における全エネルギー消散率は式 (4.57) より式 (4.67) のようになる.

$$\dot{E}_i = -\left\{ \frac{1}{1 + \eta} \right\} \rho^k \sigma \dot{\varepsilon}_z \cdot \pi R^2 H \tag{4.67}$$

円板の端面において, 焼結体のせん断降伏応力 τ_z の m 倍の定せん断摩擦がはたらいているとする. ただし $0 \leq m \leq 1$ である. ところで前にも述べたように τ_z は応力の静水圧成分 (平均応力) によって異なるため, 円板の半径方向にその大きさは変化する. 上界法では応力の分布は求められないので, 本解法では平均圧縮圧力 p を最小主応力としたときのせん断降伏応力 τ_z の m 倍のせん断摩擦が, 円板の端面全体に均一に働いているものとする. そうすると端面摩擦によるエネルギー消散率 $\dot{E}_f$ は

$$\dot{E}_f = m \int \tau_z u_{rf}\, dS_f \tag{4.68}$$

と表される. ここで S_f は円板の端面面積, u_{rf} は端面における工具と円板の相対すべり速度である. ゆえに平均圧縮力 p は

$$p \cdot \pi R^2 \cdot (-1) \leq \dot{E}_i + \dot{E}_f \tag{4.69}$$

より求まる. $m=1$ の場合の結果を図 4.35 の破線で示す.

他の速度場として, 図 4.45 (b) に示すような三角形速度場[30]が考えられ

る．円錐 OLM を剛体として，OMN 内の変形より平均圧縮圧力を求めるものである．付着摩擦の場合の結果を図 4.35 の一点鎖線で示す．

一方，式（4.25）～（4.29）を用いる場合には体積ひずみ増分に対する拘束条件はない[35)]から，式（4.65），（4.66）に対応する式はなく，A が未知変数となる．すなわち塑性変形仕事と摩擦仕事との増分が最小になるように A の値を決定する問題に帰着する．式（4.64）を式（4.58）に代入することによって前者が計算される．

（b） **平面ひずみ押出し**　　（a）と同様にまず式（4.35）に基づいて考える[26)]．図 4.46 に示すような三角形剛体速度場を考える．速度不連続線 AB，BD において，それぞれに対し θ だけ傾いた方向の不連続速度が加わるとして，ホドグラフを求めると図 4.47 のようになる．ダイス面 AD において定せん断面摩擦がはたらいているとすると，速度不連続線 AD，BD におけるエネルギー消散率 $\dot{E}_{AD}$，$\dot{E}_{BD}$ および AD における摩擦によるエネルギー消散率 $\dot{E}_{AD}$ は，図 4.46 と図 4.47 とを参照して角度 β の関数として表される．すなわち

$$p \cdot L_1 \cdot 1 \leq \dot{E}_{AD} + \dot{E}_{BD} + \dot{E}_{AD} = f(\beta) \tag{4.70}$$

を得る．右辺の最小値を求めれば，押出し圧力 p の上界が得られる．そのとき $\beta = \beta_c$，$\delta = \delta_c$ とすると，押し出された後と押し出される前の密度の比 ν は，R と図 4.47 の od との比で与えられるから，式（4.71）のようになる．

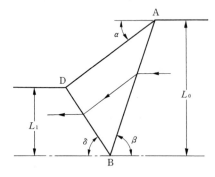

図 4.46　押出しにおける速度場

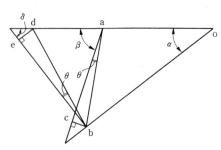

図 4.47　ホドグラフ

$$\nu = \frac{R \cdot \sin(\beta_c + \theta - \alpha) \cdot \sin(\delta_c + \theta)}{\sin(\beta_c + \theta) \cdot \sin(\alpha + \delta_c + \theta)} \tag{4.71}$$

ここですべり線場法と上界法による p を比較してみる.例えば $\theta = 2°$,$\alpha = 45°$ の場合,式 (4.52) より $R = 2.86$ となり,また式 (4.53) より $p = 1.092 \cdot \sigma_0$ となる.一方,上界法では $m = 0$ の場合,$p \leqq 1.147 \sigma_0$ となり,すべり線場法に比べて約5%大きく見積ることになる.

速度不連続線 AB において θ_1 だけ傾いた不連続速度が加わり密度比が ρ_1 から ρ_2 になり,さらに BD において θ_2 だけ傾いた不連続速度が加わり密度比が ρ_2 から ρ_3 になるとして解析した例[36] もある.

一方,式 (4.25)~(4.29) を用いる場合は,不連続線における法線方向の不連続量すなわち体積変化量は特定できない.そこで点 B の位置のみでなく,体積変化量も変数と考え,エネルギー消散率を最小にすることによって押出し圧力が計算される[36].

引抜きに対しても同様なホドグラフによって計算することができる.体積が一定の場合には押出しでも引抜きでも同一の解が得られるが,体積が一定でない場合には明らかに異なった解が得られる.

その他の応用例として,粉末からシートを直接成形する粉末圧延がある.2.4 節で述べたように粉末圧延では,得られる板厚,密度は初期のロール間隙,ロールの速度,粉末供給速度,ロールの直径,ロールの表面状態など多くの因子に影響される[37].銅粉末の圧延について,上記の上界定理を応用した手法によって解析がなされている[15].

以上の例でわかるように,圧縮性材料の場合には構成式によっては体積変化が新たな未知数として入ってくるので,最適化のプロセスが非圧縮性の場合に比べて少し複雑になる.しかし,非圧縮性の場合と同様な手法で,圧縮性材料の加工荷重および平均的な体積変化を計算することができる.

〔4〕 有 限 要 素 法

すでに述べたように,対象とする材料が焼結体であるか粉体であるかを問わず,有限要素法における手法は同じである.したがって,本手法については

4.1.4項を参照されたい．ここでは解析例のみを示す．

解析例としては弾塑性有限要素法および剛塑性有限要素法によるものがある．弾性係数は密度比によって変化する．

図4.48には焼結体の（a）縦弾性係数Eおよび（b）ポアソン比νの密度比ρに対する変化を実験的に調べた結果[38]~[40]を示す．図からわかるようにポアソン比は密度比が変化しても大きな変化はないが，縦弾性係数は大きく変化することがわかる．

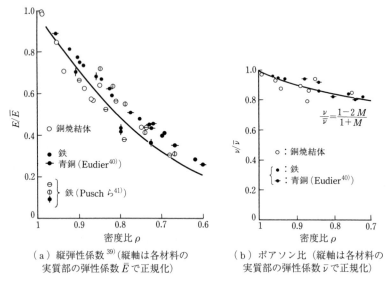

(a) 縦弾性係数[39]（縦軸は各材料の実質部の弾性係数$\bar{E}$で正規化）

(b) ポアソン比（縦軸は各材料の実質部の弾性係数$\bar{\nu}$で正規化）

図4.48 焼結体の弾性定数と密度比の関係

これをもとにしてEおよびνをρの関数として表し，通常の弾塑性有限要素法におけると同様な定式化を行い，密閉型内における工具の押込みの解析が行われた．図4.49（a）にその際の相対密度の分布を示す[38]．比較のため実験結果を図（b）に示してある．また剛塑性有限要素法による据込みの際の解析例[41]を図4.50に示す．

剛塑性有限要素法は塑性加工プロセスのシミュレーションに有効な手法であり，現在までに種々のプロセスのシミュレーションに利用されている．粉末あ

4.2 多孔質体の塑性変形の力学

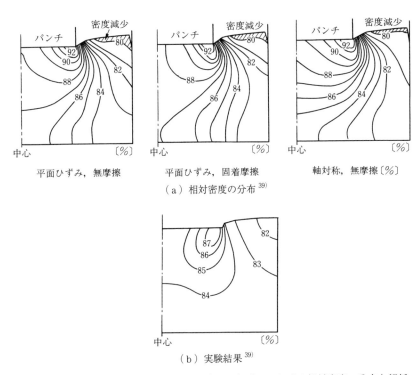

(a) 相対密度の分布[39]

(b) 実験結果[39]

図4.49 弾塑性有限要素法による密閉型内工具押込みにおける相対密度の分布と解析

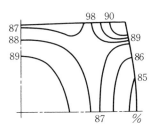

図4.50 剛塑性有限要素法による据込みの際の解析例[42]

るいは多孔質体などの圧縮性材料の成形，または加工プロセスのシミュレーションに有限要素法が同様に有力である．すでに述べたように通常の塑性加工の解析に利用される手法との違いは本質的にはなく，構成式が異なるのみである．圧縮性材料の場合には塑性変形により，一般的にかなり大きい体積変化を伴う．しかしその体積変化の大小は本質的な問題ではない．そこで変形前の初

期密度比を1に近い値にしておくと結果的に変形に伴う体積変化が小さくなり，体積不変の材料の挙動を近似的に表すことができる．

このような考え方に基づいて，非圧縮性材料の塑性加工を対象とした剛塑性有限要素法によるシミュレーションが圧縮性構成式を用いて行われるようになった．圧縮性材料の塑性構成式を非圧縮性材料の変形に利用する利点は次のとおりである．

剛塑性有限要素法では式（4.9）における ϕ の極値を求めるが，その際，非圧縮性材料の場合には体積一定という拘束条件が加わる．そのような拘束条件のもとでの最適化には，通常ラグランジュの未定乗数法あるいはペナルティ法が用いられる．前者の場合にはラグランジュ乗数が新たな未知数となる．後者におけるペナルティには物理的な意味がないので，ひずみ速度が求められても応力の値はまた別の方法で算定する必要がある．圧縮性構成式(4.25)〜(4.29)を用いる場合には拘束条件がなく，また応力は式（4.40）からひずみ速度を用いて直接計算される．

以上，本節では多孔質材料の塑性構成式の導出と応用について述べた．通常の塑性力学に応用される塑性構成式は非圧縮性を前提としており，本節で述べた構成式はこれを圧縮性材料の挙動に一般化したものといえる．したがってその応用範囲が広がっている．すなわちここではあまり触れなかったが，圧縮性材料の塑性構成式を応用した延性破壊の進行と発生，塑性不安定発生の解析などの研究もなされている．

4.3 個別要素法の適用

4.3.1 個別要素法について

粉末冶金プロセスにおいては，その第一段階において粉末材料を固化する必要がある．粉末材料を固化し形状を保つ方法として多くのプロセスが利用されているが，最も単純かつ多く利用されている方法は加圧成形である．原料粉末

4.3 個別要素法の適用

を金型内に充てんし，プレス機により上下から加圧する．初期充てん状態では原料粉末粒子間には多くの空間が存在するが，ある程度密度が高まるまでに，粉末粒子はその相互位置関係を変化させつつ移動する．その後は大きな配置の変化は起こさず，加圧により軽微な相対位置変化および粒子間距離が近づいていくことにより高密度化が行われる．

このように，加圧プロセスにおいて，粉末は充てんプロセスから加圧プロセス初期段階においては流動的な挙動を示すが，中期以降の加圧プロセスでは粒子相互の大きな位置関係の変化は起こさず，どちらかといえば固体的な挙動を示すことになる．つまり，粉末の力学的な取扱いにはミクロとマクロとの相互のつながりを意識しつつ，流体から固体への遷移という微妙な状況を考慮することが必要である．金型内部での流れ，および圧力伝達，さらには密度の変化といった考慮すべき状態を考えると，非常に難しい問題であるといえる．

粉末成形に関し考慮すべきことは非常に多い．粉末材料と呼ばれるものも単純にすべてをひとくくりにできるわけではなく，その材質や粒子サイズ・形状等のパラメータにより，集合的にみた粉末の力学的挙動が大きく変化するということを意識することが必要である．さらに言うと現状ではこれらの材料パラメータは取扱いが複雑すぎ，上記のパラメータを指定しただけで成形プロセス時の粉末の状態の履歴を正確に予測できるだけの手法は確立されていない．しかし，粉末の加圧成形に関しては非常に広い分野で利用されており，上述の通り経験的なプロセス設計から理論・解析に則った基盤を固める必要がある．

このような粉末材料の取扱いについて，大きく分けると2種類の解析的アプローチがなされている．一つは連続体力学的なアプローチであり，もう一つは個別要素法的なアプローチである．ここまでの節においては，おもにマクロな変形を意識した連続体力学的な手法が取扱われてきた．本節では，よりミクロな粒子挙動を解析に反映させることのできる個別要素法を紹介する．連続体力学的なアプローチは粉末材料をマクロな視点からとらえ，粉末材料自体を一様な材料として扱うものである．個別要素法は粉末微粒子をミクロから考えるもので，粉末を構成する粒子一つ一つの挙動を追跡することにより，全体の挙動

を評価するものである．

4.3.2 個別要素法における粒子の取扱い方

個別要素法は DEM（Distinct Element Method もしくは Discrete Element Method）とも呼ばれる．この手法は土砂を取扱う土木の分野で考案された[42]．DEM は粉末を構成する個々の粒子それぞれすべてに関し，加わる力や衝突時の相互作用の効果を考慮する解析手法である．具体的には粉末を構成するすべての粒子の運動方程式を解く．個々の粒子は質量を有し，さまざまな外力を受け運動する．外力の例としては，重力と複数の粒子が互いに接触する際のやりとりがおもなものである．これ以外にも連成問題では静電力や磁気力，さらには混相流中での流体との相互作用をやりとりすることもある．正確な運動方程式を誤差なく解くことができれば，粉体内部の粒子の状態を完全に把握できる．

粒子相互の接触については，一般に垂直方向およびせん断方向の力のやりとりが行われる．図 4.51 は，この接触による粒子間の力のやりとりを模式的に示したものである．垂直方向ではヘルツの接触応力が用いられると同時に，衝突時のエネルギー散逸を考慮したダンパーの項が並列される．またせん断方向にも摩擦等の散逸項が導入される．

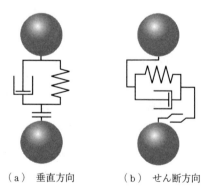

（a）垂直方向　　（b）せん断方向

図 4.51　一般的な DEM 解析で用いられる粒子間相互作用．（ばねとダッシュポット，カップリングにより構成される）

4.3　個別要素法の適用　　257

　これらの外力を足し合わせた合力をもとにニュートンの運動方程式を解く
が，この際には陽的な時間積分が広く用いられている．ただし，Euler 法のよ
うな単純な時間積分では計算精度を保つために微小な時間ステップを指定する
必要があり，また丸め誤差の問題も大きくなる．そこで，Leap-Frog 法のよう
な手法が有効に使われている．扱う問題によってはより高次の誤差を除去でき
る手法を用いる．

　いずれにせよ，このような単純な手法でありながら粉末を構成する粒子のす
べての状況を把握することにより，粉末の材料挙動が完全に追跡できる．ま
た，前述した静電力等の連成問題に関しても，粒子に働く合力を計算する際に
そのまま足し込むことで容易に導入できる．このような複数の物理モデルの連
成においても，連続体力学的な手法と比較し，単純な取扱いが可能であること
は重要である．

4.3.3　DEM の問題点とその対処

　ここまでに述べたように，DEM は単純な手法でありながら強力な解析手段
である．しかしながら，いくつかの問題点も存在する．本項ではこれらについ
て詳しく述べる．一つは取り扱う粒子数に関連したものであり，もう一つは粒
子間の相互作用自体の評価に関するものである．また，現在でも多くの解析に
おいて球状粒子しか取り扱われていない点も考慮する必要がある．

〔1〕　粒子数の増大と計算量

　一般の粉末冶金部品として用いられる粒子の個数は簡単に億のオーダーを超
える．そのため，すべての粒子を取り扱うことは計算量の莫大な増加につなが
る．計算量の問題として特に重要なところは接触判定である．球状粒子どうし
の接触判定は単純なものであるが，単純なアルゴリズムでは接触判定回数は粒
子数 N の増大に伴い $O(N^2)$ で増大するため，接触判定の計算量が支配的に
なる．接触に関する問題は領域分割を考慮するほか，高密度状態での各粒子の
動きの低下を考慮するといった工夫でほぼ回避できる．また，接触計算以外，
各粒子にかかる合力の計算や運動方程式を解くことについては完全に $O(N)$

であるが，この問題は完全に並列化が可能であるため，計算機ハードウェアの進歩により，今後も効率化が進むものと予想できる．

いずれにせよ億を超える粒子数をすべて扱うことが困難な場合には，どの程度の粒子数を解析において扱うかを考えることとなる．製品形状のみを優先し，実際よりも大きな粒子で解析するか，もしくはある程度の粒子数の計算を行い，連続体力学で用いるような粉末自体の平均的な特性を抽出するための計算を行うか，このどちらかが採用されることとなる．

〔2〕 **粒子間相互作用の正しい把握**

もう一つの大きな課題は正確な相互作用の評価である．多数の要素の影響を取り扱うため，個々の相互作用の誤差が微妙であったとしても，最終的な結果に大きな影響を与える可能性がある．粉末粒子どうしの相互作用には，粒子間垂直方向に作用する弾性反発力をはじめ，せん断方向に作用する摩擦力，またファンデルワールス力や粒子間液架橋力といった付着力，さらには大変形を施した場合に粒子自体が塑性変形する際の変形力を考慮する場合もある．いずれにしろ，これらをすべて正確に評価することは容易ではない．

ヘルツの弾性反発力の取扱いに関しても，例えば一つの粒子が複数の粒子により圧縮される場合等，変形が大きくなった際には，それぞれの接触点の影響を単純な足し合わせで考慮することも難しくなる．そのため，それぞれの粒子を有限要素分割し，複数の粒子の変形を同時に解析するような取組みも行われている[43]．

また，付着力や摩擦力の評価をミクロスケールで行うため，原子間力顕微鏡（AFM）を利用したミクロ・ナノレベルでの評価も報告されている．このような微細な領域での力学的な試験や観察手法が適用されるにつれ，DEM の精度も向上していくものと期待できる．

〔3〕 **球状粒子以外の適用**

DEM 解析の多くは，粒子には球状粒子を用いている．これは粒子どうしの接触判定が非常に容易になるからである．接触粒子の中心間距離はピタゴラスの定理により容易に算出できる．この距離と 2 粒子の半径の和との大小関係を

判定することで,接触判定が可能となると同時に接触時の食込み量も算出される.

しかしながら,一般に粉末は球状粒子のみにより構成されることはほぼなく,球状粒子以外への適用が期待される.そこで,球形状以外に回転楕円体形状の利用や,複数の球を組み合わせた粒子 (super particle) さらには,多角形近似までが取り扱われている.図 4.52 は super particle の例である.

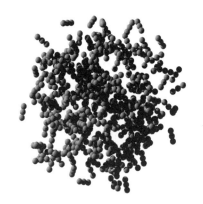

図 4.52 super particle を用いた解析のイメージ

ここでは,串団子状に 3 個の粒子が連なったものを一つの粒子として扱っているイメージを示す.球状粒子により構成された粉末は流動性が優れている,このような super particle の利用により,安息角の上昇や流動性の低下といった解析結果が報告されている[44].ここで示した例は単純な串団子状のものであったが,粒子数を増加させると粒子形状のアスペクト比を簡単に調整できる.また,実際の粒子形状を取込み,さらに多くの粒子を組み合わせることにより,実在粉末に近づける努力も行われている.

4.3.4 DEM と連成解析

DEM の計算では各粒子にかかる力をすべて足し合わせて評価を行う.その際,他の物理作用を解析に比較的容易に取り込むことができるということも,特徴としてあげられる.本項ではそのような一例を取りあげる.

近年,非常に強力な焼結磁石が開発され幅広く利用されているが,このよう

な強力な磁石を作製するために，磁場中での圧粉成形が行われている．磁場解析については上記の相互作用に加え，個々の粒子要素に磁場によりどのような力が働くかを考慮した解析を行う必要がある．磁場中では磁性体粒子個々それぞれに力が働く．これを正確に解析に導入するのに個別要素法は適している．

磁場との相互作用を考慮した解析例として，磁場 FEM と DEM との連成解析例を図 4.53 に示す[45),46)]．DEM 解析により粒子配置が規定されると，磁場解析を行い磁束の流れをうる．ここでは粒子を含めた空間を有限要素分割した，有限要素磁場解析を行っている．そして，磁場解析結果より各粒子が磁場によりどのような力を受けるかも同時に計算可能である．この力を DEM 解析で用いる．DEM と磁場解析を交互に行うことにより，段付きの金型内部での磁束の乱れと粒子の移動が示されている．柱状の構造が生成することが示されていると同時に，粉末付近に磁束が集中しこれが粒子の配列に影響していることが示されている．

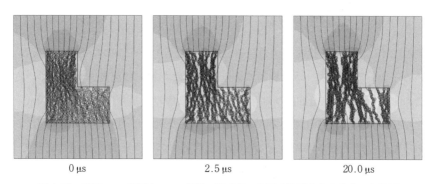

図 4.53　磁場 FEM 解析と DEM 解析の連成例．空間は粒子を含め完全に有限要素分解され，磁場の影響を正確に評価することが可能である．

引用・参考文献

1) 大矢根守哉・島進・鴻野雄一郎：日本機械学会論文集, **39-317** (1973), 86-94.
2) 佐武正雄：精密工学会誌, **54-6** (1988), 1017-1022.

引 用 ・ 参 考 文 献　　　　261

3) Cundall, P.A. & Strack, O.D.L.：Géotechnique, **29**-1 (1979), 47-65.

4) Aizawa, T. & Kihara, J.：Advances in Plasticity, (1989), 7-10, Elsevier.

5) Shima,S. et al.：Proc. PM'92 World Congress (1992).

6) 島進・井上隆雄・大矢根守哉・沖本邦朗：粉体および粉末冶金, **22**-8 (1976), 257-263.

7) Shima, S. & Mimura, K.：Int. J. Mech. Sci., **28**-1 (1986), 53-59.

8) 島進・中西利介：材料, **37**-412 (1988), 70-76.

9) Shima, S., et al.：Adv. Tech. Plasticity, Proc. 3 rd ICTP, (1990) 883.

10) Shima, S. & Salch, M.A.E.：Stud. Appl. Mech., **31** (1992), 163-172.

11) Oyane, M., et al.：Ⅵ Int. Pulver. Tagung., DDR, (1977), 15-1.

12) Abouaf, M., Chenot, J.L., Raisson, G. & Baudin, P.：Int. J. Numer. Methods Eng., **25**-1 (1988), 191-212.

13) Konishi, J., et al.：Proc. IUTAM Conf., (1982), 403.

14) 阿部修実・神崎修三・田端英世：日本セラミックス協会学術論文誌, **97**-1121 (1989) 32-37.

15) Shima, S.& Yamada, M.：Powder Met., **27**-1 (1984), 39-44.

16) 島進・中西利介：塑性と加工, **29**-325 (1988), 139-144.

17) Shima, S., Inoue, T. & Kitagawa, H.：Computational plasticity (Current Japanese Mater. Res. Vol.7), (1990), 107, Elsevier Applied Science.

18) Mori, K., et al.：Proc. 3 rd ICTP, (1990), 877.

19) Nakagawa, T., et al.：Proc. PM'92 World Congress (1992).

20) 中川知和・野原章・藪忠司：119 回塑性加工シンポテキスト, (1989), 58.

21) 中川知和：粉体粉末冶金協平 4 春講概, (1992), 190.

22) Matsumoto, H., et al.：Proc. 3 rd ICTP, (1990), 933.

23) Nohara, A., Nagashima, T., Soh, T. & Shinke, T.：Int. J. Num. Methods Eng., **25**-1 (1988), 213-225.

24) Kuhn, H.A. & Downey, C.L.：Int. J. Powder Met., **7** (1971), 15-25.

25) Green, R.J.：Int. J. Mech. Sci., **18**-4 (1972), 215-224.

26) 大矢根守哉・田端強：塑性と加工, **15**-156 (1974), 43-51.

27) Shima, S. & Oyane, M.：Int. J. Mech. Sci., **18**-6 (1976), 285-291.

28) Gurson, A.L.：J. Eng. Mater. Technol., **99**-1 (1977), 2-15.

29) 田端強・真崎才次・阿部吉隆：塑性と加工, **18**-196 (1977), 373-380.

30) Gadala, M.S., Mullins, M.L. & Dokainish, M.A.：Int. J. Num. Methods Eng., **15**-5 (1980), 649-660.

31) Duszczyk, J.：Proc. 2 nd ICTP, **2** (1987), 969.

32) 久恒貴史・田端強・真崎才次：第 40 回塑性加工連合講演会講演論文集, **2** (1989), 481-484.

33) 黒木英憲・井手恒幸・徳永洋一：粉体および粉末冶金, **21**-2 (1974), 43-50.

34) Tabata, T. & Masaki, S. : Int. J. Mech. Sci., **20**-8 (1978), 505-512,

35) Shima, S., et al. : Mem. Fac. Eng., Kyoto Univ., **38** (1976), 117.

36) 田端強・真崎才次：塑性と加工, **16**-171 (1975), 279-284.

37) Evans, P.E. : New Methods for the Consolidation of Metal Powders Ed. by Hausner, H.H., (1967), 99-118, Splinger.

38) Shima, S. & Yamada, M. : Powder Met., **27**-1, (1984), 39-44.

39) 島進・稲本治朗・小坂田宏造・鳴滝良之助：塑性と加工, **16**-175 (1975), 660-667.

40) Eudier, M. : J. D' Etudes, **12** (1976), 36.

41) Pusch, G. & Schatt, W. : Powder Met. Int., **3**-1 (1971), 21-25.

42) Cundall, P.A. & Strack, O.D.L. : Geotechnique, **29**-1 (1979), 47-65.

43) Harthong, B., Jérier, J.-F., Dorémus, P., Imbault, D. & Donzé, F.-V. : Int. J. Solids Struct., **46**-18-19 (2009), 3357-3364.

44) Iwai, T., Aizawa, T. & Kihara, J. : Adv. Powder Metall. Particul. Mater., **5**-19 (1996), 19-20.

45) Tsumori, F., Kurihara, F., Kotera, H. & Shima, S. : J. Jpn. Soc. Powder Powder Metallurgy, **52**-6 (2005), 458-463.

46) Tsumori, F., Hirata, M. & Shima, S. : Proc. Powder Metallurgy & Particulate Materials, (2005).

索　　引

【あ】

圧縮性	5, 115
圧　媒	27
圧粉密度	124
圧力媒体	27
後処理	3, 9
アトマイズ	3, 4, 173, 174
アモルファス金属	162
アルミナ	193
アルミニウム粉末	130
アルミブロンズ	144
安息角	5

【い】

鋳ぐるみ	10
異形グラファイト型	188
鋳込み成形	6, 145
異周速圧延	97
一次粒子	146
異方性	212
医療機器	193
インラインスクリュー式	70
インライン方式	29

【う】

ウィズドロアル法	14
ウェルダブル FGMs 超硬	191
ウェルドライン	70
ウォーキングビーム炉	8
釉薬（うわぐすり）	1

【え】

エアレーション法	120

【お】

液相焼結	6, 7, 8
液相接合	105
液相光重合法	80
遠心アトマイズ法	4

押出し成形	6, 150
押出し比	56
オスプレイ	99
オフライン方式	29
オールドセラミックス	1, 4
温間等方加圧装置	28
温度傾斜焼結	186
温度勾配場	187

【か】

加圧焼結	33, 34, 149
開気孔	34
邂逅剤	146
回転電極法	4, 140
開放気孔	34
海綿鉄粉	119
化学分解	74
拡　散	34, 38
拡散接合	51
ガスアトマイズ	4, 68, 139
ガスアトマイズ粉	128
ガスタービン	132
可塑剤	68
型　孔	72
片押し法	12
型締めユニット	70
型充てん	73
型潤滑	22
型鍛造	78

【か】

カップリング剤	68
金　型	33, 70
金型潤滑	115
金型成形	6, 33
加熱分解	74
カムプレス	15
顆　粒	147
顆粒形状	158
顆粒巣	157
カルボニル	68
カルボニル反応法	4
過冷却液体状態	162
還元鉄粉	4
還元法	4
乾式成形法	145
乾式法	24
含浸用 HIP 装置	46
完全合金粉	122
乾　燥	158
含油軸受	2

【き】

擬 HIP	7, 34
機械的性質	156
気　孔	6, 37, 38, 66
気孔率傾斜型 FGMs	187
キャビティー	72
球状粉	5
急速冷却機能付き HIP 装置	45
旧粒子界面	135
急冷凝固粉	3, 64
凝　集	146
巨大ひずみ加工	178
許容肉厚	75

索引

金属ガラス	161
金属系生体材料	195
金属三次元積層造形技術	79
金属製多孔体	196
金属粉末射出成形	66
金属粉末積層造形	143

【く】

組合せ焼結接合	107
クラック	122, 157
クランクプレス	15
クリープ	37
クリープ変形	34
クロール法	138

【け】

傾斜機能材料	185
ゲータライジング	134
結合剤	68, 146
結合剤噴射法	80
ゲル化法	184
限界状態線	27
健全性	78

【こ】

コイニング	9
高エネルギー速度成形	6
硬質金属材料	76
硬質磁性材料	169
構成式	205
高速遠心成形法	145
高速度鋼	3, 7
高速度鋼粉末	128
剛塑性有限要素法	215, 252
高分子系生体材料	195
極微細水アトマイズ粉	128
固相焼結	6
固相接合	10
固体装てん	69
個別要素法	254
混　合	3, 5, 157
混合機	5
混合潤滑	22

コンパウンド	67
コンフォーム	58
混　練	67
混練温度	69
混練機	5
混練物	67
混練物密度	69

【さ】

サイジング	9
材料押出し法	80
サーメット	2, 154
酸化物還元	68
酸化膜	53
三次元複雑形状金属部品	77

【し】

指向性エネルギー堆積法	83
自己伝播反応	184
自己発熱反応合成法	186
磁性材料	165
湿式成形法	145, 149
湿式法	27
湿式冶金法	4
射出成形	6, 70
射出成形機	70
射出ユニット	70
充てん性	120
充てん性評価装置	120
樹脂コンパウンド成形法	
	145
潤滑剤	68
常圧焼結法	186
上界法	245
焼　結	3, 6, 75, 77
焼結含油軸受	9
焼結助剤	146
焼結鍛造	130
焼結変形	160
助　剤	68
初等解法	237
ジルコニア	193

ジルコニア強化型アルミナ	
	194
浸液透光法	148
真空雰囲気	75
真空ホットプレス	141

【す】

水酸アパタイト	194
水蒸気処理	9
水素化脱水素化	138
ステアリン酸亜鉛	12
スプリットダイ式プレス	17
スプリングバック	
	121, 159, 211
スプレードライ法	128
スプレーフォーミング	99
スペーサー法	182
すべり線場法	240
スポンジチタン	138
スラリー	5
スラリー発泡法	184
スリップ調製	146
寸法収縮	160
寸法精度	75, 78

【せ】

成　形	3, 6, 62
成形圧力	73
成形助剤	31, 157
成形性	117
成形体強さ	117
成形体密度	160
製造工程	157
生体活性結晶化ガラス	195
生体材料	193
青銅含油軸受	144
積層造形法	145
切削加工	78
切削工具	154, 155
ゼーベック効果	170
セラミックス	1, 4, 8
セラミックス-金属系傾斜	
機能材料	185

セラミックス系生体材料 193	【て】	熱間鍛造 7
セラミックモールド法 142		熱間等方圧成形
せん断速度 69	定常クリープ 36, 37	7, 34, 43, 186
【そ】	低熱膨張合金 76	ネック 6, 38
	鉄系粉末 115	ネック半径 38
造 粒 158	テープキャスティング	燃焼合成法 183, 186
造粒粉 128	145, 151	粘性流動加工 164
速度感受性指数 92	電界拡散効果 42	粘塑性有限要素法 221
塑性成形 6, 145	電解法 4	粘弾塑性有限要素法 221
塑性変形 34, 37	電気泳動堆積法 151	粘着力 23
【た】	電気・熱伝導度傾斜型	粘 度 69
	FGMs 187	**【は】**
ダイキャスト 78	電磁エネルギー支援焼結法	
ダイス 53	39	ハイブリッド合金粉 122
体積拡散 7, 36, 38	電子電気制御ユニット 70	ハイブリッド式粉末成形
多孔質金属 180	**【と】**	プレス 16
多孔質樹脂 151		バインダー 6, 67
多孔質体 223	銅合金粉末 144	破壊の起源 156
脱ガス処理 56	銅溶浸接合 103	発泡金属 180
脱 脂 74	ドクターブレード 184	バルク状傾斜機能材料 188
脱脂工程 6, 68	独立気孔 180	パルス 174
脱バインダー 74	トンネル炉 8	パルス通電加圧焼結法 40
タップ密度 5, 69	**【な】**	ハンター法 138, 139
脱泡剤 146		**【ひ】**
弾性係数 211	内部摩擦角 23	
弾性変形 211	ナックルプレス 16	比表面積 5
弾塑性有限要素法	難加工性機能材料 76	表面拡散 6
216, 221, 252	軟質磁性材料 76, 167	表面粗度 78
【ち】	**【に】**	**【ふ】**
ち密化 34, 67, 164	ニアネットシェイプ 91, 142	ファインセラミックス 1, 4
ち密化速度式 38	ニアネットシェイプ成形 7	フィードストック 59
超合金 130	ニーダー 70	封孔処理 9
超硬合金 2, 154	ニュートラルゾーン 117	フェライト 2
超高分子量ポリエチレン 195	**【ぬ】**	フォトニクス結晶 82
超塑性 136		不純物量 158
超臨界ガス 74	抜出し特性 119	プッシャー炉 8
調和組織 178	抜出し力測定方法 119	部分拡散合金粉 122
沈降法 5	**【ね】**	プラズマ回転電極法 139
【つ】		フラッシュシンタリング 42
	熱応力緩和型 FGMs 187	プランジャー式 70
通気孔 74	熱可塑性 67	プリカーサ法 181
	熱間押出し 7, 34, 130, 134	ブリスタ 65

ふるい分け法	5	
ブレーカー	155	
プレス成形	159	
プレス成形粉末冶金	77	
フローティングダイ法	12, 33	
フローマーク	70	
雰囲気制御 HIP 装置	47	
粉　砕	4, 157	
分　散	146	
分散剤	146	
粉末圧延	94	
粉末押出し	52	
粉末形状	5	
粉末射出成形法	3, 153	
粉末床溶融結合法	81	
粉末積層造形	6, 138, 197	
粉末鍛造技術	3	

【へ】

閉気孔	33
ペルチェ効果	170
ペレット	6
変成ガス	8

【ほ】

放電プラズマ焼結法	40, 186
保形性	150
ホットプレス	7, 32, 34, 52 145, 186
ホッパー	94
ポーラス金属	180
ボールミル	146

【ま】

マイクロ MIM	143

マシナブル超硬材	187

【み】

見掛密度	5
水アトマイズ	4, 128, 174
水凍結法	75

【む】

無加圧焼結	33, 186
無気孔組織	149

【め】

メカニカルアロイング	2, 4, 172, 176
メカニカルグラインディング	172
メカニカルミリング	4, 175
メッシュベルト炉	8

【も】

モジュラー方式	45

【や】

焼き・冷やしばめ	10

【ゆ】

油圧プレス	14
油圧ユニット	70
有機バインダー	67
有限要素法	214, 251
有効応力	34, 38

【よ】

溶射成形	6
溶　浸	9, 100
溶媒抽出	74

溶融接合	10
溶融堆積法	80

【ら】

ラティス構造	87
ラトラ試験	117
ラトラ値	124

【り】

粒界拡散	36, 38
粒子間摩擦	27
粒子径	5
粒子径分布	5
粒子配向	151
流動性	5, 120, 158
流動度	5
粒度分布	3
両押し法	12
理論密度	115
臨界固体装てん	69

【れ】

冷間押出し	60
冷間等方圧成形	6, 27
レーザ回折法	5
レーザ焼結法	81
連成解析	259
連続焼結炉	8
連通気孔	180

【ろ】

ろう接	105
ロストワックス鋳造法	78
ロータリープレス	17
ローラーハース炉	8
ロールギャップ	96

【A】

AM	52, 79, 143

【B】

BJ	80

【C】

CIM	153
CIP	27, 141, 145
CNC 式粉末成形プレス	14

索　引　267

Coble クリープ　　36, 37, 38

【D】

DED　　83
DEM　　256

【E】

EBM　　83

【F】

FDM　　80
FGMs　　185
FGMs 超硬　　187
FS　　42

【H】

HDH　　138
HIP　7, 34, 38, 43, 52, 139,
　　　141, 142, 145, 186
HIP マップ　　36
HP 法　　186

【I】

IN100　　135

【J】

JIS 標準ふるい　　5

【L】

LaB6　　85

【M】

MA　　4, 172, 173, 174, 176
ME　　80
MG　　172, 173
MIM　66, 81, 126, 137, 142
MM　　4, 173, 175
m 値　　92

【N】

Nabarro-Herring クリープ
　　　36, 37, 38
Ni 基超合金　　2, 132
NS 法　　186

【P】

PBF　　81
PIM　　153
PLS 法　　186
PPB　　135

PREP　　139, 140
PREP 粉末　　141

【R】

REP　　140

【S】

SHS 法　　186
SLM　　83, 143
SPS 法　　39, 145, 186

【V】

VHP　　141
VP　　80

【W】

WC / Co 系超硬合金　　186
WIP 装置　　28

【Y】

YAG ファイバーレーザ　84

【Z】

ZrO_2(3Y) / SUS410L　　188
ZrO_2-Ti 合金系 FGMs　　192

粉末成形――粉末加工による機能と形状のつくり込み――
Advances in Powder Forming Processes
――Shape Production, Properties and Applications――

Ⓒ 一般社団法人 日本塑性加工学会　2018

2018 年 12 月 28 日　初版第 1 刷発行

検印省略	編　者	一般社団法人 日本塑性加工学会
	発行者	株式会社　コロナ社
	代表者	牛来真也
	印刷所	萩原印刷株式会社
	製本所	有限会社　愛千製本所

112-0011　東京都文京区千石 4-46-10
発 行 所　株式会社 コロナ社
CORONA PUBLISHING CO., LTD.
Tokyo Japan
振替 00140-8-14844・電話(03)3941-3131(代)
ホームページ http://www.coronasha.co.jp

ISBN 978-4-339-04380-8　C3353　Printed in Japan　　　　　　（高橋）

本書のコピー，スキャン，デジタル化等の無断複製・転載は著作権法上での例外を除き禁じられています。
購入者以外の第三者による本書の電子データ化及び電子書籍化は，いかなる場合も認めていません。
落丁・乱丁はお取替えいたします。